Python 3

数据分析与
机器学习实战

龙马高新教育◎编著

北京大学出版社
PEKING UNIVERSITY PRESS

内 容 提 要

机器之所以能学习，是因为大量的数据分析。

本书首先讲述数据分析的过程，然后详细介绍常用的机器学习理论、算法与案例（大型案例 29 个），最终以解决实际问题驱动成书。本书主要介绍的机器学习算法及数据分析方法包括数据预处理、分类问题、预测问题、网络爬虫、数据降维、数据压缩、关联分析、集成学习和深度学习等。

全书共 17 章分为三大部分：第 0~3 章介绍 Python 的基础知识、安装和基本语法；第 4~7 章介绍 Python 的编程、机器学习基础和 Python 中常用的第三方库函数及数据预处理的基本方法；第 8~16 章介绍常用的机器学习分析算法及深度学习。每章都结合多个经典案例图文并茂地介绍机器学习的原理和实现方法。

本书通俗易懂，且赠送全程同步教学录像和 Python 3 编程基础录像，属学习 Python 及机器学习理论和数据分析的入门与提高课程，对于不熟悉 Python 又想学习机器学习相关算法的初学者来说非常适合。

图书在版编目（CIP）数据

Python 3 数据分析与机器学习实战 / 龙马高新教育编著 . — 北京：北京大学出版社，2018.8
ISBN 978-7-301-29566-3

Ⅰ . ① P… Ⅱ . ①龙… Ⅲ . ①软件工具 — 程序设计 Ⅳ . ① TP311.561

中国版本图书馆 CIP 数据核字 (2018) 第 116684 号

书　　　名	Python 3 数据分析与机器学习实战	
	PYTHON 3 SHUJU FENXI YU JIQI XUEXI SHIZHAN	
著作责任者	龙马高新教育 编著	
责 任 编 辑	尹 毅	
标 准 书 号	ISBN 978-7-301-29566-3	
出 版 发 行	北京大学出版社	
地　　　址	北京市海淀区成府路 205 号　100871	
网　　　址	http://www.pup.cn　　新浪微博：@ 北京大学出版社	
电 子 信 箱	pup7@ pup.cn	
电　　　话	邮购部 62752015　发行部 62750672　编辑部 62570390	
印 刷 者	北京大学印刷厂	
经 销 者	新华书店	
	787 毫米 ×1092 毫米　16 开本　19.75 印张　436 千字	
	2018 年 8 月第 1 版　2018 年 8 月第 1 次印刷	
印　　　数	1—4000 册	
定　　　价	69.00 元	

前　言

　　本书专为 Python 初学者和爱好者打造，旨在使读者学会、掌握 Python 相关知识和技能，并能进行项目开发。当您认真、系统地学习本书之后，就可以骄傲地说"我是一位真正的 Python 程序员了！"，哪怕目前您还是初学者。

　　机器学习 (Machine Learning, ML) 是一门多领域交叉的学科，是人工智能的核心，其应用遍及人工智能的各个领域，专门研究计算机是如何模拟或实现人类的学习行为，以获取新的知识或技能，重新组织已有的知识结构，使之不断改善自身的性能。在机器学习过程中，需要使用大量数据，而数据分析是指用适当的方法对收集来的大量数据进行分析，提取有用信息和形成结论而对数据加以详细研究和概括总结的过程。

◇ 为什么要写这样一本书

　　古人云："不闻不若闻之，闻之不若见之，见之不若知之，知之不若行之。"实践对于学习知识的重要性由此可见一斑，而理论知识与实践经验的脱节，恰恰是很多 Python 图书的写照。从项目开发经验入手，结合理论知识的讲解，便成为本书的立足点，也转化成了作者对本书的要求。本书的目标就是让初学者快速成为一个 Python 程序员，并拥有项目开发技能，在未来的职场中有一个较高的起点。

◇ 读者对象

- 没有任何 Python 基础的初学者

- 有一定的 Python 基础，想精通 Python 数据分析与机器学习的人员

- 有一定的 Python 基础，没有项目经验的人员

- 正在进行毕业设计的学生

- 大专院校及培训学校的教师和学生

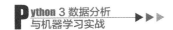

◈ Python 最佳学习途径

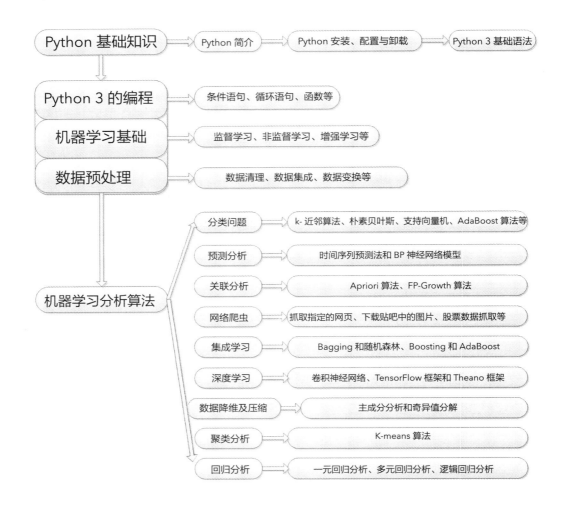

◈ 本书特色

■ 零基础也能入门

无论您是否从事计算机相关行业，是否接触过 Python，是否使用 Python 开发过项目，都能从本书开启学习之旅。

■ 专业的项目指导

本书结合实际工作中的范例逐一讲解 Python 的各种知识和技术，使您在实战中掌握知识，轻松拥有项目经验。

◈ 配套资源

■ 源代码及视频下载

扫描下方二维码或在浏览器中输入下载链接"http://v.51pcbook.cn/download/ 29566.html",即可下载本书配套素材与视频资源。

① **提示:** 如果下载链接失效,请加入"办公之家"QQ 群（218192911）,联系管理员获取最新下载链接。

① **注意:** 如加入 QQ 群时,系统提示此群已满,请根据验证信息加入新群。

■ 扫描二维码观看同步视频

使用微信、QQ 或浏览器中的"扫一扫"功能,扫描每节中对应的二维码,即可观看相应的同步教学视频。

■ 手机版打包视频

读者可以扫描下方二维码下载龙马高新教育手机 APP,将其直接安装到手机中,随时随地问同学、问专家,尽享海量资源。同时,我们也会不定期地向读者推送学习中常见的难点、使用技巧、行业应用等精彩内容,让学习更加简单高效。

◈ 作者团队

本书由龙马高新教育策划,由史卫亚任主编,于俊伟任副主编。其中第 0~9 章、11、14、16 章由河南工业大学史卫亚老师编著,第 10、12、13、15 章由河南工业大学于俊伟老师编著。在编写过程中，编者竭尽所能地为读者呈现最好、最全的实用功能，但仍难免有疏漏和不妥之处，敬请广大读者指正。读者若在学习过程中产生疑问，或有任何建议，可以通过以下方式联系我们。

投稿信箱：pup7@pup.cn

读者信箱：2751801073@qq.com

读者交流 QQ 群：218192911（办公之家）

注意：如加入 QQ 群时，系统提示此群已满，请根据验证信息加入新群。

目　录

第 3 章　Python 3 基础语法 21

第 4 章　Python 3 的编程 37

第 8 章　分类问题 115

第 0 章
本书的技术体系

Python 语言是一种语法简洁而清晰，面向对象的高级程序设计语言，并且 Python 语言使用广泛，代码范例也很多，便于读者快速学习和掌握，十分容易上手。机器学习已应用于人们生活的方方面面，远超出大多数人的想象，如人脸识别、预测天气、垃圾邮件过滤和电商网站购物产品推荐等。随着各种数据以指数级增长，我们不仅需要使用更好的工具对这些数据进行分析，还要通过这些数据分析掌握其内涵，进而进行学习以提高人类应对未知世界的能力。

本章将介绍以下内容：

- Python 的发展趋势
- 人工智能时代学习 Python 的重要性
- 本书的技术体系
- 学习本书需要注意的事项

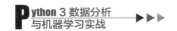

0.1　Python 的发展趋势

也许几年前提到 Python 语言，很多人知之甚少，然而最近一两年不管是程序员，还是普通的计算机爱好者，都逐渐接触到这门编程语言， Python 的关注量也占据榜首。

知名 IT 技术问答社区 Stack Overflow 最近公布了程序语言排行榜，排名结果如下图所示。

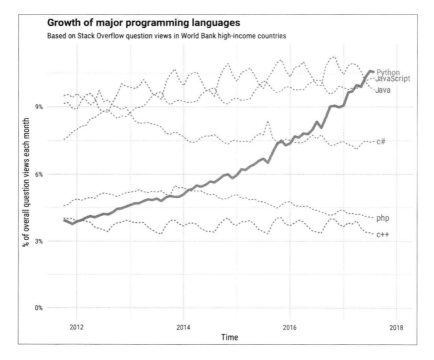

从 Stack Overflow 编程语言流行趋势中可以看到，Python 的热度在过去几年中一直在迅速增长，已经成为目前热度增长最快的编程语言。2017 年 6 月，Python 第一次成为高收入国家在 Stack Overflow 中访问量最大的编程语言。

因为 Python 语言的语法非常简单易懂，所以很多提及编程就恐慌的人少了一些担心，Python 语言不仅在学术上非常受欢迎，而且很多非计算机专业的人也在学习 Python。他们利用自己写的简单的小程序，让生活变得精彩起来。

0.2　人工智能时代学习 Python 的重要性

现在的社会是一个高速发展的社会，科技发达，信息流通，人们之间的交流越来越密切，生活也越来越方便，大数据就是这个高科技时代的产物。然而这些数据就像蕴藏着能量的煤矿，含有很多"杂质"，直接使用会产生很多的"大气污染"，能量效能很低，而且挖掘成本也很高。与此类似，大数据并不在于"大"，而在于"有用"。价值含量、挖掘成本比数量更为重要。对于很多行业而言，如何利用这些大规模的数据是进行后续分析的关键。对大量的数据进行分析，利用机器学习的各种算法进行分类、预测、推理等是人工智能的核心。

随着人工智能（Artificial Intelligence，AI）时代的到来，掌握一门手艺变得非常重要。如果想要从事与 AI 和机器学习相关的工作，最好的语言莫过于 Python。Python 简单易学，通俗易懂，符合人性化设计。Python 和其他语言的比较，正如拼音输入法与五笔输入法的比较一样，只需简单学习就可以很快入门。

Python 语言使用广泛，代码范例也很多，便于读者快速学习和掌握。此外，在开发实际应用程序时，也可以利用丰富的模块库缩短开发周期。例如，在科学和金融领域，SciPy和 NumPy 等许多科学函数库都实现了向量和矩阵操作。这些函数库增加了代码的可读性，而且科学函数库 SciPy 和 NumPy 使用底层语言（C 和 Fortran）编写，提高了相关应用程序的计算性能。Python 的科学工具可以与绘图工具 Matplotlib 协同工作。Matplotlib 可以绘制 2D、3D 图形，也可以处理科学研究中经常使用的图形。

本书从零基础入手，先介绍 Python 的基础知识及编程，然后深入数据处理和机器学习领域，通过实例，使读者逐渐步入使用编程语言处理实际问题的机器学习领域，进而为适应人工智能时代打下坚实的基础。

0.3　本书的技术体系

全书共 17 章，分为三部分：第 0~3 章介绍本书的技术体系 Python 基础知识，Python 的安装、配置与卸载，基础语法；第 4~7 章介绍 Python 3 的编程、机器学习基础、Python 机器学习及分析工具和数据预处理的基本方法；第 8~16 章介绍常用的机器学习分析算法及深度学习。每章都结合多个经典案例图文并茂地介绍机器学习的原理和实现方法。

第 1 章（Python 基础知识）主要向读者介绍 Python 的基本知识、起源、优缺点、主要版本和应用领域。通过该章的学习，可以使读者对 Python 语言的前世今生有一个较为清晰的了解。

只有搭建了 Python 的学习环境后，才能开始进行 Python 的学习。因此在介绍如何使用 Python 之前，第 2 章（Python 的安装与配置）重点介绍如何对 Python 进行安装和配置。

在介绍机器学习及数据分析之前，第 3 章（Python3 基础语法）介绍 Python 的基本使用方法，主要内容包括：标识符、变量、注释、多行语句；行与缩进、运算符；Python 的输入和输出；Python 的基本数据类型；Python 库的导入；Python 的集成开发环境等。这一章的基本知识和概念对于后续章节的学习来说是一个基础，如果读者刚刚接触 Python 并且最终目的是机器学习及相关算法，这些基础知识加上对机器学习算法中的代码的详细讲解，已经可以保证读者能够使用 Python 完成机器学习及数据分析。不过本书重点放在机器学习及数据分析上面，因此对 Python 的基础知识不可能完全涵盖，如果读者需要更深入地学习 Python 的其他知识和应用，可以查阅其他图书。

学习编程语言中经常使用的条件、循环、函数等语法格式及使用方法，掌握这些内容也为后面章节的机器学习及数据处理做好铺垫。第 4 章（Python 3 的编程）就介绍这些内容，通过这一章的学习，读者可以初步掌握使用 Python 语言编制一些基本程序的方法，为后续部分的机器学习编程打好基础。

第 5 章（机器学习基础）开始介绍机器学习的基本概念及分类，通过这一章的学习，读者可以通过形象的概念描述，了解什么是机器学习，什么是监督学习、非监督学习、增强学习等。

由于 Python 本身的数据分析功能并不是很强，除 Python 语言之外，还有一些常用于执行数据处理和机器学习的开源软件库。有很多的科学 Python 库（Scientific Python Libraries）可用于执行基本的机器学习任务，如 NumPy、Pandas、Matplotlib、Scikit-learn 等，读者可以借助这些第三方扩展库来实现数据分析和机器学习的功能。第 6 章（Python 机器学习及分析工具）就是初步认识一下这些常见的软件库。

数据是机器学习和数据分析的基础，没有良好的数据，分析所得到的结果就有问题，因此，在数据分析之前经常会对数据进行预处理。第 7 章（数据预处理）主要介绍数据预处理方面的基本知识，包括数据预处理概述、数据清理、数据集成、数据变换、Python 的主要数据预处理函数等知识。

分类问题是一种监督学习方式，分类器的学习是在被告知每一个训练样本属于哪个类别的情况下进行的，每个训练样本都有一个特定的标签与之相对应。在学习过程中，从这些给定的训练数据集中学习一个函数，当新的数据到来时，可以根据这个函数判断结果。第 8 章（分类问题）将介绍几种常见的分类学习方法，并通过实例介绍其基本使用方法，主要内容包括 k- 近邻算法、朴素贝叶斯、支持向量机、AdaBoost 算法等。

在人类的日常学习中，也发展出一种新的学习方法，即预测。预测是指在掌握现有信息的基础上，依照一定的方法和规律对未来的事情进行测算，以预先了解事情发展的过程与结果。第 9 章（预测分析）将介绍预测分析，并通过实例介绍其基本使用方法。主要介绍以下两种分析方法：时间序列预测模型和 BP 神经网络预测模型。

关联分析是一种无监督机器学习方法，主要用于发现大规模数据集中事物之间的依存性和关联性，挖掘数据中隐藏的有价值的关系（如频繁项集、关联规则），不仅有利于对相关事物进行预测，也能帮助系统制订合理的决策。第 10 章（关联分析）介绍关联分析，并通过实例介绍其基本使用方法，主要内容包括 Apriori 算法、FP-Growth 算法等。

网络爬虫，被广泛用于互联网搜索引擎或其他类似网站，以获取或更新这些网站的内容和检索方式。它们可以自动采集所有其能够访问到的页面内容，以供搜索引擎做进一步的处理，使用户能更快地检索到他们需要的信息。第 11 章（网络爬虫）介绍网络爬虫的基本知识，并通过实例介绍其基本使用方法，主要内容包括网页抓取策略和方法，如用 Python 抓取指定的网页、用 Python 抓取包含关键词的网页、用 Python 抓取贴吧中的图片等。

集成学习（Ensemble Learning）是目前机器学习的一大热门方向。简单来说，集成学习就是组合许多弱模型以得到一个预测效果较好的强模型。常见的分类问题是指采用多个分类器对数据集进行预测，把这些分类器的分类结果进行某种组合（如投票）决定分类结果，从而提高整体分类器的泛化能力。第 12 章（集成学习方法）介绍集成学习方法，并通过实例介绍其基本使用方法，主要内容包括 Bagging 和随机森林、Boosting 和 AdaBoost 等。

随着 AlphaGo（阿尔法狗）机器人战胜人类顶尖棋手李世石，深度学习已经成为一个非常火热的话题，深度学习也成为机器学习研究领域的新方向。深度学习最早的应用领域是图像识别，短短几年内已经推广到语音识别、机器人、生物信息学、搜索引擎、医疗诊断和金融等很多机器学习领域，而且都有不错的表现。第 13 章（深度学习）介绍深度学习方法，并通过实例介绍其基本使用方法，主要内容包括卷积神经网络、TensorFlow 框架和 Theano 框架。

在实际数据处理过程中，数据的形式是多种多样的，维度也各不相同，数据中有可能含有噪声，也可能包含冗余信息，当遇到这些情况时，需要对数据进行处理，将数据从高维特征空间向低维特征空间映射。第 14 章（数据降维及压缩）介绍在机器学习及数据处理中经常使用的数据降维和压缩的算法，主要内容包括主成分分析和奇异值分解。

机器学习方法主要分为有监督的学习方法和非监督学习方法两种。聚类分析就是典型的非监督学习方法，它在没有给定划分类别的情况下，根据数据自身的距离或相似度进行样本分组。第 15 章（聚类分析）介绍了聚类的原理及经典的 K-means 算法的使用方法。

回归分析是一种预测性的建模技术，它研究的是因变量和自变量之间的关系。本书第

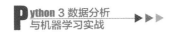

16章（回归分析问题）重点介绍了什么是回归及其应用，并使用实例分别介绍了一元回归分析、多元回归分析、非线性回归分析和逻辑回归分析。

0.4　学习本书需要注意的事项

在学习本书过程中要注意以下几点：

（1）理解基本概念；

（2）概念理解后，一定要把实例中的程序代码自己运行一遍，不能只看书中介绍，"自己动手，丰衣足食"，这样才可以加深对各个知识点的理解和编程的掌握；

（3）知识点掌握后，可以尝试改变程序，并且结合每章后面的自测练习，举一反三，进而加深自己对知识的理解；

（4）一门语言的学习是循序渐进、持之以恒的过程，不要指望"一口吃成个胖子"，学习要有目的、方向，只有这样，才能迅速地掌握一门语言。

第 1 章
Python 基础知识

Python 是一种面向对象的解释型计算机程序设计语言，从 20 世纪 90 年代初诞生至今，Python 语言已经成为最受欢迎的程序设计语言之一。

本章将介绍以下内容：

- Python 简介
- Python 的当前版本
- Python 的优缺点
- Python 与其他语言的区别
- Python 的应用领域

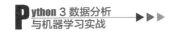
1.1　Python 简介

　　Python 是一种可以撰写跨平台应用程序的解释型、面向对象的高级程序设计语言。由于语法简洁而清晰，十分容易上手，且具有丰富和强大的类库，它往往能够用几行简单的代码就可以驱动操作系统及应用程序的多样化功能，因此它又常被称为胶水语言。

1.1.1　了解 Python 的起源与发展历史

　　Python 是由吉多·范罗苏姆（Guido van Rossum）在 1989 年年底创立的，据说 Guido 当时只是为了打发圣诞节的无趣时光，而决定开发一种新的脚本程序语言。Python 的英文含义是大蟒蛇，之所以选择 Python 作为程序的名称，是因为吉多·范罗苏姆是一个叫 Monty Python 的喜剧团体的爱好者。

　　Python 可看作是由 ABC 语言发展过来的，主要是受 Modula-3（小团体设计的一种语言）的影响，并结合了 Unix shell 和 C 语言的优点。Python 于 1991 年公开发行第一个版本，2000 年发布了 2.0 版本，2008 年发布了 3.0 版本。同 Perl 语言一样，Python 源代码同样遵循 GPL（GNU General Public License）协议。到目前为止，Python 已经发展了 27 年，在各个领域有着广泛的应用。

1.1.2　Python 的特色

　　Python 具有以下特点。

　　① 简单、易学、易读、易维护。由于 Python 关键字较少、结构简单、语法明确，学习起来容易上手，源代码也易于维护。

　　② 解释型语言。它不需要开发者进行编译，在程序运行时才被翻译成机器语言。

　　③ 免费、开源。Python 是 FLOSS（自由 / 开放源码软件）之一。使用者可以自由地发布这个软件的复制、阅读、并修改其源代码，也可以将其部分代码应用于新的自由软件中。

　　④ 可移植性（跨平台性）。基于其开源的特性，Python 已经被移植到许多平台上（它可以在不同的平台上工作）。这些平台主要包括 Windows、Linux、Mac 等。Windows 客户端简单易用，Linux 稳定性好，Mac 提供更好的用户体验。

　　⑤ 面向对象。Python 既支持面向过程的编程，也支持面向对象的编程。在"面向过程"的语言中，程序是由过程或可重用代码的函数构建起来的。在"面向对象"的语言中，程序是由数据和功能组合而成的对象构建起来的。

　　⑥ 可扩展性。如果想快速运行一段关键代码或编写的某些算法不愿公开，可以使用 C

或 C++ 编程，然后在 Python 程序中调用它们。

⑦ 丰富的库。Python 提供了功能丰富的标准库，包括正则表达式、文档生成、线程、数据库、GUI（图形用户界面）等。此外，还有一些其他的高质量的库，如 Twisted、Python 图像库等。

⑧ 可嵌入性。可以把 Python 嵌入 C/C++ 程序中，从而为程序用户提供脚本功能。

⑨ 高级。Python 是一种高级语言，无须考虑内存分配、释放等底层细节问题。

⑩ 规范的代码。Python 采用强制缩进的方式使代码具有较强的可读性。

1.1.3 学习 Python 的原因

有学者调查发现，Python 是当今最活跃的编程语言之一。Python 之所以受到程序员和初学者的喜爱，主要是因为以下几点。

首先，Python 编写代码的速度非常快，而且非常注重代码的可读性，非常适合多人参与的项目。它具备了比传统的脚本语言更好的可重用性，维护起来也很方便。与现在流行的编程语言 Java、C、C++ 等相比较，同样是完成一个功能，C 要写 1000 行代码，Java 需要写 100 行，而 Python 编写的代码短小精干，可能只需要 20 行，开发效率是其他语言的几倍。

其次，Python 支持多平台开发，用它编写的代码可以不经过任何转换就能在 Linux 与 Windows 系统中任意移植，在苹果 OS 系统也没有任何兼容性的问题。不仅是自己编写的代码具有可移植性，系统提供的一些 GUI 图形化编程、数据库操作、网页网络编程接口不需要修改也可以移植到任何系统中。

最后，最重要的一点是 Python 有非常丰富的标准库，标准库在安装 Python 时就直接安装到系统中了，无须另外下载。标准库的这些模块从字符串到网络脚本编程、游戏开发、科学计算、数据库接口等都给我们提供了超级多的功能应用，不需要自己再去"造轮子"了。

1.2 Python 的当前版本

经过长时间的发展，Python 目前主要流行两个不同的版本：Python 2 和 Python 3。与其他语言不同，这两个版本之间无法实现兼容，所以初学者经常面临选择哪个版本的问题。Python 2 于 2000 年发布，Python 2 可以实现完整的垃圾回收，并支持 Unicode。Python 3 于 2008 年发布，基于性能优化等相关问题的考虑，决定不向下兼容。例如，Python 3 不支持 print，而需要使用 print() 函数。

虽然两个版本的 Python 都在更新，但 Python 2 版本更加成熟，又由于 Python 语言

的胶水特性，Python 的大部分第三方库只支持 Python 2，并且用早期 Python 版本设计的
程序都不能在 Python 3 上正常运行。对于初学者，建议先学习 Python 2。

现在，有很多库已经移植到 Python 3 上了，但还有大部分的库没有移植，并且也不容
易移植。为此，官方提供了一个将 Python 2 代码转换为 Python 3 代码的小工具，即一个
名为 2 to 3 的转换工具（Python 自带的实用脚本），它可以把 Python 2 代码无缝迁移到
Python 3 中。

尽管 Python 3 是最新的版本，但由于一些第三方库在新版本上无法运行，Python 2
仍然是科学领域使用最多的版本。然而，在学习 Python 的时候，建议使用 Python 3.4 或
更高版本，毕竟 Python 3 才是 Python 的现在和未来。Python 3 将是 Python 基金会进一
步开发和改进的唯一版本，也将是许多操作系统上的默认版本。

1.3　Python 的优缺点

Python 的优点包括以下几个方面：
① 易于学习，特别适合初学者；
② 可移植、跨平台；
③ 可伸缩程度高，适于大型项目或小型的一次性程序；
④ 用户社区规模大；
⑤ 代码重用，能与 C、C++、Java 整合；
⑥ 可靠、易于维护，更少隐藏 bug；
⑦ 可嵌入（使 ArcGIS 可脚本化）；
⑧ 有丰富的库，除内置库外，还有大量的第三方库。
当然，每门语言都有它的缺点。Python 的局限性有以下几个方面。
① 运行速度慢。因为 Python 是解释型语言，代码在执行过程中逐行翻译成 CPU 能理
解的机器码，这个过程比较耗时。
② 强制缩进。强制缩进不应该被称为局限，只是它用缩进来区分语句关系的方式给初
学者带来了很大困惑。
③ 单行语句和命令行输出问题。很多时候无法将程序写成一行，如 import sys; for i
in sys.path; print i。

1.4　Python 与其他语言的区别

目前在计算机程序设计中比较流行的语言有 C、C++、C#、Java、

JavaScript、Python、PHP、Ruby 等。这几种编程语言各有千秋，Python 与其他语言的区别如下。

① 比 Java、C++ 更简单、更易于使用。Python 是一种脚本语言，Java 从 C++ 这样的系统语言中继承了许多语法和复杂性，C++ 适合开发那些追求运行速度、充分发挥硬件性能的程序，而 Python 的语法非常简洁，大大提高了编写效率。

② 比 Perl、C++ 更简洁的语法和更简单的设计，使 Python 更具可读性、更易于维护，有助于减少程序 bug。

③ 比 Visual Basic 更强大也更具备跨平台特性。Python 的程序全部是开源的，并且可以跨平台，不用修改就可以运行在 Linux、Windows 等系统平台。

④ 比 PHP 更易懂且用途更广。PHP 只适用于网页编程，而 Python 广泛地应用于几乎每个计算机领域，从机器人到电影动画等。并且面向对象的编程更加完善。

⑤ 比 Ruby 更成熟、语法更具可读性。与 Ruby 和 Java 不同的是，面向对象编程对于 Python 是可选的，这意味着 Python 不会强制用户或项目选择面向对象编程进行开发，更增加了这门语言的灵活性。

⑥ JavaScript 是脚本语言，是在浏览器中执行的语言，它常用在网站设计方面，而 Python 也是一种脚本语言，依赖于 Python 运行环境。

⑦ 具备 SmallTalk 和 Lisp 等动态类型的特性，但是对开发者及定制系统的终端用户来说更简单，也更接近传统编程语言的语法。

⑧ Python 是解释型语言，不需要额外的编译过程，而 C# 必须编译后方可执行。Python 的程序全部是开源的，但 C# 就不是了。

⑨ Python 可以通过 C/C++ 系统进行扩展，并能嵌套 C/C++ 系统的特性，使其能够作为一种灵活的黏合语言，脚本化处理其他系统和组件的行为。例如，将一个 C 库集成到 Python 中，能够利用 Python 进行测试并调用库中的其他组件；在 Windows 中，Python 脚本可利用框架对微软 Word、Excel 文件进行脚本处理。

1.5　Python 的应用领域

Python 作为一种高级通用语言，应用领域十分广泛，可以在任何能想到的场合应用，从网站和游戏开发到机器人和航天飞机控制等。程序可大可小，可以是短短的几行程序，通过解释器完成，也可以是一个完整正式运营的商业网站或实验室里面的一个大型科学实验计划。常用的应用领域可以分为以下几类。

① 操作系统管理。Python 作为一种解释型的脚本语言，特别适合用于编写操作系统

管理脚本。它在可读性、性能、源代码重用度、扩展性等方面都优于普通的 Shell 脚本。

② 数值计算和科学计算编程。使用者可以使用 NumPy、SciPy、Matplotlib 等模块编写科学计算程序。

③ 图形用户界面（GUI）开发。Python 的简洁及快速的开发周期十分适合于开发 GUI。Python 内置的 Tkinter 接口、基于 C++ 平台的工具包 wxPython、PyQt 库可以构建可移植的 GUI，进行跨平台的软件开发。

④ Web 应用。Python 经常被用于 Web 开发。例如，通过 mod_wsgi 模块，Apache 可以运行用 Python 编写的 Web 程序。

⑤ 文本处理。Python 提供的 re 模块能支持正则表达式，还提供 SGML、XML 分析模块，许多程序员利用 Python 进行 XML 程序的开发。

⑥ 多媒体应用。Python 的 PyOpenGL 模块封装了"OpenGL 应用程序编程接口"，能进行二维和三维图像处理。很多游戏使用 C++ 编写图形显示等高性能模块，而使用 Python 编写游戏的逻辑。

⑦ 数据库编程。程序员可通过遵循 Python DB-API（数据库应用程序编程接口）规范的模块与 Microsoft SQL Server、Oracle、Sybase、DB2、Mysql、SQLite 等数据库通信。Python 自带一个 Gadfly 模块，提供了一个完整的 SQL 环境。

⑧ 网络编程。提供丰富的模块支持 Sockets 编程，能方便快速地开发分布式应用程序。很多大规模软件开发计划，如 Zope、Mnet 及 BitTorrent. Google 都在广泛地使用它。

⑨ 其他。例如，用 PyRo 工具包进行机器人控制编程；使用神经网络仿真器和专业的系统 Shell 进行 AI 编程；使用 NLTK 包进行自然语言分析；甚至可以使用 PySol 程序下棋娱乐等。

第 2 章
Python 的安装、
配置与卸载

第 1 章介绍了 Python 的起源、主要特点、与其他语言的区别及主要的应用领域，在介绍如何使用 Python 之前，先介绍一下如何对 Python 进行安装和配置，只有搭建了 Python 的学习环境后，才能进行 Python 的学习。

本章将介绍以下内容：

■ Python 的安装

■ Python 的配置

■ Python 的卸载

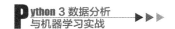

2.1　Python 的安装

目前，Python 有两个版本供大家选择和使用，即 Python 2.x 和 Python 3.x。

相对于 Python 的早期版本，Python 的 3.x 版本是一个较大的升级。由于 Python 3.x 在设计时没有考虑向下相容，因此许多针对早期 Python 版本设计的函数、语法或库都无法在 Python 3.x 上正常执行。因此，建议大家安装使用 Python 3.x。

本章以 Windows 7 的 32 位系统、版本 3.x 为例介绍 Python 的安装过程。

2.1.1　Python 的下载

（1）在浏览器中输入 Python 的下载地址"http://www.Python.org"，打开 Python 公司的网站，如下图所示。

（2）单击网页中【Downloads】菜单，进入如下图所示界面。

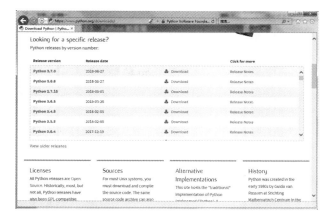

（3）用户可以根据需求，选择需要下载的版本，并在版本信息后面单击【Download】按钮，进入版本信息页面进行下载，弹出如下图所示的下载页面。

（4）单击【立即下载】按钮，这时软件就处于下载过程中，几十秒后，软件下载成功，图标如下图所示。

2.1.2　Python 的安装

（1）双击前面下载的文件，或者在该文件上右击，在弹出的快捷菜单中选择【打开】选项，就会出现下图所示的安装界面。如果直接安装，则单击【Install】选项；如果自定义安装，则单击【Customize installation】选项。这里单击【Customize installation】选项。

（2）弹出如下界面，单击【Next】按钮。

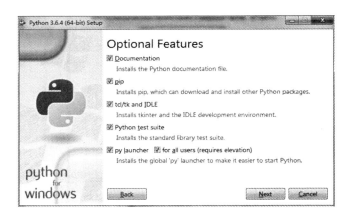

（3）进入如下界面，选中【Install for all users】单选按钮，此处还可以修改软件存放路径，如把软件保存到 D 盘，如下图所示。然后单击【Install】按钮。

（4）此时，软件即可进行安装，并显示安装进度。

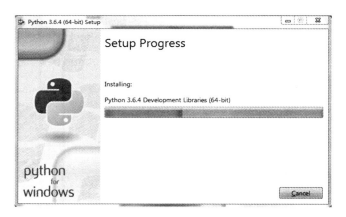

（5）出现下图所示的界面后，单击【关闭】按钮，即可完成安装。

到这一步，Python 已经成功地安装在计算机上了。

2.2 Python 的配置

Python 安装完成后，需要设置环境变量，否则在此后的使用过程中容易出错，导致 Python 在使用过程中出现错误环境。

2.2.1 Python 环境变量的设置

设置 Python 的环境变量的步骤如下。

（1）在桌面【我的电脑】上右击，从弹出的快捷菜单中选择【属性】命令，出现下图所示的系统设置对话框。

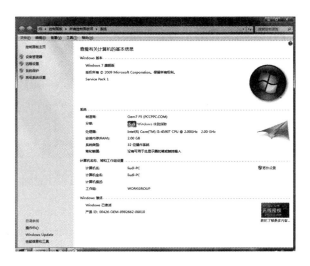

（2）选择【高级系统设置】选项，出现下图所示的【系统属性】对话框。

（3）单击【环境变量】按钮，弹出【环境变量】对话框，在下方的【系统变量】列表框中找到变量【Path】选项并双击，如下图所示。

（4）打开【编辑系统变量】对话框，在【变量值】文本框中输入 Python 路径，单击【确定】按钮，环境变量设置成功。如下图所示。

这时，Python 的环境变量已经设置完毕，下面就可以打开 Python 了。

2.2.2　Python 的启动

前面已经介绍了如何在计算机上安装 Python，Python 安装完成后，就可以打开

Python 进行编程和学习了。打开 Python 一般有以下两种方式。

（1）选择【开始】→【所有程序】→【Python 3.6（64-bit）】→【Python(command line)】选项，如下图所示。

（2）进入 DOS 命令行，输入 Python 命令，如下图所示。

上面两种方式都可以打开 Python 的命令行窗口（交互式解释窗口），如下图所示。

后面的许多操作都是在 Python 命令行窗口中完成的。

2.3 Python 的卸载

如果不想在自己的计算机上继续使用 Python，就可以将该软件卸载，其卸载方法如下。

（1）选择【开始】→【控制面板】选项，出现下图所示的对话框。

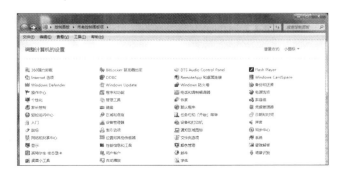

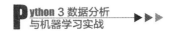
（2）选择【程序和功能】选项，出现下图所示的对话框，在其中找到程序"Python 3.6.4(64-bit)"并选中，这时会在"名称"上方出现【组织】【卸载】【更改】等选项。

（3）选择【卸载】选项，即会进行卸载，并显示卸载进度。

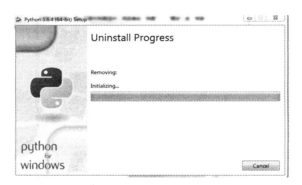

（4）卸载完成后，单击【Close】按钮即可。

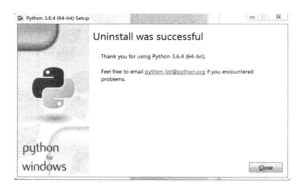

至此，我们已经学习了如何在计算机上安装、配置及卸载 Python 软件，也学习了如何打开 Python 软件，那么后面章节开始学习如何使用 Python 进行基本的编程操作。

第 3 章
Python 3 基础语法

前面已经认识了 Python，并且已经在计算机上安装了 Python，在介绍机器学习及数据分析之前，我们简单介绍一下 Python 的基本使用方法。本章的基本知识和概念对于后续章节的学习来说是一个基础，如果读者刚接触 Python 并且最终目的是学习机器学习的相关算法，那么，这些基础知识加上对机器学习算法中代码的详细讲解，已经可以保证读者掌握并使用 Python 完成机器学习及数据分析的方法。

本章将介绍以下内容：

- 第一个 Python 程序
- Python 的输入和输出
- Python 的基本数据类型
- Python 库的导入
- Python 的集成开发环境

3.1 第一个 Python 程序

第 2 章已经在计算机上安装和配置好 Python 的软件环境，下面先运行第一个 Python 小程序，来开始 Python 基本语法的学习。

打开 Python 命令行窗口，输入下面的程序：

```
print("Hello, World!");
```

运行结果如下图所示，这是一个最常见的程序代码，其作用就是输出 "Hello, World!"。

```
                        Python 3.6 (64-bit)          _  □  ×
>>> print("Hello, World!");
Hello, World!
>>>
```

默认情况下，Python 3 源码文件以 UTF-8 编码，所有字符串都是 Unicode 字符串。当然也可以为源码文件指定不同的编码，这里就不再详述。

下面就来看一下 Python 使用过程中几个经常用到的基本概念，如标识符、变量、注释、多行语句、运算符等。

1. 标识符

和其他语言类似，Python 中标识符的命名为：第一个字符必须是字母表中的字母或下画线 "_"，标识符的其他部分可以包含字母、数字和下画线。

此外，需要注意：在 Python 中标识符对大小写敏感；标识符的名称不能和系统的保留字相同。

Python 的标准库提供了一个 keyword 模块，可以输出当前版本中的所有关键字，如下图所示。

```
                        Python 3.6 (64-bit)          _  □  ×
>>> import keyword
>>> keyword.kwlist
['False', 'None', 'True', 'and', 'as', 'assert', 'break', 'class', 'contin
def', 'del', 'elif', 'else', 'except', 'finally', 'for', 'from', 'global',
'import', 'in', 'is', 'lambda', 'nonlocal', 'not', 'or', 'pass', 'raise',
rn', 'try', 'while', 'with', 'yield']
>>>
```

2. 变量

Python 中的变量不需要声明。每个变量在使用前都必须赋值，变量赋值以后才会被创建。在 Python 中，变量就是变量，它没有类型，这里所说的"类型"是变量所占用内存中对象的类型。

等号（=）用来给变量赋值。等号（=）运算符左边是一个变量名，右边是存储在变量中的值。例如：

```
counter = 100
```

```
name = "Python"
```

Python 可以同时为多个变量赋值，例如：

```
a=b=c=1
```

这个例子中创建了一个整型对象，值为 1，3 个变量被分配到相同的内存空间上，其值都是 1。

变量在使用前必须先"定义"（赋予变量一个值），否则会出现错误，下图所示是一个没有定义变量的错误情况。

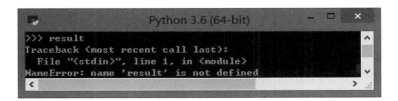

3. 注释

在 Python 中，有单行注释和多行注释。其中单行注释以 # 开头，可以单独一行，也可以写到代码之后。例如：

```
# 这是一个注释
```

```
print ("Hello, Python!") # 这句代码作用是显示字符 "Hello, Python!"
```

多行注释用 3 个单引号（' ' '）或者三个双引号（" " "）将注释引起来。例如：

```
'''
```

```
这是第一行注释
```

```
这是第二行注释
```

```
'''
```

4. 多行语句

Python 通常是一行写完一条语句，如果语句很长，一行写不完，可以使用反斜杠 (\)来实现多行语句，如下图所示。

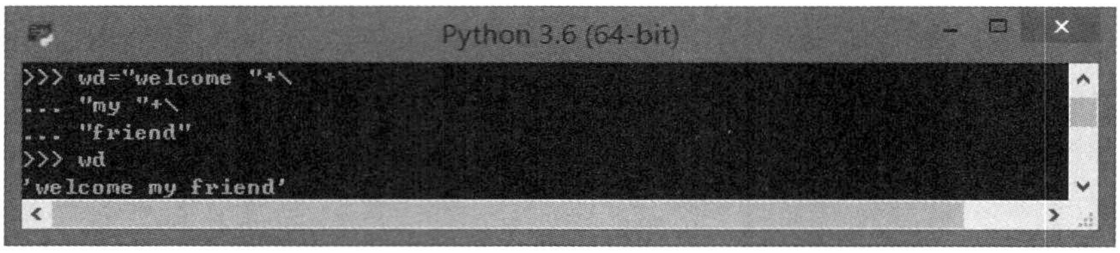

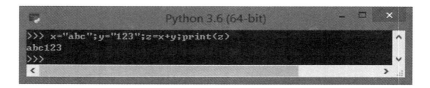

由上图可以看出，当以反斜杠 (\) 结尾时，在下一行可以继续写这条语句。但是，在
[]、{} 或 () 中的多行语句，不需要使用反斜杠 (\)。例如：

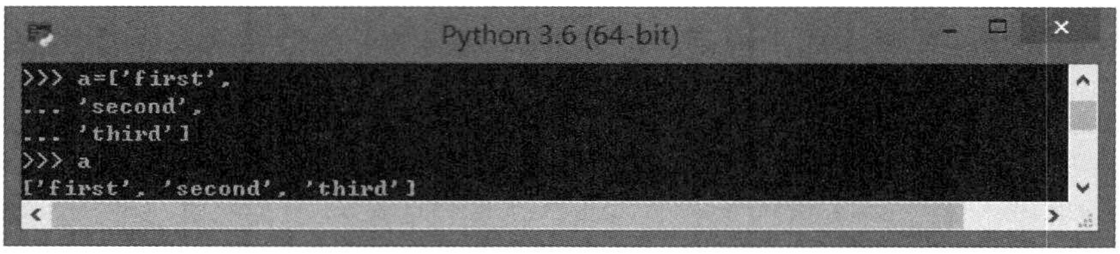

```
>>> a=['first',
... 'second',
... 'third']
>>> a
['first', 'second', 'third']
```

5. 同一行显示多条语句

Python 可以在同一行中使用多条语句，语句之间使用分号 (;) 分割。

下面这个简单的实例可以说明同一行中使用多条语句的情况。

```
x="abc";y="123";z=x+y;print(z)
```

程序运行结果如下图所示。

```
>>> x="abc";y="123";z=x+y;print(z)
abc123
>>>
```

6. 行与缩进

一般一个代码块是一个语句序列，包含一条或多条语句，在其他高级语言中，这样一个语句序列是放到大括号 ({}) 中。Python 最具特色的就是使用缩进来表示代码块，不需要使用大括号 ({})。并且缩进的空格数是可变的，但是同一个代码块的语句必须包含相同的缩进空格数。

看下面这个实例：

```
if True:
    print ("True")    # 语句前需要有空格
else:
```

```
print ("False")   # 语句前需要有空格，并且和上面语句前的空格数一样
```

如上例所示，条件语句和 else 语句后所跟的语句前面都有若干个空格。也就是说，缩进相同的一组语句构成一个代码块，将其称为代码组。

7. 运算符

Python 语言支持以下类型的运算符：算术运算符、比较（关系）运算符、赋值运算符、逻辑运算符、位运算符、成员运算符、身份运算符。

下表列出了从最高到最低优先级的所有运算符。

表 3-1　运算符及其描述

运算符	描述
**	指数（最高优先级）
~ , + , -	按位翻转、一元加号和减号
* , / , % , //	乘、除、取模和取整除
+ , -	加法、减法
>> , <<	右移、左移运算符
&	位"AND"
^ , |	位运算符
<= , < , > , >=	比较运算符
<> , == , !=	等于运算符
= , %= , /= , //= , -= , += , *= , **=	赋值运算符
is , is not	身份运算符
in , not in	成员运算符
not , or , and	逻辑运算符

例如，运行如下代码：

```
a = 20
b = 10
c = 15
d = 5
e = (a + b) * c / d
print ("(a + b) * c / d 运算结果为：", e)
```

程序运行结果如下图所示。

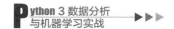

3.2　Python 的输入和输出

输入和输出在任何编程语言中都是经常使用的语句，下面来看一下 Python 的输入和输出语句。

3.2.1　Python 的输出语句

3.1 节的第一个 Python 程序是输出一句字符串，使用了 print 语句，print 默认输出是换行的，如果要实现不换行，需要在变量末尾加上 end=""。来看下面的例子：

x="123"
y="abc"
# 换行输出
print(x)
print(y)
# 不换行输出
print(x, end="")
print(y, end="")

上段代码程序运行结果如下图所示。

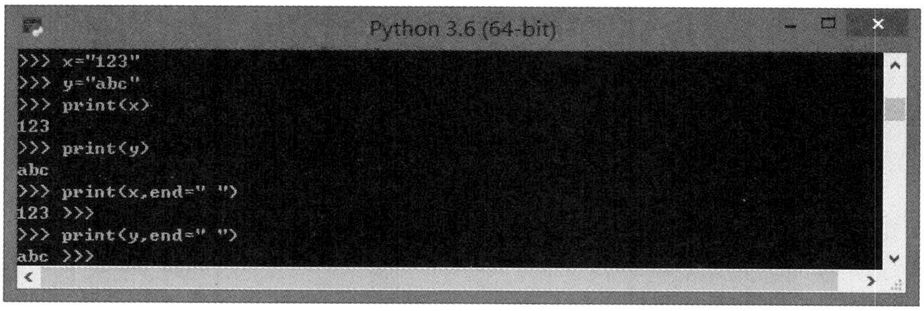

3.2.2　Python 的输入语句

Python 使用 input 语句实现数据的输入，Python 3 中 input() 默认接收到的是字符类型。

基本语法如下：

> input([提示内容])

来看下面的实例：

> name=input(" 请输入你的姓名 :")

> print("hello"+name)

上面代码首先出现提示信息 " 请输入你的姓名： "，然后等待用户输入，输入的内容会存放到 name 变量中，在 print 函数中显示结果，如下图所示。

3.3　Python 的基本数据类型

Python 3 中有 6 种标准的数据类型：Number（数字）、String（字符串）、List（列表）、Tuple（元组）、Sets（集合）和 Dictionary（字典）。本节将简要介绍这 6 种数据类型。

3.3.1　数字

Python 数字数据类型用于存储数值。Python3 支持以下 4 种不同的数值类型。

（1）整型 (Int)：也称为整数，包含正整数或负整数，不带小数点。Python 3 整型是没有限制大小的，可以当作 Long 类型使用。

（2）浮点型 (float)：浮点型由整数部分与小数部分组成，浮点型也可以使用科学计数法表示。

（3）复数型 (complex)：复数由实数部分和虚数部分构成，可以用 a + bj, 或者 complex(a,b) 表示，复数的实部 a 和虚部 b 都是浮点型。

（4）布尔型（bool）：Python 3 中，把 True 和 False 定义成关键字，但它们的值还是 1 和 0。

有时需要对数据内置的类型进行转换，数据类型的转换只需要将数据类型作为函数名即可。数字类型转换函数如下。

（1）int(x) 将 x 转换为一个整数。

（2）float(x) 将 x 转换为一个浮点数。

（3）complex(x) 将 x 转换为一个复数，实数部分为 x，虚数部分为 0。

（4）complex(x, y) 将 x 和 y 转换为一个复数，实数部分为 x，虚数部分为 y。x 和 y 是
数字表达式。

下面看几个数字类型的运算。

在 Python 程序中分别输入下面的数学运算公式：

5+6

20-3*2

（30-2*5）/6

程序运行结果如下图所示。

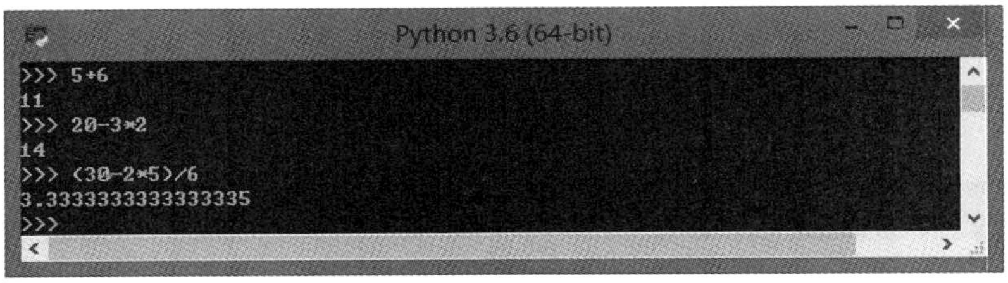

下面使用变量进行基本的运算。

age=20

day_income=150

total_income=age*day_income

程序运行结果如下图所示。

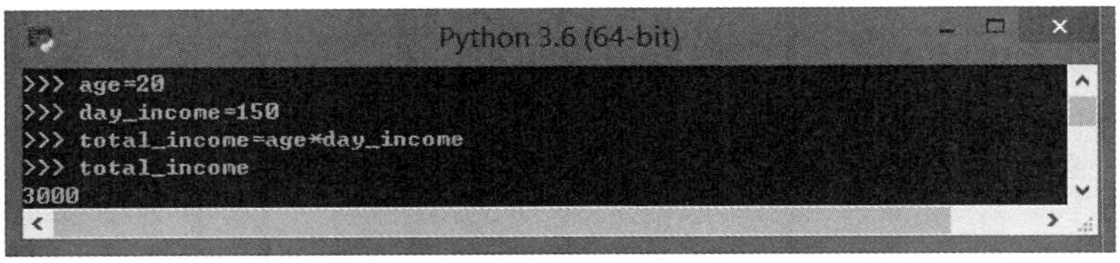

3.3.2 字符串

Python 中的字符串用单引号（ ' ）或双引号（ " ）括起来。创建字符串很简单，只要为变
量分配一个值即可。例如：

str1="Hello Python!"

Python 访问字符串，可以使用方括号（[]）来截取字符串，基本语法如下：

变量 [头下标 : 尾下标]

其中下标最小的索引值以 0 为开始值，-1 为从末尾的开始位置。Python 中的字符串有两种索引方式，从左往右以 0 开始，从右往左以 -1 开始。例如：

print (str1) # 输出字符串

print (str1[0:-1]) # 输出第一个到倒数第二个的所有字符

print (str1[0]) # 输出字符串第一个字符

print (str1[2:5]) # 输出从第三个开始到第五个的字符

print (str1[2:]) # 输出从第三个开始的所有字符

print (str1 * 2) # 输出字符串两次

程序运行结果如下图所示。

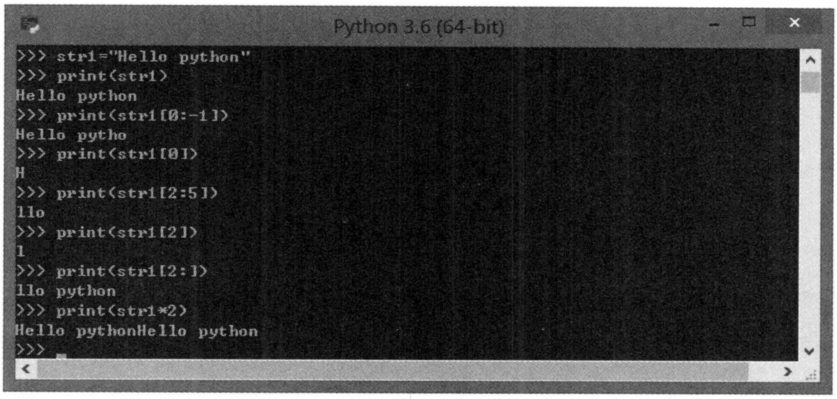

Python 字符串不能被改变，向一个索引位置赋值，如 str1[0] ='h' 会产生错误。

3.3.3　列表

List（列表）是 Python 中使用最频繁的数据类型。列表可以完成大多数集合类的数据结构的实现。列表中元素的类型可以不相同，它支持数字、字符串，甚至可以包含其他列表（嵌套）。

列表是写在方括号 ([]) 里、用逗号分隔开的元素列表。和字符串一样，列表同样可以被索引和截取，列表被截取后返回一个包含所需元素的新列表。

列表截取的语法格式如下：

变量 [头下标 : 尾下标]

索引值的取值和字符串类似，其中下标最小的索引值以 0 为开始值，以 -1 为从末尾的开始位置。Python 中的字符串有两种索引方式，从左往右以 0 开始，从右往左以 -1 开始。

Python 3 数据分析
与机器学习实战 ▶ ▶ ▶

例如：

list = ['abcd',123 , 4.56, 'Python', 78.9]

print (list) # 输出完整列表

print (list[0]) # 输出列表第一个元素

print (list[1:3]) # 从第二个元素开始输出到第三个元素

print (list[2:]) # 输出从第三个元素开始的所有元素

程序运行结果如下图所示。

与 Python 字符串不同的是，列表中的元素是可以改变的。例如：

a = [1, 2, 3, 4, 5, 6]

a[0] = 'a'

a[2:3]=['b','hello']

程序运行结果如下图所示。

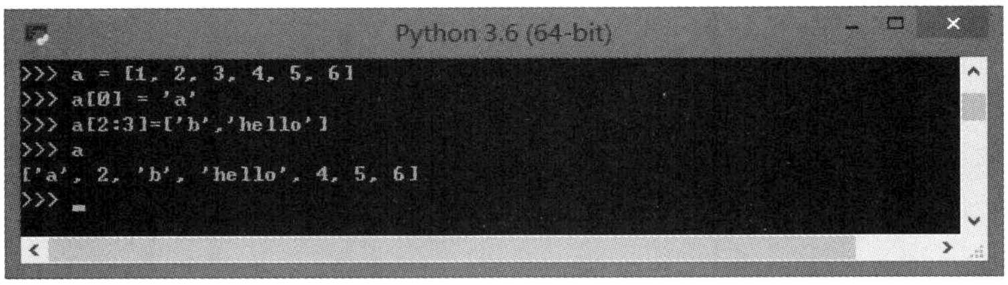

此外，列表中的元素还可以被删除。例如：

a[2:4] = []

此时，把原列表中的元素 ['b','hello'] 删除，余下的内容如下：

['a', 2, 4, 5, 6]

3.3.4 元组

元组（Tuple）与列表类似，不同之处在于元组的元素不能修改。元组写在小括号（()）

30

里，元素之间用逗号隔开。元组中的元素类型也可以不相同。元组与字符串类似，可以被索引且下标索引从 0 开始，-1 为从末尾开始的位置。元组也可以进行截取。可以把字符串看作一种特殊的元组。

元组中元素的访问方法和列表类似。例如：

```
tuple1 =('abcd',123 , 4.56, 'Python', 78.9)

print (tuple1) # 输出完整元组

print (tuple1 [0]) # 输出元组第一个元素

print (tuple1 [1:3]) # 从第二个元素开始输出到第三个元素

print (tuple1 [2:]) # 输出从第三个元素开始的所有元素
```

程序运行结果如下图所示。

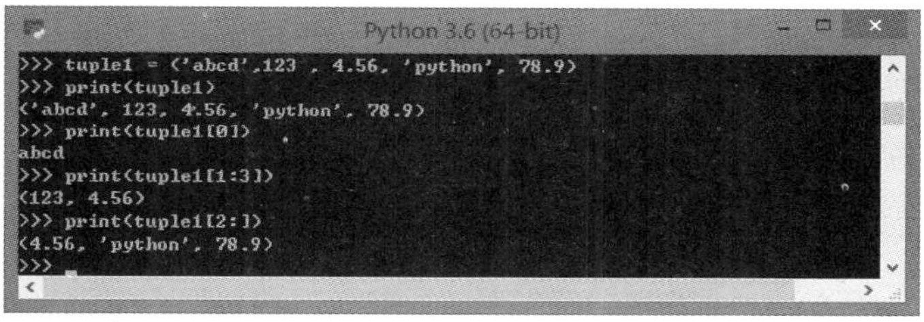

3.3.5　集合

集合（Set）是一个无序不重复元素的序列。基本功能是进行成员关系测试和删除重复元素。可以使用大括号（{}）或 set() 函数创建集合。注意，创建一个空集合必须用 set() 函数而不是大括号（{}）。

例如，下面的集合实例：

```
student = {'Tom', 'Jim', 'Mary', 'Tom', 'Jack', 'Rose'}

print(student)

a=set('abcdabc')

print(a)
```

程序运行结果如下图所示。

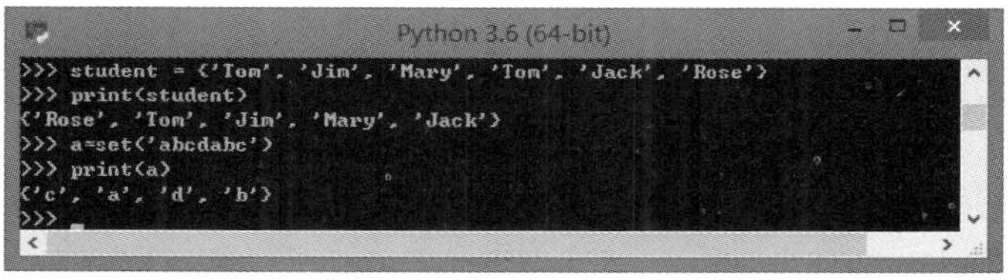

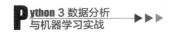

3.3.6　字典

字典（Dictionary）是 Python 中另一个非常有用的内置数据类型。前面介绍的列表是有序的对象集合，字典是无序的对象集合。两者之间的区别在于：字典中的元素是通过键来存取的，而不是通过索引值存取的。

字典是一种映射类型，字典用"{ }"标识，它是一个无序的键(key) : 值(value)对集合。在同一个字典中，键(key)必须是唯一的，但是值则不必唯一，值可以取任何数据类型，但键必须是不可变的，如字符串、数字或元组。

例如，下面两个都是字典的定义：

dict1 = {'Alice': '1234', 'Beth': '5678', 'Cecil': 'abcd'}

dict2 = {'abc': 123, 98.6: 37 }

如果要访问字典中的值，则把相应的键放入方括号内即可。例如：

print ("dict1['Alice']: ", dict1[' Alice '])

print ("dict2[98.6]: ", dict2[98.6])

程序运行结果如下图所示。

```
Python 3.6 (64-bit)
>>> dict1 = {'Alice': '1234', 'Beth': '5678', 'Cecil': 'abcd'}
>>> dict2 = { 'abc': 123, 98.6: 37 }
>>> print ("dict1['Alice']: ", dict1['Alice'])
dict1['Alice']:  1234
>>> print ("dict2[98.6]: ", dict2[98.6])
dict2[98.6]:  37
>>>
```

当需要修改字典时，向字典添加新内容的方法是增加新的键 / 值对，或者修改或者删除已有键 / 值对。例如：

dict1['Beth'] = 80;

dict1['new']= 'Hello'

程序运行结果如下图所示。

```
Python 3.6 (64-bit)
>>> print (dict1)
{'Alice': '1234', 'Beth': 80, 'Cecil': 'abcd', 'new': 'Hello'}
>>>
```

3.4　Python 库的导入

前面介绍的对象创建及使用都是利用 Python 的基本功能，还有很多功能并没有使用，而且当 Python 启动时，并没有把所有的功能加载进来，因此，后期如果需要使用 Python 的某些特定的功能，必须把这些功能所属的库（模块或包）加载进来。有时还需要使用第三方的扩展库，如在后面章节中，机器学习及数据处理都需要引入很多第三方的扩展库，这些库函数专门处理某些具体问题，可以丰富 Python 的功能。

在 Python 中使用 import 或 from...import 来导入相应的库（模块或包），常见的有以下几种情况。

（1）将整个库（模块或包）导入，格式为：

```
import lib_name [as alias_name]
```

（2）从某个库（模块或包）中导入某个函数，格式为：

```
from lib_name import function_name [as alias_name]
```

（3）从某个库（模块或包）中导入多个函数，格式为：

```
from lib_name import function_name1, function_name2
```

（4）将某个库（模块或包）中的全部函数导入，格式为：

```
from lib_name import *
```

例如，下面导入数学库：

```
import math
```

```
math.sin(20)
```

上面实例也可以在导入的同时为数学库起一个别名：

```
import math as m
```

```
m.sin(20)
```

或者把全部数学库函数导入：

```
from math import *
```

```
sin(20)
```

程序运行结果如下图所示。

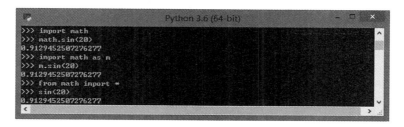

上面介绍的方法是导入 Python 自身的库，当导入第三方库时，首先需要下载安装这些第三方库。然后才能使用上面介绍的方法将其导入。常用机器学习及数据处理的第三方库的安装在后面章节中会详细介绍。

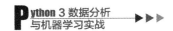

3.5 Python 的集成开发环境

前面介绍的 Python 运行环境是命令行窗口，在其中输入命令，是通过 Python 解释器进行的交互式编程。此外，还可以使用 Python 的集成开发环境完成开发工作。

Python 的集成开发环境打开方式如下。

选择【开始】→【所有程序】→【Python 3.6】→【IDLE (Python 3.6 64-bit)】选项，如下图所示。

此时，会打开 Python 的集成开发环境，如下图所示。

下面就在 Python 的集成开发环境中编写一个脚本文件。

选择【File】→【New File】选项，出现下图所示的窗口。

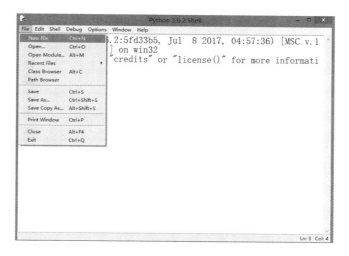

在窗口中输入如下代码：

```
name=input("please input your name:");
```

```
print ("hello "+name);
```

然后保存文件为 hello.py，选择【Run】→【Run Module】选项，或者按【F5】键就可以运行这个文件。程序运行结果如下图所示。

当然创建 Python 的脚本文件，使用任何文本编辑器都可以，注意存盘时扩展名为 .py。生成的脚本文件可以在命令行状态下执行，如在命令行下输入如下命令：

```
Python hello.py
```

程序运行结果如下图所示。

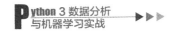
3.6 自测练习

（1）试着计算下面的运算，然后在 Python 中验算，看结果是否正确。

```
a = 21
```

```
b = 10
```

```
c = 0
```

```
c = a + b
```

```
print ("1：c 的值为：", c)
```

```
c = a - b
```

```
print ("2：c 的值为：", c)
```

```
c = a * b
```

```
print ("3：c 的值为：", c)
```

```
c = a / b
```

```
print ("4：c 的值为：", c)
```

```
c = a % b
```

```
print ("5：c 的值为：", c)
```

（2）列表运算，然后在 Python 中验算，看结果是否正确。

```
list1 = ['Python', 1997,'hello', 2000];
```

```
list2 = [1, 2, 3, 4, 5, 6, 7, 8, 9, 10];
```

```
print ("list1[0]: ", list1[0])
```

```
print ("list1[2:4]: ", list1[0])
```

```
print ("list2[1:4]: ", list2[1:4])
```

```
print ("list2[2:-1]: ", list2[2:-1])
```

（3）元组运算（请体会与列表的不同），然后在 Python 中验算，看结果是否正确。

```
tup1 = ('Python', 1997,'hello', 2000);
```

```
tup2 = (1, 2, 3, 4, 5, 6, 7, 8, 9, 10);
```

```
print ("list1[0]: ",tup1[0])
```

```
print ("list1[2:4]: ", tup1[0])
```

```
print ("list2[1:4]: ", tup2[1:4])
```

```
print ("list2[2:-1]: ", tup2[2:-1])
```

（4）脚本练习。将上面列表运算的内容存为脚本文件，并运行。

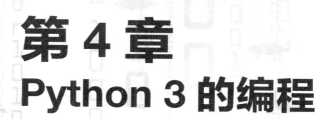

第 4 章
Python 3 的编程

第 3 章已经介绍了 Python 的基本语法，本章将介绍 Python 的编程知识，学习编程语言中经常使用的条件、循环、函数等语法格式及使用方法，掌握这些内容会为后面章节的机器学习及数据处理做好铺垫。

本章将介绍以下内容：

- 条件语句
- 循环语句
- 函数
- 模块

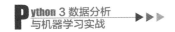

4.1 条件语句

条件语句是一种根据条件执行不同代码的语句，如果条件满足则执行一段代码，否则执行其他代码。

Python 中条件语句的基本格式如下。

```
if condition_1:
    statement_block_1
elif condition_2:
    statement_block_2
else:
    statement_block_3
```

说明：上面的条件语句的实现过程如下。

如果"condition_1"为 True 将执行"statement_block_1"语句块；

如果"condition_1"为 False，将判断"condition_2"；

如果"condition_2"为 True 将执行"statement_block_2"语句块；

如果"condition_2"为 False，将执行 statement_block_3"语句块。

此外，需要注意：每个条件后面都要使用冒号（:），表示接下来是满足条件后要执行的语句块；使用缩进来划分语句块，相同缩进数的语句在一起组成一个语句块。

【实例 4-1】输入考试分数，根据考试分数输出优、良、中、及格和不及格 5 个等级。

程序代码如下。

```
score=int(input("please input your score:"))
```

上面代码首先使用输入函数提示用户输入考试成绩，其次执行下面的条件语句，根据条件进行判断。

```
if score<60:
    print ("考试成绩不及格")
elif score>=60 and score<70:
    print ("考试成绩及格")
elif score>=70 and score<80:
    print ("考试成绩中")
elif score>=80 and score<90:
    print ("考试成绩良")
else:
    print ("考试成绩优")
```

程序运行及实现过程如下图所示。

```
Python 3.6 (64-bit)                              —  □  ×
>>> score=int(input("please input your score:"))
please input your score:62
>>> if score<60:
...     print ("考试成绩不及格")
... elif score>=60 and score<70:
...     print ("考试成绩及格")
... elif score>=70 and score<80:
...     print ("考试成绩中")
... elif score>=80 and score<90:
...     print ("考试成绩良")
... else:
...     print ("考试成绩优")
...
考试成绩及格
>>>
```

当然，也可以事先将代码输入一个脚本文件中进行调试和运行。

此外。在条件语句中还可以再嵌套其他的条件语句。基本格式如下。

if 表达式 1:

　语句 1

　if 表达式 2:

　　语句 2

　elif 表达式 3:

　　语句 3

　else:

　　语句 4

elif 表达式 4:

　语句 5

else:

　语句 6

使用嵌套时，一定要注意各段代码的缩进行数，确保不同代码块前面的缩进行数一样。

4.2　循环语句

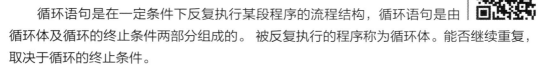

循环语句是在一定条件下反复执行某段程序的流程结构，循环语句是由循环体及循环的终止条件两部分组成的。被反复执行的程序称为循环体。能否继续重复，取决于循环的终止条件。

Python 中的循环语句有两种：while 循环 和 for 循环。下面就分别介绍这两种循环。

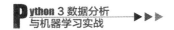

4.2.1 while 循环

Python 中 while 循环的基本语法格式如下。

while 判断条件:	
语句	

使用 while 循环时必须注意冒号和缩进。

【实例 4-2】计算 1 到 100 的总和。

n = 100	
sum = 0	
counter = 1	
while counter <= n:	
sum = sum + counter	
counter += 1	
print("1 到 %d 之和为 : %d" % (n,sum))	

在上面这段程序中，使用 while 循环判断累加数值是否超过 100，如果没有超过 100，继续循环，否则退出循环，显示最终的结果。程序运行结果如下图所示。

```
Python 3.6 (64-bit)
>>> n = 100
>>> sum = 0
>>> counter = 1
>>> while counter <= n:
...     sum = sum + counter
...     counter += 1
...
>>> print("1 到 %d 之和为: %d"%(n,sum))
1 到 100 之和为: 5050
>>>
```

4.2.2 for 循环

for 循环可以遍历任何序列的项目，如前面介绍的一个列表或一个字符串。

for 循环的一般格式如下。

for <variable> in <sequence>:	
<statements>	
else:	
<statements>	

其中 sequence 表示一个序列，可以是列表或字符串。

【实例 4-3】序列的循环使用。

```
country=["China","American","France","England","Russian"]
for x in country:
    print(x)
```

在上面程序中，首先定义了一个序列，序列中是几个国家的名称，其次在 for 循环中遍历该序列中的每个值并显示。程序运行结果如下图所示。

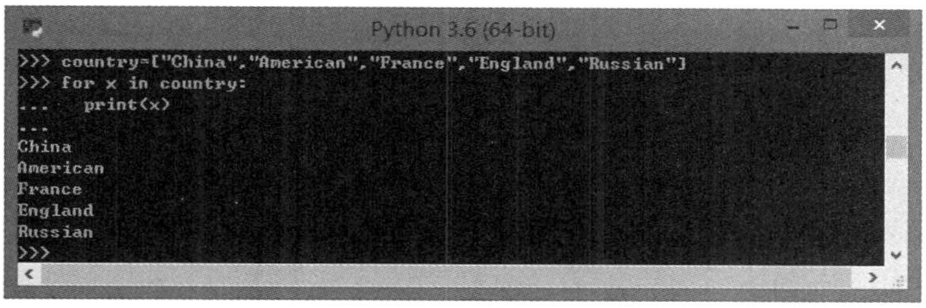

在循环体中，也可以使用 break 和 continue 语句，其中 break 语句可以跳出 for 或 while 的循环体。continue 语句被用来跳过当前循环块中的剩余语句，然后继续进行下一轮循环。

此外，for 或 while 循环与条件语句可以相互嵌套。

【实例 4-4】循环语句中含有条件语句。

```
for letter in 'Hello,Python!':
    if letter=='!':
        break
    print (" 现在显示的字母是： ",letter)
```

在上面的程序中，for 循环中遍历每一个字符串，每次从字符串中取一个字符，然后在循环体中判断每次取的字符串中的字符是否为 "！"，如果不是 "！"，则显示这个字符，否则，退出循环体。程序运行结果如下图所示。

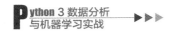

下面再看一个稍微复杂一些的实例：

【实例 4-5】使用了嵌套循环输出 2~10 的素数。

```
i = 2
while(i < 10):
    j = 2
    while(j <= (i/j)):
        if not(i%j): break
        j = j + 1
    if (j > i/j) : print (i," 是素数 ")
    i = i + 1
```

上面的程序使用了两层循环，在外层循环中判断数值是否小于 10，如果超过 10 就退出循环，小于 10 则继续进入内层循环，在内层循环中判断是否为素数，如果不符合条件，直接退出内层循环，继续执行外层循环的内容。程序运行结果如下图所示。

【实例 4-6】输出 9×9 的乘法口诀表。

分析：这个程序使用两层循环，外层变量为 1~9，内层变量依赖于外层变量。详细代码如下。

```
for i in range(1,10):
    for j in range(1,i+1):
        print("""%d*%d=%d""" % (i,j,i*j),end=" ")
    print()
```

上面这个程序同样使用了循环嵌套，外层循环判断数值是否为 1~9，内层循环计算对应数值的乘法口诀，内层变量依赖于外层变量，同时显示计算结果，在外层循环中使用 print() 函数表示换行操作。程序运行结果如下图所示。

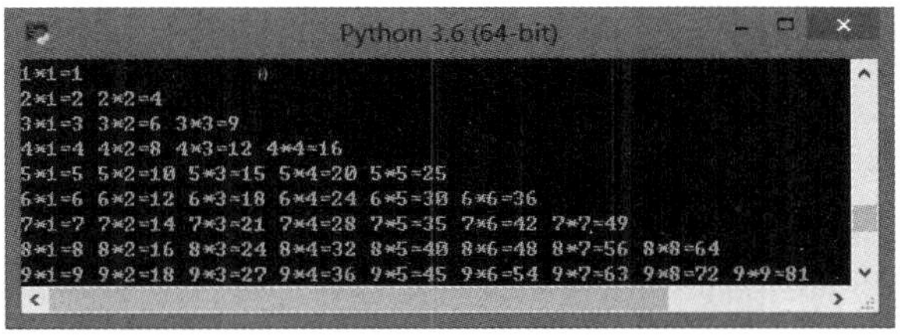

4.3 函数

在实际编程中，会有一段程序经常用到的情况，如果每次都重新写这段程序会很浪费时间，可以把这部分程序事先存储起来，以后需要时直接调用即可。函数就实现了这样的功能，它是一段组织好的、用来实现某些功能的代码段，可重复使用。函数能提高应用的模块性和代码的重复利用率。

函数一般包括系统内置的函数和自定义函数。

Python 的内置函数有很多，如前面用到的 print 函数，常见的内置函数根据功能的不同，大致可分为数学运算类、字符串处理类、类型转换类、序列处理类等，本书重点在于机器学习和数据处理，对内置函数就不再详细陈述，读者可以查找联机文档了解 Python 的内置函数。下面介绍 Python 的自定义函数的使用方法。

自定义函数的基本语法格式如下。

def 函数名（参数列表）：
函数体
return [表达式]

说明：

函数代码块以 def 关键词开头，后接函数标识符名称和小括号（()），后面再跟一个冒号（:）。

小括号用于定义参数，可以不包含参数，如果包含多个参数，参数之间以逗号分隔。函数内容缩进。

return [表达式] 表示函数返回，选择性地返回一个值给调用方。不带表达式的 return 相当于返回 None，省略 return 也相当于返回 None。

下面来看几个实例。

【实例 4-7】建立一个自定义函数，将要打印的内容传递给函数，在函数体内打印传递来的内容。

函数定义如下：

```
def myprint(str):
    print(str)
```

上面的函数代码体中只有一条语句，函数名称为"myprint"，输入参数命名为"str"，用于接收外部传来的内容，函数体中使用打印函数来打印外部传送来的字符。

函数的调用：函数调用的方法就是直接写出自定义的函数名就可以，如果有参数，直接提供参数，另外这个实例最后没有 return 语句，就是不需要返回任何值。

函数定义及调用如下图所示。

【实例 4-8】定义一个函数，输入长和宽，在函数中计算矩形的面积。

```
def area(height,width):
    return height*width
```

上面的函数使用 return 把计算结果返回，调用这个函数时需要提供长和宽。程序运行结果如下图所示。

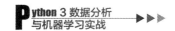

【实例 4-9】建立一个数字比较函数，并比较输入数字。

分析：这个自定义函数用于实现数字比较，因此应有两个输入参数，在函数体中，使用条件语句判断两个参数的大小，并输出结果，程序代码如下。

```
def compare(num1, num2):
    if num1 > num2:
        print("%s 大于 %s" % (num1, num2))
    elif num2 > num1:
        print("%s 大于 %s" % (num2, num1))
    else:
```

```
print("%s 等于 %s" % (num1, num2))
```

这个函数相较前面几个函数来说更为复杂，其中使用条件语句，根据输入的两个参数判断大小并显示结果。

这个函数的调用和其他函数的调用一样，使用函数名，并提供参数。例如：

```
compare(3,5)
```

```
compare(6,5)
```

程序运行结果如下图所示。

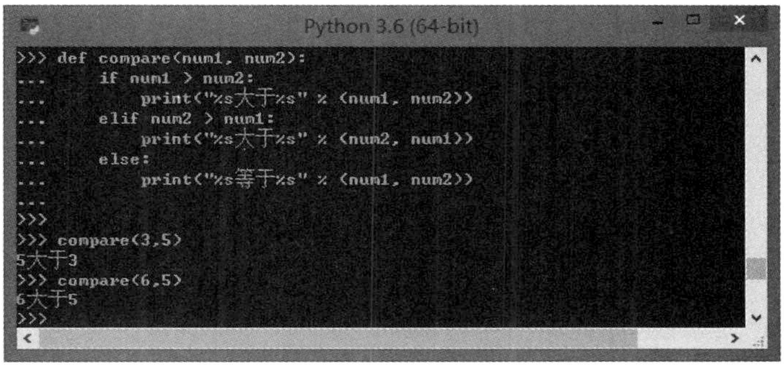

当然，自定义函数在使用时，还涉及许多细节，如全局变量和局部变量。函数调用时参数也有多种情况，这些本书不再详细阐述。

4.4 模块

在前面的几节中都是在 Python 命令窗口中直接输入代码，通过 Python 的解释器解析执行。但是，如果从 Python 解释器退出再进入 Python 窗口，那么关闭前定义的所有方法、自定义函数和变量等都不再存在。

为此 Python 提供了一个方法，把这些自定义函数及变量等的定义存放在文件中，这个文件称为模块，扩展名为 .py。这个模块可以被其他程序引入，以使用该模块中的函数等功能。这和前面所介绍的使用 Python 标准库的方法一样。

下面就通过一个实例，来了解模块的基本使用方法。

【实例 4-10】建立一个模块文件，假设文件名为 mokuai.py, 其中包含两个自定义的函数。

```
def myprint(str):
```

```
    print ("Hello : ", str)
    return


def area(height,width):
    return height*width
```

上面这个模块中定义了两个函数，其中 myprint 函数用于实现输出一个字符串，area 函数用于计算长方形的面积。

下面来看如何调用这个模块，实际上在第 3 章已经介绍了模块（库）的调用。

可以分别使用以下命令把这个模块导入 Python 命令窗口中。

（1）将整个模块内的函数导入：

```
import mokuai
```

或

```
from mokuai import *
```

（2）只导入模块内的 myprint 函数：

```
from mokuai import myprint
```

（3）导入模块内的 myprint 和 area 函数：

```
from mokuai import myprint,area
```

把模块导入 Python 命令窗口中以后，就可以使用其中的自定义函数了。

例如，下图给出了一个使用方法。

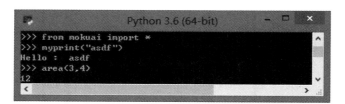

4.5　自测练习

（1）编写程序计算斐波纳契数列，并输出该数列的值。

（2）编写一个数字猜谜游戏，反复地给出数字，让系统根据输入的数字，提示是大了还是小了，最终猜出数字。

（3）自定义函数计算 1+2+…+20。

（4）编写模块，里面分别计算小于 n 的斐波纳契数列和自定义函数计算 1~n 的和。

第 5 章
机器学习基础

前面章节已经学习了 Python 的基本语法和编程知识，在学习如何使用 Python 进行数据分析之前，来认识一下什么是机器学习，以及机器学习的不同分类，这些基本知识对理解和学习机器学习的常用算法非常有帮助。本章将介绍机器学习的基本概念及分类。

本章将介绍以下内容：

■ 机器学习概述

■ 监督学习简介

■ 非监督学习简介

■ 增强学习简介

■ 深度学习简介

■ 机器学习常用术语

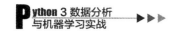

5.1 机器学习概述

机器是否具有学习的能力呢？我们来看一些报道。

1997 年，IBM 深蓝与国际象棋大师加里·卡斯帕罗夫对战，人工智能机器人第一次打败顶尖的国际象棋人类选手。下图是当时的比赛场景。

2016 年 3 月，AlphaGo 和韩国九段棋手李世石对决赛前，有人预测，人工智能机器人需要再花十几年时间才能在围棋领域战胜人类。然而，最终结果是 AlphaGo 以 4：1 的大比分战胜李世石。

2016 年 5 月，AlphaGo 又赢了，它以 3：0 完胜中国围棋领军人物柯洁。

1959 年，美国的塞缪尔 (Samuel) 设计了一个下棋程序，这个程序具有学习能力，从最初的不堪一击开始，发展到现在完胜人类，这就是一个典型的机器学习的实例。

由于近些年的各种科技新成果，使"机器学习"成为非常热门的词汇。机器学习在各领域的优异表现，使各行各业的人或多或少地对机器学习产生了兴趣与敬畏。然而与此同时，对机器学习有所误解的群体也日益壮大：他们或将机器学习想得过于神秘，或将它想得过于万能。本节将对机器学习进行一般性的介绍，同时会说明机器学习中一些常见的术语，以方便之后章节的叙述。

机器学习是英文 Machine Learning 的翻译，主要研究计算机模拟或实现人类的行为，就像一个学生一样，通过学习获取新的知识或技能，完善自身已有的知识结构，并不断提高自身的性能。它是人工智能的核心，其应用遍及人工智能的多个领域，如图像处理、人脸识别、自然语言处理、数据挖掘、生物特征识别、检测信用卡欺诈、证券市场分析、语音和手写识别等。

这里先说说机器学习与以往的计算机工作样式有什么不同。传统的计算机如果想要得到某个结果，需要人类赋予它一串指令，然后计算机就根据这串指令一步步地执行下去。这个过程中的因果关系非常明确，只要人类的理解不出偏差，运行结果是可以准确预测的。但是在机器学习中，这一传统样式被打破了。计算机确实仍然需要人类赋予它一串指令，但这串指令往往不能直接得到结果，相反，这是一串赋予了机器"学习能力"的指令，在此基础上，计算机需要进一步接受"数据"，并根据之前人类赋予它的"学习能力"，从中"学习"出最终的结果。这个结果往往是无法仅仅通过直接编程得出的。因此这里就导出了稍微深一些的机器学习的定义：它是一种让计算机利用数据而非指令来进行各种工作的方法。在这背后，关键就是"统计"的思想，它所推崇的"相关而非因果"的概念是机器学习的理论根基。在此基础上，机器学习可以说是计算机使用输入给它的数据，利用人类赋予它的算法得到某种模型的过程，其最终目的是使用该模型预测未知数据的信息。

下面可以由人类学习的过程来理解机器学习的过程。

人类从出生开始就在不断学习，首先是父母的启蒙教育，然后上幼儿园、小学、中学、大学，从最初什么都不知道的婴儿逐渐成长为具有一定知识和判断能力且具有不断学习新知识的能力的成人。在学习过程中，人类通过各种方式获取知识，使用各种感官与外界进行交互，吸收消化从外界获取的资料，不断更新自我的知识储备，并提高自身的知识积累，转换成新的技能。

机器学习和人类学习非常相似，机器最初也像婴儿一样，有类似于人类五官四肢的各种传感器，通过这些传感器与外界进行交互，然后通过"机器学习"（使用各种算法模型对获取的数据进行处理，本书将分块介绍这些算法）来提高自身性能（如让机器通过学习自动对物体进行分类；预测股市的涨跌趋势等），如下图所示。

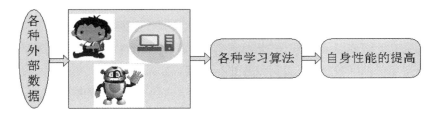

机器通过各种传感器与外界交互获得信息，这些传感器多种多样，常见的有键盘、鼠标、摄像头、投影仪、话筒、音箱，更复杂的有位置传感器、光电传感器、热传感器、平衡传感器等，机器只有通过这些传感器才能像人类一样与外界进行交互，获得外界信息，并做出判断和响应。

机器学习所依赖的基础是数据，但核心是各种算法模型，只有通过这些算法，机器才能消化吸收各种数据，不断完善自身性能。机器学习的算法很多，很多算法是一类算法，只是算法在实现过程中有些改变，而有些算法又是从其他算法中延伸出来的。

根据学习方式的不同，常见的机器学习算法有监督学习算法、非监督学习算法、半监督学习算法和强化学习算法。

5.2 监督学习简介

下面先看一下人类学习过程中监督学习的一个具体情形：当一个孩子逐渐认识事物的时候，父母会给他一些苹果和橘子，并且告诉他苹果是什么样的，有哪些特征；橘子是什么样的，有哪些特征。经过父母不断的介绍，这个孩子已经知道苹果和橘子的区别，如果孩子在看到苹果和橘子的时候给出错误的判断，父母就会指出错误的原因，经过不断的学习，再见到苹果和橘子的时候，孩子立即就可以判断出哪个是苹果，哪个是橘子。

上面的例子就是监督学习的过程，也就是说，在学习过程中，不仅提供事物的具体特征，同时也提供每个事物的名称。不过在人类学习的过程中，父母可以让孩子观察、触摸苹果和橘子，而对于机器却不一样，人类必须提供每个样本（苹果和橘子）的特征及对应的种类，使用这些数据，通过算法让机器学习，进行判断，逐步减小误差率。

也可以这样理解：监督学习是从给定的训练数据集中"学习"出一个函数，当新的数据到来时，可以根据这个函数预测结果。监督学习的训练集要求包括输入和输出，也可以说是特征和目标。训练集中的目标是由人类事先进行标注的。

再来看一个例子，在电子邮件过滤系统中，当一个电子邮件到达信箱时，系统自动判断这封邮件是否为垃圾邮件。用户可以实现选择一些数据集合，这些数据集合事先知道哪些邮件是正常邮件，哪些邮件是垃圾邮件，我们称这些数据为"训练数据"，每个训练数据有一个明确的标识或结果，即"垃圾邮件"或"非垃圾邮件"。在学习过程中，每次算法将预测结果与"训练数据"的实际结果进行比较，如果正确则不做处理，如果错误就不断地调整预测模型，修正参数，直到模型的预测结果达到一个预期的准确率。

监督学习主要应用于分类（Classify)和回归 (Regression)。常见的监督学习算法有 k-近邻算法、决策树、朴素贝叶斯、Logistic 回归、支持向量机和 AdaBoost 算法、线性回归、局部加权线性回归、收缩和树回归等。

5.3 非监督学习简介

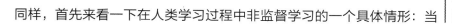

同样，首先来看一下在人类学习过程中非监督学习的一个具体情形：当

一个孩子逐渐认识事物的时候，父母会给他一些苹果和橘子，但是并不告诉他哪个是苹果，哪个是橘子，而是让他自己根据两个事物的特征自己进行判断，会把苹果和橘子分到两个不同组中。下次再给孩子一个苹果，他会把苹果分到苹果组中，而不是分到橘子组中。

上面的例子就是非监督学习的过程，也就是说，在学习的过程中，只提供事物的具体特征，但不提供事物的名称，让学习者自己总结归纳。所以非监督学习又称为归纳性学习（Clustering），是指将数据集合分成由类似的对象组成的多个簇（或组）的过程。当然，在机器学习过程中，人类只提供每个样本（苹果和橘子）的特征，使用这些数据，通过算法让机器学习，进行自我归纳，以达到同组内的事物特征非常接近，不同组的事物特征相距很远的结果。

再来看一个例子，Google News 会搜集网上的新闻，并且根据新闻的内容将新闻分成许多主题，如政治、体育、娱乐等，然后将同一个主题的新闻放在一起。

常见的非监督学习算法有 k- 均值、Apriori 和 FP-Growth 等。

5.4 增强学习简介

再看一下人类学习过程中增强学习的一个具体情形，大家都玩过下图所示的走迷宫游戏，从一个入口进去，穿过不同的路线，从另外一个出口出来，中间许多路都是不通的。如何走出来呢？这时只有分别尝试不同的线路，如果一个线路走错，那么就记录下来，再尝试其他的线路，有可能又回到上一个路口，走过的路是否正确，自己心中已经有一个规划，最终找出最合理的路径。这就是增强学习的一个例子。

增强学习（Reinforcement Learning, RL）又称为强化学习，是近年来机器学习和智能控制领域的主要方法之一。通过增强学习，人类或机器可以知道在什么状态下应该采取什么样的行为。增强学习是从环境状态到动作的映射的学习，我们把这个映射称为策略，最终增强学习是学习到一个合理的策略。另外，增强学习是试错学习 (Trail-and-error)，由于没有直接的指导信息，参与学习的个体或机器要不断与环境进行交互，通过试错的方式来获得最佳策略。另外，由于增强学习的指导信息很少，而且往往是在事后（最后一个状态）才得到反馈信息，以及采取某个行动是获得正回报或负回报，如何将回报分配给前面的状态以改进相应的策略，规划下一步的操作，就像小孩在日常的学习过程中，如果考试考得好，家长会给予奖励，如果考试成绩不理想，家长会给予惩罚一样。

前面提到的下国际象棋就是采用的增强学习算法，假设要构建一个下国际象棋的机器，首先，我们本身不是优秀的棋手，而请国际象棋老师来把每个状态下的最佳棋步都给我们讲解清楚代价过于昂贵，而且棋局变化多样，不同时刻有不同的棋局。另外，每个棋步的好坏判断也不是孤立的，要依赖于对手的选择和局势的变化。因此下棋的过程是一系列的棋步组成的策略，决定了是否能赢得比赛。下棋过程的唯一反馈是在最后赢得或是输掉棋局时才产生的。这种情况下我们可以采用增强学习算法，通过不断的探索和试错学习，增强学习可以获得某种下棋的策略，并在每个状态下都选择最有可能获胜的棋步。

增强学习算法主要有动态规划、马尔可夫决策过程等。

本章介绍了三种基本的（机器）学习方法，这三种（机器）学习方法是人类（机器）的基本学习方法，几乎覆盖了我们生活中的所有学习过程。

监督学习、非监督学习和增强学习这三种学习大致的总结概况如下图所示。

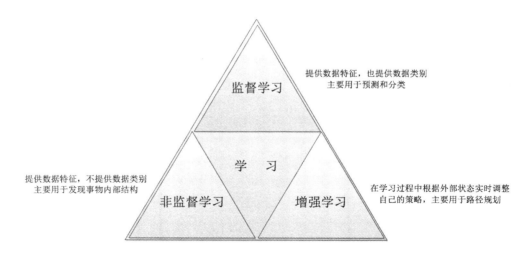

（1）监督学习：提供数据特征和数据类别；通过学习具备判断能力，能够预测未来结果。

（2）非监督学习：只提供数据特征，不提供数据类别；通过学习具备归纳概括能力，发现事物内在本质。

（3）增强学习：在日常学习过程中，采取一定的决策策略，激励系统对每个策略做出反馈，最终形成合理的规划。

5.5　深度学习简介

人们都知道 Google 制作出的 AlphaGo 机器人先后战胜了围棋大师韩国九段棋手李世石和中国围棋领军人物柯洁，媒体在描述 AlphaGo 机器人的胜利时用到了人工智能（Artificial Intelligence，AI）、机器学习、深度学习等术语。

"人工智能"这个词汇已经家喻户晓。2017 年 7 月 20 日，国务院印发《新一代人工智能规划》，提出了面向 2030 年我国新一代人工智能发展的指导思想、战略目标、重点任务和保障措施，部署构筑我国人工智能发展的先发优势，加快建设创新型国家和世界科技强国。

下图给出了人工智能、机器学习、深度学习之间的关系，人工智能是最先出现的理念，然后是机器学习，当机器学习繁荣之后就出现了深度学习，今天的 AI 大爆发是由深度学习驱动的。

1. 人工智能：让机器和人一样具有智力

1956 年，在达特茅斯会议（Dartmouth Conferences）上，计算机科学家首次提出了人工智能：建造一台复杂的机器（当时刚出现的计算机驱动），然后让机器呈现出人类智力的特征，让它拥有人类的所有感知，甚至还可以超越人类感知，可以像人一样思考。

几十年过去了，人们对 AI 的看法不断改变，有时认为 AI 是预兆，是未来人类文明的关键；有时认为它是技术垃圾，只是一个轻率的概念，野心过大，注定要失败。

2．机器学习：实现人工智能的基础

机器学习就是用算法真正解析数据，不断学习，然后对世界上发生的事做出判断和预测。此时，研究人员不会亲手编写软件、确定特殊指令集，然后让程序完成特殊任务，相反，研究人员会用大量数据和算法"训练"机器，让机器学会执行任务。

机器学习这个概念是早期的 AI 研究者提出的，在过去几年中，机器学习出现了许多算法方法，包括决策树学习、归纳逻辑程序设计、聚类分析、强化学习、贝叶斯网络等。这些算法都是人工智能的基础，通过算法，使用输入数据进行学习以提高自身性能。

在过去几年里，AI 大爆发，2015 年至今更是发展迅猛，主要归功于 GPU 的广泛普及，它让并行处理更快、更便宜、更强大。同时也受益于实际存储容量的无限拓展，数据的大规模生成，如图片、文本、交易、地图数据信息等。

3．深度学习：一种特定类型的机器学习

"人工神经网络（Artificial Neural Networks）"是一种算法方法，它也是早期机器学习专家提出的，已经存在几十年了。神经网络（Neural Networks）的构想源自人们对人类大脑的理解——神经元的彼此联系。二者也有不同之处，人类大脑的神经元是按特定的物理距离连接的，人工神经网络有独立的层、连接，以及数据传播方向。

在 AI 发展初期就已经存在神经网络，但是它并没有形成多少"智力"。问题在于即使只是基本的神经网络，它对计算量的要求也很高，因此无法成为一种实际的方法。尽管如此，还是有少数研究团队勇往直前，如多伦多大学 Geoffrey Hinton 所领导的团队，他们将算法平行放进超级计算机中，验证自己的概念，直到 GPU 开始广泛使用我们才真正看到希望。

深度学习的概念源于人工神经网络的研究。含多隐层的多层感知器就是一种深度学习结构。深度学习通过组合低层特征形成更加抽象的高层表示属性类别或特征，以发现数据的分布式特征表示。深度学习其实就是通过其他较简单的表示来表达复杂表示，解决了表示学习中的核心问题。让计算机从经验中学习，并根据层次化的概念体系来理解世界，而每个概念则通过与某些相对简单的概念之间的关系来定义。让计算机从经验中获取知识，从而可以避免人类给计算机形式化地指定它需要的所有知识。

深度学习的概念由 Hinton 等人于 2006 年提出。基于深度置信网络 (DBN) 提出非监督贪心逐层训练算法，为解决深层结构相关的优化难题带来希望，随后提出多层自动编码器深层结构。此外 Lecun 等人提出的卷积神经网络是第一个真正多层结构学习的算法，它利用空间相对关系减少参数数目以提高训练性能。

深度学习是机器学习中的一种基于对数据进行表征学习的方法。观测值（如一幅图像）可以使用多种方式来表示，如每个像素强度值的向量，或者更抽象地表示一系列边、特定形状的区域等。而使用某些特定的表示方法更容易从实例中学习知识（如人脸识别或面部

表情识别）。深度学习的好处是用非监督或半监督式的特征学习和分层特征提取高效算法来替代手工获取特征。

5.6 机器学习常用术语

机器学习领域有许多非常基本的术语，这些术语对非本专业的读者来说，可能高深莫测。事实上它们也可能拥有非常复杂的数学背景。但需要知道的是，它们往往也拥有着相对浅显的直观理解。本节会对这些常用的基本术语进行说明与解释。

正如前文反复强调的，数据在机器学习中发挥着不可或缺的作用。下面介绍一些用于描述数据的常见术语。

1. 数据集

"数据集"（Data Set）：就是数据的集合的意思。其中，每一条单独的数据被称为"样本"（Sample）。若没有进行特殊说明，本书都会假设数据集中样本之间在各种意义下相互独立。事实上，除了某些特殊的模型（如隐马尔可夫模型和条件随机场模型），该假设在大多数场景下都是相当合理的。数据集又可以分为以下三类。

（1）训练集（Training Set）：顾名思义，它是总的数据集中用来训练模型的部分。尽管将所有数据集都拿来当作训练集也无不可，不过为了提高及合理评估模型的泛化能力，通常只会取数据集中的一部分来当作训练集。

（2）测试集（Test Set）：顾名思义，它是用来测试、评估模型泛化能力的部分。测试集不会用在模型的训练部分，换句话说，测试集相对于模型而言是"未知"的，所以拿它来评估模型的泛化能力是相当合理的。

（3）交叉验证集（Cross-Validation Set，CV Set）：这是比较特殊的一部分数据，它是用来调整模型具体参数的。

其中训练集用来估计模型，交叉验证集用来确定网络结构或控制模型复杂程度的参数，而测试集则检验最终选择最优的模型性能如何。一个典型的划分是训练集占总样本的50%，而其他各占 25%，三部分都是从样本中随机抽取的。

但是，当样本总量少时，上面的划分就不合适了。通常是留少部分做测试集，然后对其余 N 个样本采用 K 折交叉验证法。就是将样本打乱，然后均匀分成 K 份，轮流选择其中的 $K - 1$ 份训练，剩余的一份做验证，计算预测误差平方和，最后把 K 次的预测误差平方和再做平均作为选择最优模型结构的依据。特别的 K 取 N，就是留一法（Leave One Out）。

很多读者经常会把测试集和交叉验证集混淆。用一句话概括两者的区别就是，交叉验证集主要用于进一步确定模型的参数（或结构），而测试集只是用于评估模型的精确度。例如，假设建立一个 BP 神经网络，对于隐含层的节点数目，并没有很好的方法去确定。此时，一般将节点数设定为某一具体的值，通过训练集训练出相应的参数后，再由交叉验证集去检测该模型的误差；然后改变节点数，重复上述过程，直到交叉验证误差最小。此时的节点数可以认为是最优节点数，即该节点数（这个参数）是通过交叉验证集得到的。而测试集是在确定了所有参数之后，根据测试误差来评判这个学习模型的。

所以，测试集是粗调参数，交叉验证集主要是用于模型的参数的细调，用于模型的优化。测试集则纯粹是为了测试已经训练好的模型的推广能力。

2．属性或特征

对于每个样本，通常具有一些"属性"（Attribute）或者说"特征"（Feature），特征所具体取的值就被称为"特征值"（Feature Value）。特征和样本所组成的空间被称为"特征空间"（Feature Space）和"样本空间"（Sample Space），可以把它们简单地理解为特征和样本"可能存在的空间"。

3．标签或类别

与之相对应的，有"标签空间"（Label Space），它描述了模型的输出"可能存在的空间"；当模型是分类器时，通常会称为"类别空间"。

下面，通过一个具体的例子来理解上述概念。

假设小明是一个在北京读了一年书的学生，某天他想通过宿舍窗外的风景（能见度、温度、湿度、路人戴口罩的情况等）来判断当天的雾霾情况并据此决定是否戴口罩。此时，他过去一年的经验就是他拥有的数据集，过去一年中每一天的情况就是一个样本。"能见度""温度""湿度""路人戴口罩的情况"就是 4 个特征，而（能见度）"低"、（温度）"低"、（湿度）"高"、（路人戴口罩的）"多"就是相对应的特征值。

现在小明想了想，决定在脑中建立一个模型来帮自己作决策，该模型将利用过去一年的数据集来对当天的情况作出"是否戴口罩"的决策。此时小明可以用过去一年中 8 个月的数据量来做训练集、两个月的量来做测试集、两个月的量来做交叉验证集，那么小明就需要不断地思考（训练模型）下列问题。

（1）用训练集训练出的模型是什么样的？

（2）该模型在交叉验证集上的表现怎么样？

（3）如果足够好，那么思考结束（得到最终模型）。

（4）如果不够好，那么根据模型在交叉验证集上的表现，重新思考（调整模型参数）。

最后，小明可能会在测试集上评估自己刚刚思考后得到的模型的性能，然后根据这个性能和模型作出"是否戴口罩"的决策来综合考虑自己是否戴口罩。

第 6 章
Python 机器学习
及分析工具

　　通过前面章节的学习，读者已经掌握了 Python 编程，并且对机器学习有了一定的了解。不过，Python 本身的数据分析功能并不是很强。除 Python 之外，还有一些常用于执行数据处理和机器学习的开源软件库。有很多的科学 Python 库（Scientific Python Libraries）可用于执行基本的机器学习任务，如 NumPy、Pandas、Matplotlib、Scikit-learn 等，可以借助这些第三方扩展库来实现数据分析和机器学习的功能。本章就来初步认识一下这些常见的软件库。

本章将介绍以下内容：

- 矩阵操作函数库（NumPy）
- 科学计算的核心包（SciPy）
- Python 的绘图库（Matplotlib）
- 数据分析包（Pandas）
- 机器学习函数库（Scikit-learn）
- 统计建模工具包（StatsModels）
- 深度学习框架（TensorFlow）

6.1 矩阵操作函数库（NumPy）

6.1.1 NumPy 的安装

由于机器学习算法在数据处理过程中大都涉及线性代数的知识，需要用到矩阵操作，Python 本身没有处理矩阵的数据类型，因此需要使用附加的函数库。其中 NumPy 函数库是 Python 开发环境的一个独立模块，是 Python 的一种开源的数值计算扩展工具。这种工具可用来存储和处理大型多维矩阵，比 Python 自身的列表结构要高效得多。尽管 Python 的 list 类型已经提供了类似于矩阵的表示形式，但是 NumPy 提供了更多的科学计算函数。

在 Windows 下，安装 NumPy 的步骤如下。

在命令行输入如下命令。

```
pip install numpy
```

程序运行结果如下图所示。

安装完成后，会出现"Successfully installed numpy-1.13.1"提示，此时可以进入 Python 窗口，验证是否可以使用。

首先导入 NumPy 库，其命令如下。

```
From numpy import *
```

然后使用随机命令 random.rand(4,4) 生成一个 4×4 的矩阵。

程序运行结果如下图所示。

6.1.2　NumPy 的基本使用

标准安装的 Python 中用列表 (list) 保存的一组值，可以用来当作数组使用，但是由于列表的元素可以是任何对象，因此列表中所保存的是对象的指针。这样为了保存一个简单的 [1,2,3]，需要有 3 个指针和 3 个整数对象。对于数值运算来说，这种结构显然比较浪费内存和 CPU 的计算时间。

此外，Python 还提供了一个 array 模块。array 对象和列表不同，它直接保存数值，和 C 语言的一维数组比较类似。但是由于它不支持多维，也没有各种运算函数，因此也不适合做数值运算。

NumPy 的诞生弥补了这些不足，NumPy 提供了两种基本的对象：ndarray（N-dimensional array object），存储单一数据类型的多维数组；ufunc（universal function object），能够对数组进行处理的函数。

1.　函数的导入

在使用 NumPy 之前，首先必须导入该函数库，导入方式如下。

```
import numpy as np
```

2.　数组的创建

需要创建数组才能对其进行其他操作。可以通过给 array 函数传递 Python 的序列对象创建数组，如果传递的是多层嵌套的序列，将创建多维数组。

例如，下面分别创建一维和二维数组。

```
a = np.array([1, 2, 3, 4])
```

```
b = np.array((5, 6, 7, 8))
```

```
c = np.array([[1, 2, 3, 4],[4, 5, 6, 7], [7, 8, 9, 10]])
```

数组的大小可以通过其 shape 属性获得。

例如，要获得上面数组 a、b、c 的大小，可以使用下面的代码。

```
a.shape
```

显示结果为 (4,)，这表示四行一列。

```
c.shape
```

显示结果为 (3, 4)，这表示这个数组是三行四列。

数组 a 的 shape 只有一个元素，因此它是一维数组。而数组 c 的 shape 有两个元素，因此它是二维数组，其中第 0 轴的长度为 3，第 1 轴的长度为 4。

可以通过修改数组的 shape 属性，在保持数组元素个数不变的情况下，改变数组每个轴的长度。

下面的例子将数组 c 的 shape 改为 (4,3)。注意：从 (3,4) 改为 (4,3) 并不是对数组进行转置，而只是改变每个轴的大小，数组元素在内存中的位置并没有改变。

```
c.shape = 4,3
```

显示结果如下。

```
array([[ 1,  2,  3],
       [ 4,  4,  5],
       [ 6,  7,  7],
       [ 8,  9, 10]])
```

当某个轴的元素为 -1 时，将根据数组元素的个数自动计算此轴的长度，因此下面的程序将数组 c 的 shape 改为了 (2,6)。

```
c.shape = 2,-1
```

显示结果如下。

```
array([[ 1,  2,  3,  4,  4,  5],
       [ 6,  7,  7,  8,  9, 10]])
```

此外，使用数组的 reshape 方法，可以创建一个改变了尺寸的新数组，原数组的 shape 保持不变。

```
d = a.reshape((2,2))
```

显示结果如下。

```
array([[1, 2],
       [3, 4]])
```

在上面的代码中，数组 a 和 d 其实共享数据存储内存区域，因此修改其中任意一个数组的元素都会同时修改另外一个数组的内容。

```
a[1] = 10
```

查询 d 的内容，显示结果如下。

```
array([[ 1, 10],
       [ 3,  4]])
```

3. 数组的类型

数组的元素类型可以通过 dtype 属性获得。上面例子中的参数序列的元素都是整数，因此所创建的数组的元素类型也是整数，并且是 32 位的长整型。

例如，查看数组 a 的类型。

```
a.dtype
```

显示结果如下。

```
dtype('int32')
```

可以通过 dtype 参数在创建时指定元素类型。

```
e=np.array([[1, 2, 3, 4],[4, 5, 6, 7], [7, 8, 9, 10]], dtype=np.float)
```

显示结果如下。

```
array([[ 1.,  2.,  3.,  4.],
       [ 4.,  5.,  6.,  7.],
       [ 7.,  8.,  9., 10.]])
```

可以发现，现在数组元素都是浮点数据。

4. 数组的其他创建方式

前面的例子都是先创建一个 Python 序列，然后通过 array 函数将其转换为数组，这样做显然效率不高。因此 NumPy 提供了很多专门用来创建数组的函数。下面就看一些常用的创建数组的函数。

（1）arange 函数类似于 Python 的 range 函数，通过指定开始值、终值和步长来创建一维数组，注意数组不包括终值。例如：

```
f=np.arange(0,1,0.1)
```

显示结果如下。

```
array([ 0. ,  0.1,  0.2,  0.3,  0.4,  0.5,  0.6,  0.7,  0.8,  0.9])
```

（2）linspace 函数通过指定开始值、终值和元素个数来创建一维数组，可以通过 endpoint 关键字指定是否包括终值，默认设置包括终值。例如：

```
g=np.linspace(0, 1, 12)
```

显示结果如下。

```
array([ 0.        ,  0.09090909,  0.18181818,  0.27272727,  0.36363636,
        0.45454545,  0.54545455,  0.63636364,  0.72727273,  0.81818182,
        0.90909091,  1.        ])
```

（3）logspace 函数和 linspace 类似，但是它创建的是等比数列，下面的例子显示从 $1(10^0)$ 到 $100(10^2)$ 有 10 个元素的等比数列。

```
h=np.logspace(0, 2, 10)
```

显示结果如下。

```
array([   1.        ,    1.66810054,    2.7825594 ,    4.64158883,
          7.74263683,   12.91549665,   21.5443469 ,   35.93813664,
         59.94842503,  100.        ])
```

5. 数组元素的存取

数组元素的存取方法和 Python 的标准方法相同。

例如，下面代码可以实现对数组元素的基本存取。

```
a = np.arange(10)
```

上面代码产生一维数组，元素为：

```
array([0, 1, 2, 3, 4, 5, 6, 7, 8, 9])
```

下面代码访问不同的元素。

```
a[3:5]
```

显示结果为：

```
array([3, 4])
```

```
a[5]
```

显示结果为：

```
5
```

```
a[:5]
```

显示结果为：

```
array([0, 1, 2, 3, 4])
```

```
a[:-1]
```

显示结果为：

```
array([0, 1, 2, 3, 4, 5, 6, 7, 8])
```

6. ufunc 运算

ufunc 是一种能对数组的每个元素进行操作的函数。NumPy 内置的许多 ufunc 函数都是在 C 语言级别实现的，因此它们的计算速度非常快。下面来看一个例子。

```
import time
import math
import numpy as np

x = [i * 0.001 for i in range(1000000)]
start = time.clock()
for i, t in enumerate(x):
    x[i] = math.sin(t)

print ("math.sin:", time.clock() - start)

x = [i * 0.001 for i in range(1000000)]
x = np.array(x)
start = time.clock()
np.sin(x,x)
print ("numpy.sin:", time.clock() - start)
```

最后显示的运行时间分别为：

math.sin: 0.33971906542171837

numpy.sin: 0.017485496108804455

可以发现，numpy.sin 比 math.sin 快得多。

7. 矩阵的运算

NumPy 和 Matlab 不一样，对于多维数组的运算，默认情况下并不使用矩阵运算，如果希望对数组进行矩阵运算，可以调用相应的函数。

Numpy 库提供了 matrix 类，使用 matrix 类创建的是矩阵对象，它们的加、减、乘、除运算默认采用矩阵方式，因此其用法和 Matlab 十分相似。但是由于在 NumPy 中同时存在 ndarray 和 matrix 对象，因此用户很容易将两者弄混。这有违 Python 的"显式优于隐式"的原则，因此并不推荐在较复杂的程序中使用 matrix。

矩阵的乘积可以使用 dot 函数计算。对于二维数组，它计算的是矩阵乘积，对于一维数组，它计算的是其点积。例如：

```
a = np.arange(12).reshape(4,3)
b = np.arange(12,24).reshape(3,4)
c = np.dot(a,b)
```

计算结果如下。

```
array([[ 56,  59,  62,  65],
       [200, 212, 224, 236],
       [344, 365, 386, 407],
       [488, 518, 548, 578]])
```

矩阵中更高级的一些运算可以在 NumPy 的线性代数子库 linalg 中找到。例如，inv 函数可以计算逆矩阵，solve 函数可以求解多元一次方程组。下面是 solve 函数的例子。

```
a = np.random.rand(10,10)
b = np.random.rand(10)
x = np.linalg.solve(a,b)
np.sum(np.abs(np.dot(a,x) - b))
```

计算结果如下。

1.4432899320127035e-15

8. 文件存取

NumPy 提供了多种文件操作函数以方便用户存取数组内容。文件存取的格式分为两类：二进制和文本。而二进制格式的文件又分为 NumPy 专用的格式化二进制类型和无格式类型。

由于在数据处理中经常涉及文本数据，因此可以使用 numpy.savetxt 和 numpy.

loadtxt 可以读写一维和二维的数组。例如：

```
a = np.arange(0,12,0.5).reshape(4,-1)
np.savetxt("a.txt", a) # 默认按照 '%.18e' 格式保存数据，以空格分隔
np.loadtxt("a.txt")
```

显示结果如下。

```
array([[ 0. , 0.5, 1. , 1.5, 2. , 2.5],
    [ 3. , 3.5, 4. , 4.5, 5. , 5.5],
    [ 6. , 6.5, 7. , 7.5, 8. , 8.5],
    [ 9. , 9.5, 10. , 10.5, 11. , 11.5]])
```

也可以改为整数保存数据。

```
np.savetxt("a.txt", a, fmt="%d", delimiter=",") # 改为保存为整数，以逗号分隔
np.loadtxt("a.txt",delimiter=",") # 读入的时候也需要指定逗号分隔
```

显示结果如下。

```
array([[ 0., 0., 1., 1., 2., 2.],
    [ 3., 3., 4., 4., 5., 5.],
    [ 6., 6., 7., 7., 8., 8.],
    [ 9., 9., 10., 10., 11., 11.]])
```

6.2　科学计算的核心包（SciPy）

SciPy 是一个用于数学、科学及工程方面的常用软件包，SciPy 包含科学计算中常见问题的各个工具箱。它不同的子模块对应不同的应用，如插值、积分、优化、图像处理等。SciPy 可以与其他标准科学计算程序库进行比较，如 GSL（GNU C 或 C++ 科学计算库），或者 Matlab 工具箱。

SciPy 是 Python 中科学计算程序的核心包，SciPy 函数库在 NumPy 库的基础上增加了众多的数学、科学及工程计算中常用的库函数，如线性代数、常微分方程数值求解、信号处理、图像处理、稀疏矩阵等。它用于有效地计算 NumPy 矩阵，来让 NumPy 和 SciPy 协同工作。

6.2.1 科学计算的核心包的安装

如果要安装 SciPy，首先必须安装 NumPy 库。如果按照安装 NumPy 库一样的方法安装 SciPy，即通过【 pip install scipy 】命令安装 SciPy，会出现错误信息，如下图所示。

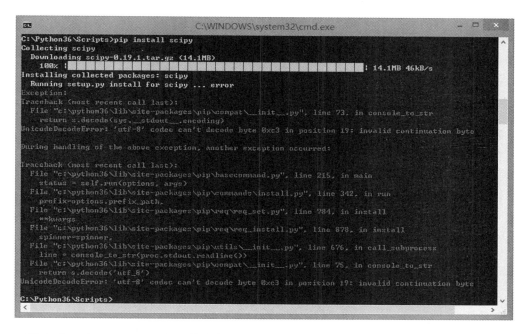

事实上，在 Windows 上不能直接通过 pip 安装 SciPy。因此必须采用其他方法实现 SciPy 的安装。登录到 Python 扩展包下载网站下载相应的安装文件，如下图所示。

根据用户计算机的配置下载不同的文件。本机由于是 64 位的处理器，所以下载最新版本的 scipy-0.19.1-cp36-cp36m-win_amd64.whl 文件，将其存放到 Python 安装路径下的 Scripts 文件夹中。然后在命令窗口安装此文件，命令如下。

pin install scipy-0.19.1-cp36-cp36m-win_amd64.whl

程序运行结果如下图所示。

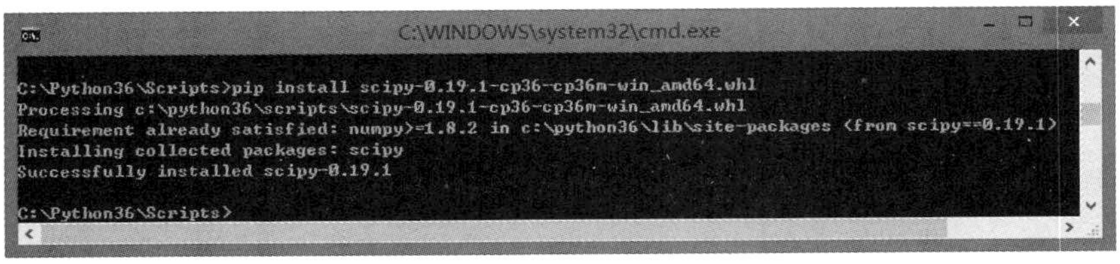

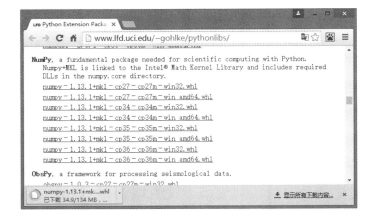

安装完成后，登录到 Python 窗口，测试是否可以使用。

首先导入 SciPy 库，其命令如下。

```
from scipy.optimize import fsolve
```

但是会出现下图所示的错误。

出现上面错误的原因是 SciPy 依赖 NumPy 和 MKL，通过前面介绍的方法安装的 NumPy 缺少 MKL 库，因此需要把前面安装的 NumPy 和 SciPy 都卸载，卸载命令如下。

```
pip uninstall numpy
```

```
pip uninstall scipy
```

在命令行窗口分别执行上面的语句，删除已经安装的 NumPy 和 SciPy 库。

登录到 Python 扩展包下载网站下载 NumPy 相应的安装文件，如下图所示。

下载最新的版本文件 numpy-1.13.1+mkl-cp36-cp36m-win_amd64.whl，然后在命令行窗口中安装这个文件，如下图所示。

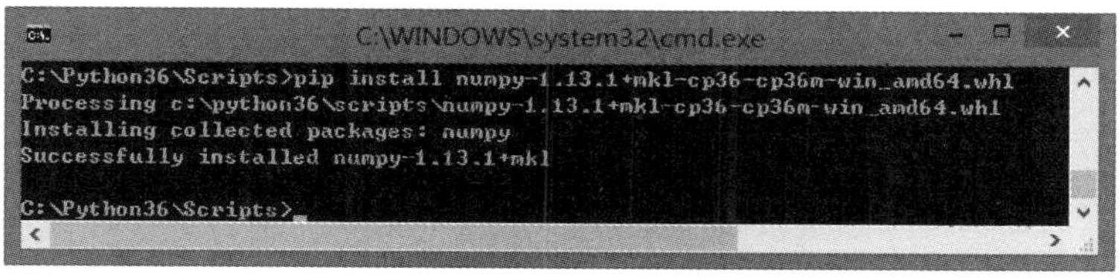

然后安装 scipy-0.19.1-cp36-cp36m-win_amd64.whl 文件。安装完成后进入 Python 窗口进行同样的测试，发现 SciPy 库可以正常导入即可。

6.2.2 科学计算的核心包的基本使用

下面介绍 SciPy 库中几种常用的库函数。

1. 最小二乘法

最小二乘法（又称最小平方法）是一种数学优化技术。它通过最小化误差的平方和寻找数据的最佳函数匹配。假设有一组实验数据 (x_i, y_i)，如果它们之间的函数关系是 $y = f(x)$，通过这些已知信息，需要确定函数中的一些参数项。例如，如果 f 是一个线性函数 $f(x) = kx+b$，那么参数 k 和 b 就是需要确定的值。如果将这些参数用 p 表示，那么就要找到一组 p 值使以下公式中的 S 函数最小。

$$S(p)= \sum_{i=1}^{m} [y_i-f(x_i,p)]^2$$

这种算法被称为最小二乘拟合 (Least-square Fitting)。

最小二乘拟合属于优化问题，在 SciPy 的 optimize 子函数库中，提供了 leastsq 函数用于实现最小二乘。

下面来看两个最小二乘拟合的例子，一个是拟合直线，另一个是拟合正弦曲线。

【实例 6-1】使用最小二乘法进行直线拟合。

假设有一组数据符合直线的函数方程 $y=kx+b$。这种情况下，待确定的参数只有 k 和 b 两个，使用 SciPy 的 leastsq 函数估计这两个参数，并进行曲线的拟合。

要实现最小二乘法，在代码中要定义函数的形式，在函数中指出了函数形状。并且还要定义误差的计算方法，除此之外，leastsq 函数的参数可以有多个，不仅有初始的参数值，还要有已知的训练数据。经过训练优化，最终会给出 k 和 b 的值。

需要引入的库函数如下。

```
import numpy as np
from scipy.optimize import leastsq
```

已知的训练数据如下。

```
Xi=np.array([8.19,2.72,6.39,8.71,4.7,2.66,3.78])
Yi=np.array([7.01,2.78,6.47,6.71,4.1,4.23,4.05])
```

然后分别定义要拟合的函数形式和误差。

```
def func(p,x):
    k,b=p
    return k*x+b


def error(p,x,y,s):
    print (s)
    return func(p,x)-y
```

随机给出初始值。

```
p0=[100,2]
```

这样就可以使用 SciPy 的 leastsq 函数估计参数了。

```
Para=leastsq(error,p0,args=(Xi,Yi,s))
k,b=Para[0]
print("k=",k,'\n',"b=",b)
```

估计的结果如下。

```
k= 0.613495346215
b= 1.79409255429
```

为了更加直观地观察拟合效果，可以使用图形显示，代码如下。

```
import matplotlib.pyplot as plt
plt.figure(figsize=(8,6))
plt.scatter(Xi,Yi,color="red",label="Sample Point",linewidth=3)
x=np.linspace(0,10,1000)
y=k*x+b
plt.plot(x,y,color="orange",label="Fitting Line",linewidth=2)
plt.legend()
plt.show()
```

显示结果如下图所示。

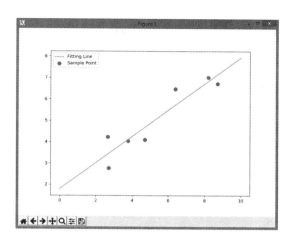

【实例 6-2】使用最小二乘法进行正弦函数的拟合。

在这个例子中要拟合的函数是一个正弦波函数，它有 3 个参数 A、k、theta，分别对应振幅、频率、相角。假设实验数据是一组包含噪声的数据 x, y_1，其中 y_1 是在真实数据 y_0 的基础上加入噪声得到的。 使用 SciPy 的 leastsq 函数的方法和上面实例一样，只是这个实例中有 3 个参数。

引入的库函数如下。

```
import numpy as np
from scipy.optimize import leastsq
import pylab as pl
```

定义的函数形式和误差如下。

```
def func(x, p):
    A, k, theta = p
    return A*np.sin(2*np.pi*k*x+theta)


def residuals(p, y, x):
    return y - func(x, p)
```

训练数据的生成如下。

```
x = np.linspace(0, -2*np.pi, 100)
A, k, theta = 10, 0.34, np.pi/6
y0 = func(x, [A, k, theta])
y1 = y0 + 2 * np.random.randn(len(x))
```

最终训练参数的过程如下。

```
Para=leastsq(error,p0,args=(Xi,Yi,s))
```

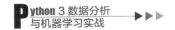
```
k,b=Para[0]
```

最终训练后的参数如下。

```
真实参数 : [10, 0.34, 0.5235987755982988]
```

```
拟合参数 [-9.75643957  0.33910308  3.63048466]
```

为了更好地显示结果，使用下图所示的代码图形显示。

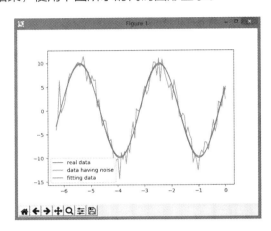

2. 非线性方程组求解

optimize 库中的 fsolve 函数可以用来对非线性方程组进行求解。它的基本调用形式为：fsolve(func, x_0)，其中 func(x) 是计算方程组的函数，它的参数 x 是一个矢量，表示方程组的各个未知数的一组可能解，func 返回将 x 代入方程组之后得到的结果；x_0 为未知数矢量的初始值。

【实例 6-3】使用下面的非线性方程组。

```
f1(u1,u2,u3) = 0
```

```
f2(u1,u2,u3) = 0
```

```
f3(u1,u2,u3) = 0
```

那么 func 可以定义为：

```
def func(x):
```

```
u1,u2,u3 = x
```

```
return [f1(u1,u2,u3), f2(u1,u2,u3), f3(u1,u2,u3)]
```

下面来看一个实例，假设方程组如下。

```
5*x1 + 3 = 0
```

```
4*x0*x0 - 2*sin(x1*x2) = 0
```

```
x1*x2 - 1.5 = 0
```

则代码如下。

```
def f(x):
    x0 = float(x[0])
    x1 = float(x[1])
    x2 = float(x[2])
    return [
        5*x1+3,
        4*x0*x0 - 2*sin(x1*x2),
        x1*x2 - 1.5
    ]
```

最终计算的结果为：

```
[-0.70622057 -0.6        -2.5       ]
[0.0, -9.126033262418787e-14, 5.329070518200751e-15]
```

6.3 Python 的绘图库（Matplotlib）

6.3.1 Matplotlib 简介及安装

Matplotlib 是 Python 的一个绘图库，是 Python 中最常用的可视化工具之一，可以非常方便地创建 2D 图表和一些基本的 3D 图表。它以各种硬复制格式和跨平台的交互式环境生成出版质量级别的图形。通过 Matplotlib，开发者可能仅需要几行代码，便可以生成绘图、直方图、功率谱、条形图、错误图、散点图等。它提供了一整套和 Matlab 相似的命令 API，十分适合交互式地进行制图。而且也可以方便地将它作为绘图控件，嵌入 GUI 应用程序中。

Matplotlib 库可以直接使用 pip install matplotlib 命令安装，如下图所示。

安装成功后，进入 Python 窗口，运行如下的测试程序，查看 Matplotlib 库是否可以使用。

import matplotlib.pyplot as plt   # 导入 Matplotlib 库
plt.bar([1,3,5,7,9],[5,2,7,8,2])   # 创建条形图
plt.xlabel('bar number')   # 设置 x 轴名称
plt.ylabel('bar height')   # 设置 y 轴名称
plt.show()   # 显示图形结果

程序运行结果如下图所示。

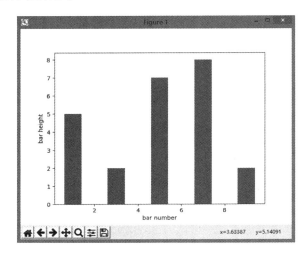

6.3.2   Matplotlib 的基本使用

Matplotlib 的 pyplot 子库提供了和 Matlab 类似的绘图 API，方便用户快速绘制 2D 图表。如上例所示，Matplotlib 中的快速绘图的函数库可以通过如下语句载入。

import matplotlib.pyplot as plt

在绘图过程中，调用 figure 创建一个绘图对象，并且使它成为当前的绘图对象。然后通过调用 plot 函数在当前的绘图对象中绘图。也可以不创建绘图对象直接调用 plot 函数绘图，Matplotlib 会自动创建一个绘图对象。如果需要同时绘制多个图表，可以给 figure 传递一个整数参数指定图标的序号，如果所指定序号的绘图对象已经存在，将不创建新的对象，而是使它成为当前绘图对象。

1．基本绘图 plot 命令

Matplotlib 库中，最常使用的命令就是 plot，为了更进一步学习对应的参数及使用方法，下面先看一个简单实例。

x = np.linspace(0, -2*np.pi, 100)
y=np.sin(x)

```
z=np.cos(np.power(x,2))
```

上面代码给出数据，其中 x 给出数据从 0 到 -2pi，共有 100 个点，y 是以 x 为参数计算的正弦函数值，z 是以 x2 为参数计算的余弦值。

```
plt.figure(1)
plt.plot(x,y,label="$sin(x)$",color="red",linewidth=2)
plt.xlabel("Time(s)")
plt.ylabel("Volt")
plt.title("First Example")
plt.ylim(-1.2,1.2)
plt.legend()
plt.show()
```

显示结果如下图所示。

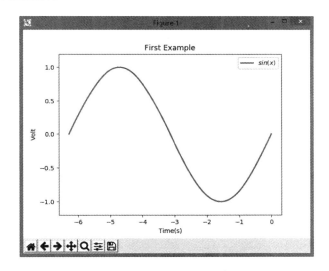

上面代码使用 plot 方法显示，以 x 为横坐标，y 为纵坐标，颜色是红色，图形中线的宽度是 2。此外，还使用了 label 等参数。下面给出了这些参数的说明。

（1）label：给所绘制的曲线一个名称，此名称在图示（legend）中显示。只要在字符串前后添加 "$" 符号，Matplotlib 就会使用其内嵌的 latex 引擎绘制的数学公式。

（2）color：指定曲线的颜色。

（3）linewidth：指定曲线的宽度。

（4）xlabel：设置 X 轴的文字。

（5）ylabel：设置 Y 轴的文字。

（6）title：设置图表的标题。

（7）ylim：设置 Y 轴的范围，格式为 [y 的起点，y 的终点]。

（8）xlim：设置 X 轴的范围，格式为 [x 的起点，x 的终点]。

（9）axis：同时设置 X 轴和 Y 轴的范围，格式为 [x 的起点，x 的终点，y 的起点，y 的终点]。

（10）legend：显示 label 中标记的图示。

特别注意，和 matlab 等语言不一样，这些参数设置完成后，必须使用 plt.show() 显示出创建的所有绘图对象。

再来看一个例子。

```
plt.figure(2)
plt.plot(x,z,"b--",label="$cos(x^2)$")
plt.xlabel("Time(s)")
plt.ylabel("Volt")
plt.title("second Example")
plt.ylim(-1.2,1.2)
plt.legend()
plt.show()
```

显示结果如下图所示。

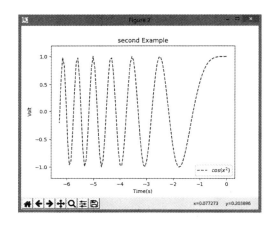

这段代码中 plot 语句直接通过第三个参数 "b--" 指定曲线的颜色和线型，这个参数称为格式化参数，它能够通过一些易记的符号快速指定曲线的样式。其中 b 表示蓝色，"--"表示线型为虚线。

颜色、线型等参数常用取值如下表所示。

表 6-1　颜色的参数取值

颜色	标记	颜色	标记
蓝色	b	绿色	g
红色	r	黄色	y
青色	c	黑色	k
洋红色	m	白色	W

表 6-2　线型的参数取值

参数	描述	参数	描述
'-'	实线	'--' 或者 ':'	虚线
'-.'	点画线	'none' 或者 ' '	什么都不画

除了上面的参数外，还有一个 marker 参数，标记图形汇总每个数据点，它的取值如下表所示。

表 6-3　marker 的参数取值

取值	描述	取值	描述
'o'	圆圈	'.'	点
'D'	菱形	's'	正方形
'h'	六边形 1	'*'	星号
'H'	六边形 2	'd'	小菱形
'p'	五边形	'+'	加号

2．绘制多窗口图形

一个绘图对象 (figure) 可以包含多个轴 (axis)，在 Matplotlib 中用轴表示一个绘图区域，可以将其理解为子图。可以使用 subplot 函数快速绘制有多个轴的图表。subplot 函数的调用形式如下。

```
subplot( 行数 , 列数 , 子图数 )
```

例如，可以把上面两幅图形合并到一起分成子图显示，代码如下。

```
plt.subplot(1,2,1)
plt.plot(x,y,color="red",linewidth=2)
plt.xlabel("Time(s)")
plt.ylabel("Volt")
plt.title("First Example")
plt.ylim(-1.2,1.2)
plt.axes([-8,0,-1.2,1.2])
plt.legend()

plt.subplot(1,2,2)
plt.plot(x,z,"b--")
plt.xlabel("Time(s)")
plt.ylabel("Volt")
plt.title("second Example")
plt.ylim(-1.2,1.2)
plt.legend()
plt.show()
```

显示结果如下图所示。

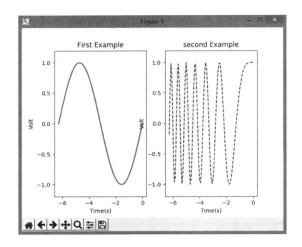

下面创建一个 3 行 2 列共 6 个轴的图形，通过 axisbg 参数给每个轴设置不同的背景颜色，代码如下。

```
for idx, color in enumerate("rgbyck"):
    plt.subplot(320+idx+1, axisbg=color)
plt.show()
```

可以发现代码很简单，使用循环语句，每次取一种颜色，然后显示，如下图所示。

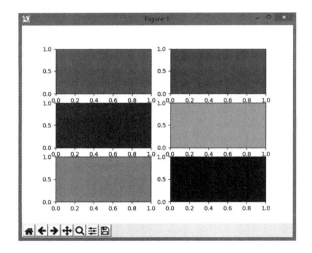

3. 文本注释

在数据可视化的过程中，使用 annotate() 方法在图片中使用文字来注释图中的一些特征。在使用 annotate 时，要考虑两个点的坐标：被注释的地方，使用坐标 $xy=(x, y)$ 给出；插入文本的地方，使用坐标 $xytext=(x, y)$ 给出。

下面看一个简单的代码。

```
import numpy as np
import matplotlib.pyplot as plt


x = np.arange(0.0, 5.0, 0.01)
y = np.cos(2*np.pi*x)
plt.plot(x, y)
plt.annotate('local max', xy=(2, 1), xytext=(3, 1.5),
arrowprops=dict(facecolor='black', shrink=0.05), )
plt.ylim(-2,2)
plt.show()
```

显示结果如下图所示。

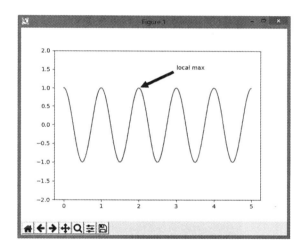

4. 中文显示问题

前面显示正弦波的例子，现在修改代码如下。

```
plt.plot(x,y,label="$sin(x)$",color="red",linewidth=2)
plt.xlabel(" 时间 ( 秒 )")
plt.ylabel(" 电压 ")
plt.title(" 正弦波 ")
plt.axis([-8,0,-1.2,1.2])
plt.legend()
plt.show()
```

可以看到，代码中 x 轴、y 轴、标题的显示内容都更改为中文，运行该程序，显示结果如下图所示。

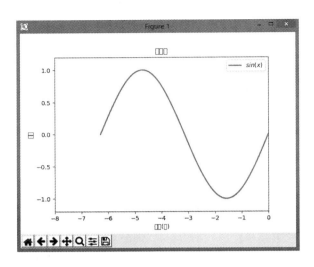

可以发现，图形中的汉字没有正常显示，产生中文乱码的原因就是字体的默认设置中并没有中文字体，因此需要手动添加中文字体的名称。

手动增加如下代码。

```
from pylab import *
```
```
mpl.rcParams['font.sans-serif'] = ['SimHei']
```

然后重新运行程序，结果如下图所示。

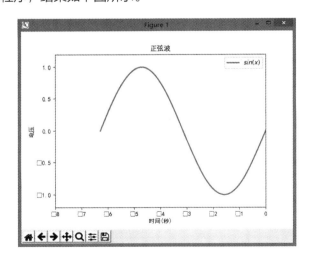

可以发现，现在图形中要实现的汉字已经可以正常显示，但是仔细观察，还可以发现，负号没法正常显示，因此需要增加以下代码。

```
plt.rcParams['axes.unicode_minus']=False
```

再重新运行程序，结果如下图所示，可以发现现在结果可以正常显示了。

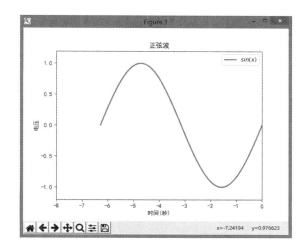

6.4　数据分析包（Pandas）

6.4.1　Pandas 简介和安装

Python Data Analysis Library 或 Pandas 是基于 NumPy 的一种工具，是 Python 的一个数据分析包，最初由 AQR Capital Management 于 2008 年 4 月开发，目前由专注于 Python 数据包开发的 PyData 开发 team 继续开发和维护，属于 PyData 项目的一部分。Pandas 的名称来自面板数据（Panel Data）和 Python 数据分析（Data Analysis）。

Pandas 引入了大量库和一些标准的数据模型，提供了高效的操作大型数据集所需的工具。Pandas 也提供了大量可以快速便捷地处理数据的函数和方法，是 Python 成为强大而高效的数据分析工具的重要因素之一。

Pandas 的基本数据结构是 Series 和 DataFrame。其中 Series 称为序列，产生一个一维数组，DataFrame 产生一个二维数组，它的每一列都是一个 Series。

Pandas 库可以直接使用 pip install pandas 命令安装，如下图所示。

```
C:\WINDOWS\system32\cmd.exe                                          - □ ×

C:\Python36\Scripts>pip install pandas
Collecting pandas
  Downloading pandas-0.20.3-cp36-cp36m-win_amd64.whl (8.3MB)
    100%  |████████████████████████████████| 8.3MB 118kB/s
Requirement already satisfied: numpy>=1.7.0 in c:\python36\lib\site-packages (from pandas)
Requirement already satisfied: python-dateutil>=2 in c:\python36\lib\site-packages (from pandas)
Requirement already satisfied: pytz>=2011k in c:\python36\lib\site-packages (from pandas)
Requirement already satisfied: six>=1.5 in c:\python36\lib\site-packages (from python-dateutil>=2->pa
Installing collected packages: pandas
Successfully installed pandas-0.20.3

C:\Python36\Scripts>
```

安装成功后，进入 Python 窗口，运行如下的测试程序，查看 Pandas 库是否可以使用。

```
import pandas as pd      # 装入 pandas 库，使用 pd 作为别名
d1=pd.DataFrame([[1,2,3],[4,5,6]],columns=['a','b','c'])  # 创建一个表
d1.head()         # 显示前 5 行数据
d1.describe()        # 显示统计量
```

程序运行结果如下图所示。

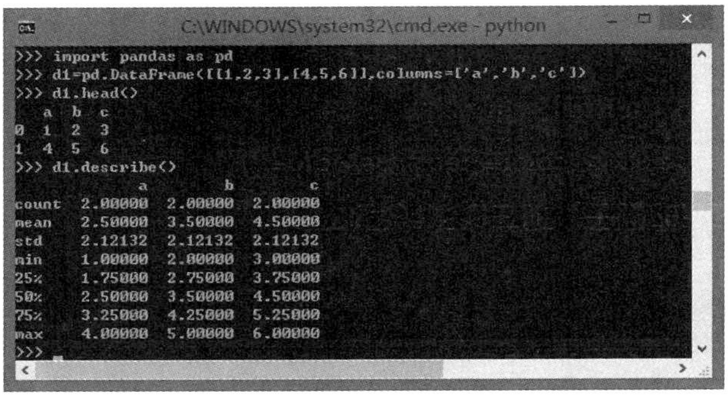

6.4.2　Pandas 的基本使用方法

Pandas 功能强大，这里列举几个简单例子介绍如何使用。

一般在代码中要使用 Pandas，需要使用下面的代码装入函数库。

```
from pandas import Series, DataFrame
import pandas as pd
```

1. Series

Series 是一维标记数组，可以存储任意数据类型，如整型、字符串、浮点型和 Python 对象等，轴标一般指索引。Series、NumPy 中的一维 Array、Python 基本数据结构与 List 的区别：List 中的元素可以是不同的数据类型，而 Array 和 Series 中则只允许存储相同的数据类型，这样可以更有效地使用内存，提高运算效率。

```
from pandas import Series, DataFrame
# 通过传递一个 list 对象来创建 Series，默认创建整型索引
a = Series([4, 7, -5, 3])
print (' 创建 Series:\n', a)
# 创建一个用索引来确定每一个数据点的 Series
b = Series([4, 7, -5, 3], index=['d', 'b', 'a', 'c'])
print (' 创建带有索引的 Series:\n',b)
# 如果有一些数据在一个 Python 字典中，可以通过传递字典来创建一个 Series
```

```
sdata = {'Ohio': 35000, 'Texas': 71000, 'Oregon': 16000, 'Utah': 5000}
c = Series(sdata)
print (' 通过传递字典创建 Series:\n',c)
states = ['California', 'Ohio', 'Oregon', 'Texas']
d = Series(sdata, index=states)
print ('California 没有字典为空 :\n',d)
```

运行结果如下图所示。

```
                        Python 3.6.2 Shell              _  □  ×
File  Edit  Shell  Debug  Options  Window  Help
创建Series:
  0    4
1    7
2   -5
3    3
dtype: int64
创建带有索引的Series:
  d    4
b    7
a   -5
c    3
dtype: int64
通过传递字典创建Series:
  Ohio      35000
Oregon    16000
Texas     71000
Utah       5000
dtype: int64
California没有字典为空:
  California     NaN
Ohio       35000.0
Oregon     16000.0
Texas      71000.0
dtype: float64
>>>
                                                   Ln: 55  Col: 4
```

2. DataFrame

DataFrame 是二维标记数据结构，也可以是不同的数据类型。它是最常用的 Pandas 对象，像 Series 一样可以接收多种输入：lists、dicts、series 和 DataFrame 等。初始化对象时，除了数据外还可以传递 index 和 columns 两个参数。

第 7 章数据处理中还会介绍 Pandas 中这两个数据类型的使用方法。

6.5 机器学习函数库（Scikit-learn）

1. Scikit-learn 库简介及安装

Scikit-learn 项目最早由数据科学家 David Cournapeau 在 2007 年发起，需要 NumPy 和 SciPy 等其他包的支持，是 Python 语言中专门针对机器学习应用而发展起来的一款开源框架。Scikit-learn 的基本功能主要被分为以下 6 个部分。

（1）分类是指识别给定对象的所属类别，属于监督学习的范畴，最常见的应用场景包括垃圾邮件检测和图像识别等。目前 Scikit-learn 已经实现的算法包括支持向量机（SVM）、K- 近邻、逻辑回归、随机森林、决策树及多层感知器（MLP）神经网络等。

（2）回归是指预测与给定对象相关联的连续值属性，最常见的应用场景包括预测药物反应和预测股票价格等。目前 Scikit-learn 已经实现的算法包括支持向量回归（SVR）、脊回归、Lasso 回归、弹性网络（Elastic Net）、最小角回归（LARS）、贝叶斯回归及各种不同的鲁棒回归算法等。可以看到，这里实现的回归算法几乎涵盖了所有开发者的需求范围，而且更重要的是，Scikit-learn 还针对每种算法提供了简单明了的用例参考。

（3）聚类是指自动识别具有相似属性的给定对象，并将其分组为集合，属于无监督学习的范畴，最常见的应用场景包括顾客细分和试验结果分组。目前 Scikit-learn 已经实现的算法包括 K- 均值聚类、谱聚类、均值偏移、分层聚类、DBSCAN 聚类等。

（4）数据降维是指使用主成分分析（PCA）、非负矩阵分解（NMF）或特征选择等降维技术来减少要考虑的随机变量的个数，其主要应用场景包括可视化处理和效率提升。

（5）模型选择是指对于给定参数和模型的比较、验证和选择，其主要目的是通过参数调整来提升精度。目前 Scikit-learn 实现的模块包括格点搜索、交叉验证和各种针对预测误差评估的度量函数。

（6）数据预处理是指数据的特征提取和归一化，是机器学习过程中的第一个也是最重要的环节。这里归一化是指将输入数据转换为具有零均值和单位权方差的新变量，但因为大多数时候都做不到精确到零，因此会设置一个可接受的范围，一般都要求范围为 0~1。而特征提取是指将文本或图像数据转换为可用于机器学习的数字变量。

总体来说，作为专门面向机器学习的 Python 开源框架，Scikit-learn 可以在一定范围内为开发者提供非常好的帮助。它内部实现了各种各样成熟的算法，容易安装和使用，样例丰富，而且教程和文档也非常详细。

Scikit-learn 库的安装同样需要登录 Python 扩展包下载网站下载 Scikit-learn 相应的安装文件，如下图所示。

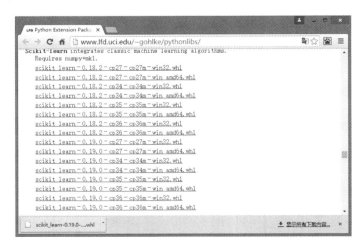

下载对应的版本文件后，即可进行安装，如下图所示。

2. Scikit-learn 的数据集

机器学习 Scikit-learn 库中很多函数在后面章节中都会使用到，此外由于在机器学习过程中，都需要各种各样的数据集，在 Scikit-learn 库中也自带有一些常见的数据集，使用这些数据集可以完成分类、回归、聚类等操作。这些基本的自带数据集如下表所示。

表 6-4　基本的自带数据集

序号	数据集名称	主要调用方式	数据描述
1	鸢尾花数据集	Load_iris()	用于多分类任务的数据集
2	波士顿房价数据集	Load_boston()	经典的用于回归任务的数据集
3	糖尿病数据集	Load_diabetes()	经典的用于回归任务的数据集
4	手写数字数据集	Load_digits()	用于多分类任务的数据集
5	乳腺癌数据集	Load_breast_cancer()	简单经典的用于二分类任务的数据集
6	体能训练数据集	Load_linnerud（）	经典的用于多变量回归任务的数据集

下面通过一个简单的例子来看一下如何调用这些数据集，并了解这些数据集的基本特性。

以鸢尾花数据集为例，鸢尾花数据集采集的是鸢尾花的测量数据及其所属的类别。测量数据包括萼片长度、萼片宽度、花瓣长度、花瓣宽度。类别共分为 3 类：Iris Setosa，Iris Versicolour，Iris Virginica。该数据集可用于多分类问题。

```
from sklearn.datasets import load_iris  # 导入鸢尾花数据集 iris
```
```
iris = load_iris()
```
```
print（iris.data）  # 显示数据
```

上面第一行代码首先从 Scikit-learn 库中调入鸢尾花数据集，其次使用第二句的语法格式 load_iris() 把数据赋值给 iris 变量，最后在第三行把该数据集显示出来，程序运行结果如下图所示。

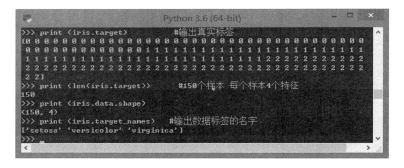

再看下面代码：

print (iris.target) # 输出真实标签	
print (len(iris.target)) #150 个样本 每个样本 4 个特征	
print (iris.data.shape)	
print (iris.target_names) # 输出数据标签的名字	

第一行输出该数据集的特征标签，第二行输出该数据集的样本个数，第三行显示该数据集的特征维数，程序运行结果如下图所示。

如果想调用其他的自带数据集方法与此类似，只需要改变前面代码中的调用方式即可。

例如，如果想调用波士顿房价数据集，可以修改下面代码：

from sklearn.datasets import load_iris	

将其中 load_iris 修改为 Load_boston 即可。

from sklearn.datasets import load_boston	

3. Scikit-learn 的数据集的划分

前面章节中已经介绍过在模型训练时，一般会把数据集划分成训练集、验证集和测试集，其中训练集用来估计模型，验证集用来确定网络结构或控制模型复杂程度的参数，而测试集则检验最终选择最优模型的性能如何。下面就介绍一下在 Scikit-learn 库中如何进行数据集的划分。

（1）使用 train_test_split 对数据集进行划分。

Scikit-learn 库对数据集进行划分需要使用 sklearn.model_selection 函数，该函数的 train_test_split 是交叉验证中常用的函数，功能是从样本中随机按比例选取 train_data 和 test_data，形式为：

```
X_train,X_test, y_train, y_test=train_test_split(train_data,train_target,test_size=0.4, random_state=0)
```

其中常用参数如下。

① train_data：所要划分的样本特征集。

② train_target：所要划分的样本结果。

③ test_size：样本占比，如果是整数就是样本的数量。

④ random_state：是随机数的种子。（随机数种子其实就是该组随机数的编号，在需要重复试验时，保证得到一组一样的随机数。例如，每次都填 1，在其他参数一样的情况下得到的随机数组是一样的。但填 0 或不填，每次都会不一样。随机数的产生取决于种子，随机数和种子之间的关系遵从两个规则，即种子不同，产生不同的随机数；种子相同，即使实例不同也产生相同的随机数。）

⑤ X_train：是生成的训练集的特征。

⑥ X_test：是生成的测试集的特征。

⑦ y_train：是生成的训练集的标签。

⑧ y_test：是生成的测试集的标签。

下面就通过一个简单的实例来看一下如何使用这个函数。这个函数将数据集快速打乱，形成训练集和测试集。代码如下：

```
import numpy as np
from sklearn.model_selection import train_test_split
from sklearn.datasets import load_iris
from sklearn import svm
iris = load_iris()
iris.data.shape, iris.target.shape
X_train, X_test, y_train, y_test = train_test_split(iris.data, iris.target, test_size=.4, random_state=0)
X_train.shape, y_train.shape
X_test.shape, y_test.shape
iris.data[:5]
X_train[:5]
```

其中 iris = load_iris() 导入 Scikit-learn 库自带的鸢尾花数据集，然后使用 X_train, X_ test, y_train, y_test = train_test_split(iris.data, iris.target, test_size=.4, random_state=0) 函数将这个数据集分成训练集和测试集，此处 test_size 即样本占比是 0.4，意味着训练集占原数据集的 60%，测试集占原数据集的 40%。测试集和训练集形成以后，可以检测一下，如下图所示。

```
Python 3.6 (64-bit)
>>> X_train[:5]
array([[ 6. ,  3.4,  4.5,  1.6],
       [ 4.8,  3.1,  1.6,  0.2],
       [ 5.8,  2.7,  5.1,  1.9],
       [ 5.6,  2.7,  4.2,  1.3],
       [ 5.6,  2.9,  3.6,  1.3]])
>>> iris.data[:5]
array([[ 5.1,  3.5,  1.4,  0.2],
       [ 4.9,  3. ,  1.4,  0.2],
       [ 4.7,  3.2,  1.3,  0.2],
       [ 4.6,  3.1,  1.5,  0.2],
       [ 5. ,  3.6,  1.4,  0.2]])
>>>
```

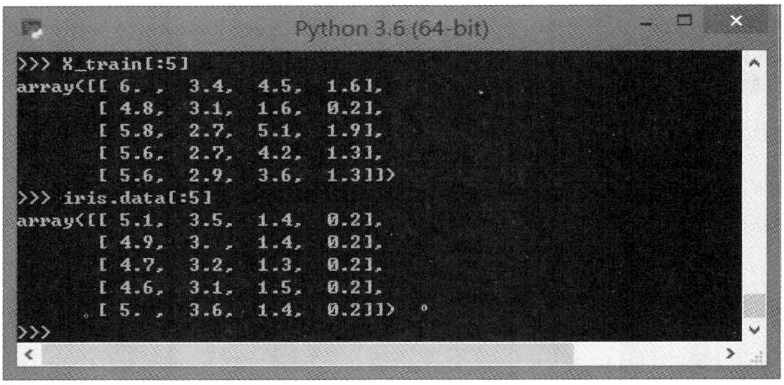

可以发现数据集已经打乱。

（2）对数据集进行指定次数的交叉验证并为每次验证效果进行评测。

使用 cross_val_score 对数据集进行指定次数的交叉验证并为每次验证效果进行评测。代码如下：

```
from sklearn.model_selection import cross_val_score
clf = svm.SVC(kernel='linear', C=1)
scores = cross_val_score(clf, iris.data, iris.target, cv=5)
scores
scores.mean()
```

这个代码中使用 SVM 模型进行验证，如果要使用其他模型，只需替换模型名称，在 cross_val_score 中当 cv 指定为 int 类型时，默认使用 KFold 或 StratifiedKFold 进行数据集打乱。

本例中 cv=5 表示进行 5 折交叉验证，程序运行结果如下图所示。

```
Python 3.6 (64-bit)
>>> scores = cross_val_score(clf, iris.data, iris.target, cv=5)
>>> scores
array([ 0.96666667,  1.        ,  0.96666667,  0.96666667,  1.        ])
>>> scores.mean()
0.98000000000000009
>>>
```

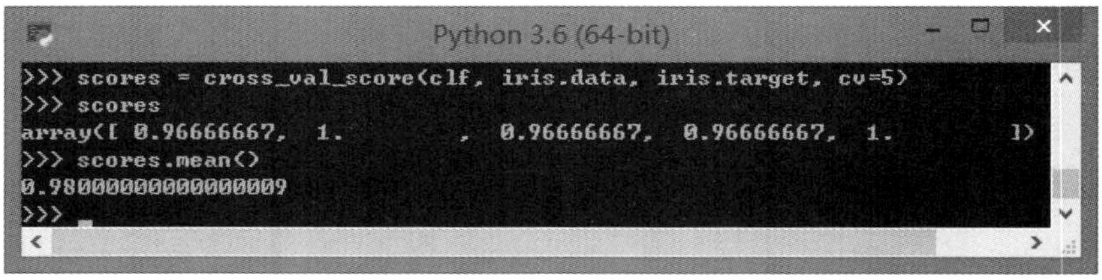

上面代码使用过程中，除使用默认交叉验证方式外，可以对交叉验证方式进行指定，

如验证次数，训练集测试集划分比例等。例如：

```
from sklearn.model_selection import ShuffleSplit
n_samples = iris.data.shape[0]
cv = ShuffleSplit(n_splits=3, test_size=.3, random_state=0)
cross_val_score(clf, iris.data, iris.target, cv=cv)
```

上面代码中，使用 ShuffleSplit 将数据集打乱，n_splits 表示将数据集分三次，每次训练集大小占原数据集的 70%。

（3）K 折交叉验证。

K 折交叉验证是将数据集分成 K 份的官方给定方案，所谓 K 折就是将数据集通过 K 次分割，使所有数据既在训练集出现过，又在测试集出现过，当然，每次分割中不会有重叠。相当于无放回抽样。

来看下面这段代码：

```
from sklearn.model_selection import KFold
X = ['a','b','c','d','e','f']
kf = KFold(n_splits=2)
for train, test in kf.split(X):
    print (train, test)
    print (np.array(X)[train], np.array(X)[test])
    print ('\n')
```

上面这段代码首先引入 KFold 函数，然后指定参数 n_splits=2，即 2 折交叉验证，最后显示数据拆分的结果，如下图所示。

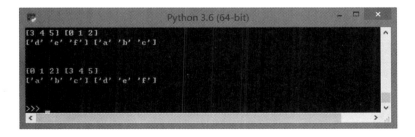

（4）LeaveOneOut 验证。

LeaveOneOut 其实就是 KFold 的一个特例，也称留一法。一般用于数据集数目较少时。例如，N 个样本采用 LeaveOneOut 验证法，就是将样本打乱，然后均匀分成 N 份，轮流选择其中 N − 1 份训练，剩余的一份做验证，计算预测误差平方和，最后把 N 次的预测误差平方和做平均作为选择最优模型结构的依据。

来看下面代码：

```
from sklearn.model_selection import LeaveOneOut
X = ['a','b','c','d','e','f']
loo = LeaveOneOut()
for train, test in loo.split(X):
    print (train, test)
    print (np.array(X)[train], np.array(X)[test])
```

上面代码的运行结果如下图所示，可以看出数据集个数为 6 个，每次训练集为 5 个数据，验证集只有 1 个数据，反复拆分 5 次。

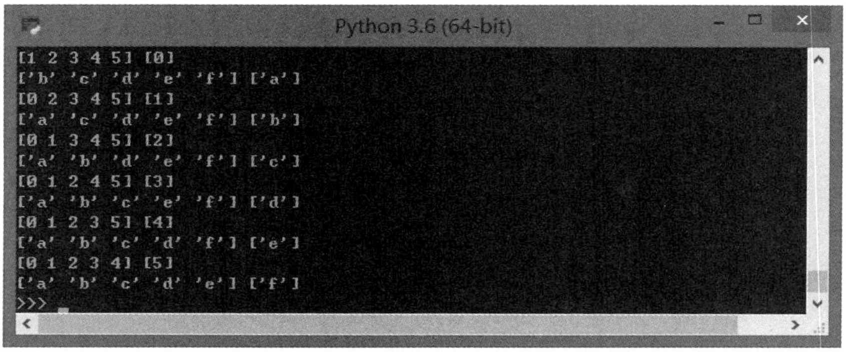

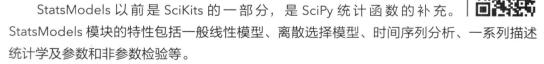

当然上面代码也可以修改成 K 折交叉验证的特例，即 k=N，其代码如下。

```
from sklearn.model_selection import KFold
X = ['a','b','c','d','e','f']
kf = KFold(n_splits=len(X))
for train, test in kf.split(X):
    print (train, test)
    print (np.array(X)[train], np.array(X)[test])
    print ('\n')
```

6.6 统计建模工具包（StatsModels）

StatsModels 以前是 SciKits 的一部分，是 SciPy 统计函数的补充。StatsModels 模块的特性包括一般线性模型、离散选择模型、时间序列分析、一系列描述统计学及参数和非参数检验等。

StatsModels 库的安装同样需要登录 Python 扩展包下载网站下载 StatsModels 相应的安装文件，如下图所示。

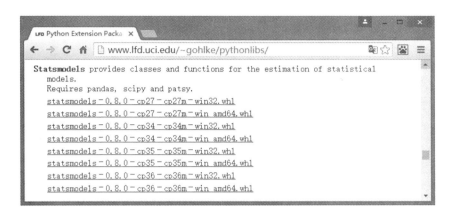

下载对应的版本文件后，即可进行安装，如下图所示。

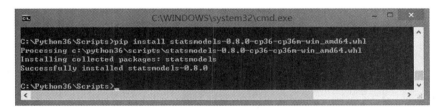

安装成功后，进入 Python 窗口，运行如下的测试程序，查看 StatsModels 库是否可以使用。

这段程序是显示一个时间序列的图形。使用到了 Pandas、NumPy、SciPy、Matplotlib、StatsModels 库，因此首先需要导入这些库。

```
from __future__ import print_function
import pandas as pd
import numpy as np
from scipy import stats
import matplotlib.pyplot as plt
import statsmodels.api as sm
from statsmodels.graphics.api import qqplot
```

接下来给出时间序列数据。

```
data=[10930,10318,10595,10972,7706,6756,9092,10551,9722,10913,11151,8186,6422,
6337,11649,11652,10310,12043,7937,6476,9662,9570,9981,9331,9449,6773,6304,9355,1047
7,10148,10395,11261,8713,7299,10424,10795,11069,11602,11427,9095,7707,10767,12136,1
2812,12006,12528,10329,7818,11719,11683,12603,11495,13670,11337,10232,13261,13230,1
5535,16837,19598,14823,11622,19391,18177,19994,14723,15694,13248,9543,12872,13101,1
5053,12619,13749,10228,9725,14729,12518,14564,15085,14722,11999,9390,13481,14795,15
```

845,15271,14686,11054,10395]

然后运行下面的程序代码。

```
data=np.array(data,dtype=np.float)    // 转换数据类型
```

```
data=pd.Series(data)
```

```
data.index = pd.Index(sm.tsa.datetools.dates_from_range('2001','2090'))
```

```
data.plot(figsize=(12,8))
```

```
plt.show()            // 显示图片
```

最后程序运行结果如下图所示。

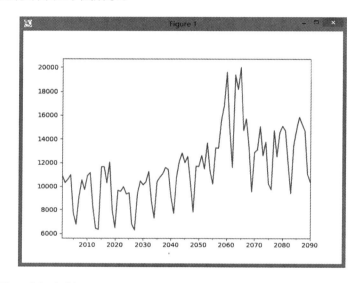

通过上面的程序运行结果，可以发现这个库可以正常运行，这也说明库已经安装成功。

6.7 深度学习框架（TensorFlow）

对于 TensorFlow 大家应该不是很陌生，其中前面介绍机器学习概念时，提到的 AlphaGo 就是用 TensorFlow 深度学习系统制作出来的。Google 在机器学习和深度学习上有很好的实践和积累，TensorFlow 是 Google 基于 DistBelief 进行研发的第二代人工智能学习系统，具备更好的灵活性和可延展性。在 2015 年年底开源了内部使用的深度学习框架 TensorFlow。TensorFlow 已成为 GitHub 上最受欢迎的机器学习开源项目。TensorFlow 支持 CNN、RNN 和 LSTM 算法，这都是目前在 Image、Speech 和 NLP 中最流行的深度神经网络模型。TensorFlow 可以在很多地方应用，如语音识别、自然语言理解、计算机视觉、广告等。TensorFlow 让深度学习的门槛变得越来越低，只要有 Python 和机器学习基础，入门和使用神经网络模型就变得非常简单。

TensorFlow 具有如下特点。

（1）高度的灵活性：TensorFlow 不是一个严格的"神经网络"库。只要可以将计算表示为一个数据流图，就可以使用 TensorFlow。

（2）真正的可移植性：TensorFlow 在 CPU 和 GPU 上运行，如可以运行在台式机、服务器、手机移动设备等。

（3）将科研和产品联系在一起：过去如果要将科研中的机器学习想法用到产品中，需要大量的代码重写工作。

（4）自动求微分：基于梯度的机器学习算法会受益于 TensorFlow 自动求微分的能力。

（5）多语言支持：TensorFlow 有一个合理的 C++ 使用界面，也有一个易用的 Python 使用界面来构建和执行 Graphs。

（6）性能最优化： TensorFlow 支持线程、队列、异步操作等，可以将硬件的计算潜能全部发挥出来。

下面就介绍如何在 Windows 下安装 TensorFlow。

在命令行状态下输入命令：

```
pip3 install --upgrade tensorflow
```

此时，系统自动下载相应的库，整个过程 TensorFlow 需要安装很多库函数，如 numpy、six、wheel、appdirs、pyparsing、packaging、setuptools、protobuf、werkzeug、tensorflow 等。

安装完成后如下图所示。

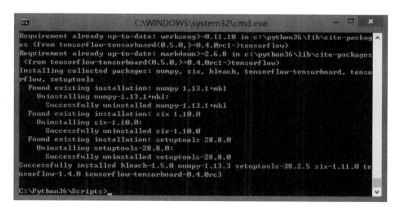

安装完 TensorFlow 后，可以写一个例子进行测试，查看是否可以运行。

进入 Python 解释模型，输入以下代码。

```
import tensorflow as tf
hello = tf.constant('Hello, TensorFlow!')
```

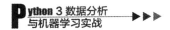
```
sess = tf.Session()
print(sess.run(hello))
```

运行结果如下图所示。

再测试一个基本的数学例子。

```
import tensorflow as tf
sess = tf.Session()
a = tf.constant(10)
b = tf.constant(20)
print(sess.run(a + b))
```

运行结果如下图所示。

如果以上代码可以正确运行，就表明在 Windows 下 TensorFlow 已完成安装。

第 7 章
数据预处理

数据是机器学习和数据分析的基础，没有良好的数据，分析所得的结果就有问题，因此在数据分析之前经常会对数据进行预处理，本章将介绍数据预处理方面的基本知识。

本章将介绍以下内容：

- 数据预处理概述
- 数据清理
- 数据集成
- 数据变换
- 数据归纳
- Python 的主要数据预处理函数

7.1　数据预处理概述

第 5 章介绍了机器学习的基本概念，并从学习的方式介绍了常见的 3 种学习算法：监督学习、非监督学习和增强学习。通过了解这些算法的实现过程，可以知道：机器如果要学习，首先需要获取外部数据，并将这些外部数据输入算法，进行不断地学习以提高自身性能。也就是说，机器学习是从数据出发的，没有数据，机器也就没办法学到任何技能，所以数据是必需的。

另外，数据的好坏对于学习的效果也非常重要，就像一个小孩在不良的环境中成长，整天接触的都是不正确的道德观，那么长久下来，这个小孩的知识积累也不会太好，无法提高自身的能力，相反，会向另一个极端——较坏的方向发展。同样，数据质量的好坏对机器学习也是至关重要的。

不仅数据质量的好坏对学习的结果有重要影响，同时，数据的合理性对学习的结果也非常重要，就像一个要学习英语的小孩，如果给他配一个德语教师，并且给他提供非常好的学习资料，但对他是无用的，因为虽然数据质量非常好，但不适合应用环境。

此外，由于数据采集的过程中存在各种各样的误差，数据中难免会包含一定程度的噪声，因此在学习之前，必须把噪声过滤掉，否则噪声会影响学习效果。

还有数据采集过程中，有些特征的数据因为某些原因，部分无法获取，那么在学习过程中，这些没有获取的特征数据该如何处理呢？是不考虑这些特征，还是使用一些方法估计这些特征数据呢？

有时所获取的很多数据特征之间是相互关联的，如测量长方形时提供的特征有长、宽、面积和周长 4 个参数，但实际上面积和周长这两个参数不提供也可以，因为大家都知道面积可以由长和宽相乘得到，而周长可以使用（长＋宽）×2 得到。也就是说，面积和周长的数据是与长和宽相互关联的，此时面积和周长可以不提供，即使提供也是冗余的。类似情况，在向机器提供数据时，这些相互关联的数据也应该去掉，因为这些数据不需要输入机器。

因此，概括起来，常遇到的数据存在噪声、冗余、关联性、不完整性等。本章将考虑这些问题，在使用算法学习之前，首先需要对数据进行分析，根据数据的不同情况，采用不同的方法对数据进行预处理，数据预处理的常见方法如下。

（1）数据清理：主要是指将数据中缺失的值补充完整、消除噪声数据、识别或删除离群点并解决不一致性。主要达到的目标是：将数据格式标准化、异常数据清除、错误纠正、重复数据的清除。

（2）数据集成：主要是将多个数据源中的数据进行整合并统一存储。

（3）数据变换：主要是指通过平滑聚集、数据概化、规范化等方式将数据转换成适用于数据挖掘的形式。

（4）数据归约：数据挖掘时往往数据量非常大，因此在少量数据上进行挖掘分析就需要很长的时间，数据归约技术主要是指对数据集进行归约或简化，不仅保持原数据的完整性，并且数据归约后的结果与归约前的结果相同或几乎相同。

这些数据处理技术在数据挖掘之前使用，然后才能输入机器学习算法中进行学习。这样可以大大提高数据挖掘模式的质量，降低实际挖掘所需的时间。

下面就分别介绍这 4 种数据预处理的方法。

7.2　数据清理

数据清理主要是针对数据之中包含缺失的数据，存在异常数据和数据包含噪声的情况。当出现这些情况时，需要对数据进行过滤清洗清理。

7.2.1　异常数据处理

异常数据也称离群点，指采集的数据中，个别值的数据明显偏离其余的观测值，如测量小学五年级学生的身高数据，其中一部分数据如下。

（1.35 1.40 1.42 1.38 1.43 1.40）

上面这组数据符合小学五年级学生的身高情况，但是如果数据中存在下面一组数据。

（1.35 1.40 1.42 13.8 1.43 1.40）

其中第 4 个数据为 13.8，这个数据明显是不可能的，其原因或者是输入错误，或者是测量错误，因为这个数据远远偏离正常数据，因此需要对这类数据进行相应的处理。如果对这些数据不采用一定的方法消除，对结果将产生较坏的影响。

1. 异常数据分析

在处理异常数据之前，首先需要对异常数据进行分析，常见的分析方法如下。

（1）使用统计量进行判断：可以对该数据计算出最大值、最小值及平均值，来检查某个数据是否超出合理的范围。例如，上面的身高数据如果远超出正常数据，那么就可以认为是异常数据。

（2）使用 3σ 原则：根据正态分布的定义，距离平均值 3σ 以外的数值出现属于小概率事件，此时，异常值可以看成那些数据和平均值的偏差超过 3 倍标准差的值。

（3）使用箱型图判断：箱型图可以直观地表示数据分布的具体情况，如果数据值超出箱型图的上界或下界都认为是异常数据，如下图所示。

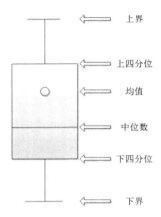

2. 异常数据处理方法

当数据中存在异常数据时，应根据情况来确定是否需要对这些数据进行处理。经常使用的方法如下。

（1）删除有异常数据的记录：直接把存在的异常数据删除，不进行考虑。

（2）视为缺失值：将异常数据看成缺失值，按照缺失值的处理方法进行相应操作。

（3）平均值修正：使用前后两个观测值的平均值代替，或者使用整个数据集的平均值代替。

（4）不处理：将异常数据当成正常数据进行操作。

7.2.2 缺失值处理

数据缺失是指所记录的数据由于某些原因使部分数据丢失，如采集测量小学五年级学生的身高数据，其中一部分数据如下。

（1.35 1.40 1.42 *** 1.43 1.40）

如上所示，第四名同学由于测量时没有到校，缺少该同学的数据。那么到统计全班同学的身高数据时，这名没有测量的同学的身高数据如何处理呢？是不考虑这名同学的数据，还是采用一些方法取近似数据呢？

上面介绍了数据缺失的情况，产生数据缺失的原因多种多样，主要有以下几个。

（1）部分信息因为不确定的原因暂时无法获取。

（2）有些信息虽然记录了，但是由于保存不当，部分丢失。

（3）由于采集信息人员工作疏忽，漏记某些数据。

如果数据中存在缺失值，对机器学习的效果会产生一定影响，特别是丢失的数据如果非常重要，那么机器学习的效果会很差，所得到的模型参数也不准确。因此如果数据中存在缺失的情况，应采取措施进行处理。

处理缺失值的方法有很多，如忽略存在缺失数据的记录、去掉包含缺失数据的属性、手工填写缺失值、使用默认值代替缺失值、使用属性平均值（中位数或众数）代替缺失值、使用同类样本平均值代替缺失值、预测最可能的值代替缺失值等。

其中，经常使用数据补插方法来代替缺失值，这些方法又可以细分为以下几种。

（1）最近邻补插：使用含有缺失值的样本附近的其他样本的数据替代；或者前后数据的平均值替代等。

（2）回归方法：对含有缺失值的属性，使用其他样本该属性的值建立拟合模型，然后使用该模型预测缺失值。

（3）插值法：和回归法类似，该方法使用已知数据建立合适的插值函数，缺失值使用该函数计算出近似值代替。常见的插值函数有拉格朗日插值法、牛顿插值法、分段插值法、样条插值法、Hermite 插值法等。

7.2.3　噪声数据处理

噪声无处不在，即使非常精密的仪器在测量时也存在或大或小的噪声。同样，噪声对学习的影响也有大有小，这取决于噪声相比真实数据的比例，也取决于学习的精度要求。

噪声数据的一般处理方法包括分箱、聚类和回归。

（1）分箱方法：把待处理的数据（某列属性值）按照一定的规则放进一些箱子（区间）中，考察每一个箱子（区间）中的数据，然后采用某种方法分别对各个箱子（区间）中的数据进行处理。在采用分箱技术时，需要确定的两个主要问题就是，如何分箱及如何对每个箱子中的数据进行平滑处理。

分箱的方法一般有以下几种。

① 等深分箱法也称为统一权重法，该方法将数据集按记录行数分箱，每箱具有相同的记录数，每箱记录数称为箱子的深度。这是最简单的一种分箱方法。

② 等宽分箱法也称为统一区间法，使数据集在整个属性值的区间上平均分布，即每个箱的区间范围是一个常量，称为箱子宽度。

③ 用户自定义区间，用户可以根据需要自定义区间，当用户明确希望观察某些区间范围内的数据分布时，使用这种方法可以方便地帮助用户达到目的。

例如，客户收入属性 income 的数据排序后的值如下（人民币元）。

800 1000 1200 1500 1500 1800 2000 2300 2500 2800 3000 3500 4000 4500 4800 5000，

使用分箱方法的结果如下。

等深分箱法：设定权重（箱子深度）为 4，分箱后的结果如下。

箱 1：800 1000 1200 1500

箱 2：1500 1800 2000 2300

箱 3: 2500 2800 3000 3500
箱 4: 4000 4500 4800 5000

等宽分箱法：设定区间范围（箱子宽度）为人民币 1000 元，分箱后的结果如下。

箱 1: 800 1000 1200 1500 1500 1800
箱 2: 2000 2300 2500 2800 3000
箱 3: 3500 4000 4500
箱 4: 4800 5000

用户自定义：如将客户收入划分为 1000 元以下、1000~2000 元、2000~3000 元、3000~4000 元和 4000 元以上几组，分箱后的结果如下。

箱 1: 800
箱 2: 1000 1200 1500 1500 1800 2000
箱 3: 2300 2500 2800 3000
箱 4: 3500 4000
箱 5: 4500 4800 5000

分箱后就需要对每个箱子中的数据进行平滑处理。常见的数据平滑方法如下。

① 按平均值平滑：对同一箱值中的数据求平均值，用平均值替代该箱子中的所有数据。

② 按边界值平滑：用距离较小的边界值替代箱中每一个数据。

③ 按中值平滑：取箱子的中值，用来替代箱子中的所有数据。

（2）聚类方法：将物理的或抽象对象的集合分组为由类似的对象组成的多个类，然后找出并清除那些落在簇之外的值（孤立点），这些孤立点被视为噪声数据。

（3）回归方法：试图发现两个相关的变量之间的变化模式，通过使数据适合一个函数来平滑数据，即通过建立数学模型来预测下一个数值，所采用的方法一般包括线性回归和非线性回归。

除了以上的噪声处理的方法，近年来小波等技术也被引入了数据降噪。

7.3 数据集成

人们日常使用的数据来源于各种渠道，有的是连续的数据，有的是离散数据，有的是模糊数据，有的是定性数据，有的是定量数据。数据集成就是将多文件或多数据库中的异构数据进行合并，然后存放在一个统一的数据库中进行存储。在数据的集成过程中，一般需要考虑以下问题。

（1）实体识别：主要指数据源来源不同，其中的概念定义不一样。主要有以下几种情况。

① 同名异义：数据源 A 的某个数据特征的名称和数据源 B 的某个数据特征的名称一样，但表示的内容不一样。例如，数据源 A 的某个数据特征的名称是 ID，表示学生的学号，而

数据源 B 的某个数据特征的名称也是 ID，但是表示的是产品编号。

② 异名同义：指数据源 A 的某个数据特征的名称和数据源 B 的某个数据特征的名称不一样，但表示的内容一样。例如，数据源 A 的某个数据特征的名称是 ID，表示学号，数据源 B 的某个数据特征的名称 xuehao，记录的也是学生的学号。

③ 单位不统一：指不同的数据源记录的单位不一样，如统计身高，一个数据源使用米作为单位，而另一个数据源使用英尺作为单位。

（2）冗余属性：是指数据中存在冗余，一般分以下两种情况。

① 同一属性多次出现，如两个数据源都记录了每天的最高温度和最低温度，当数据集成时就出现两次。

② 同一属性命名不一致而引起数据重复，如两个数据源分别要求测量每天的温度，但是特征的名称不一样，这样数据集成时也存在数据的重复。

（3）数据不一致：编码使用的不一致问题和数据表示的不一致问题，如日期"2004/12/25"和"25/12/2004"表示的是相同的日期。例如，身份证号码，旧的身份证号码是 15 位，新的身份证号码是 18 位。

7.4　数据变换

数据变换是指将数据转换或统一成适合机器学习的形式。就像人类学习一样，需要将采集的外部数据转换成可以接收的形式，如医院的老中医具有很高深的医学知识，然而他们不会使用计算机，也不擅长将他们所掌握的知识写成书籍，这就需要有专门的人员和老中医一起生活和工作，把他的经验总结成他人易于接受的书本知识，才可以使老中医的技术传承下去。同样，外部的声音信息要转换成计算机可识别的信息，首先需要进行声电转换，再转换成计算机可识别的二进制数据。

由于实际过程中采集的各种数据，形式多种多样，格式也不一致，这些都需要进行一定的数据预处理，使它们符合机器学习的算法使用。

数据变换常用方法如下。

1. 使用简单的数学函数对数据进行变换

对采集的原始数据使用各种简单的数学函数进行变换，常见的函数包括平方、开方、取对数、差分运算等。

当然具体使用哪一种数学函数也取决于数据和应用的场景。例如，如果数据较大，可以取对数或开方将数据压缩变小；如果数据较小可以使用平方扩大数据。在时间序列分析中，经常使用对数变换或差分运算将非平稳序列转换为平稳序列。

2．归一化

归一化又称为数据规范化，是在机器学习中数据预处理经常使用的方法，主要用于消除数据之间的量纲影响。这是因为数据采集过程中，不同的数据值有可能差别很大，有时甚至具有不同的量纲，如比较工资收入，有的人每月工资上万元，有的人每月工资才几百元，如果这些数据不进行调整有可能影响数据分析的结果，因此需要进行归一化处理，将数据落入一个有限的范围，常见的归一化将数据调整到 [0,1] 或 [-1,1] 范围内。

（1）最小—最大归一化。

最小—最大归一化也称为离差标准化，是对原始数据进行线性变换，使其值映射到 [0 - 1] 之间。转换函数如下。

$$x' = \frac{x - x_{min}}{x_{max} - x_{min}}$$

式中，X 为需要归一化的数据；X_{max} 为全体样本数据的最大值；X_{min} 为全体样本数据的最小值。

这种方法的缺陷就是当有新数据加入时，可能导致和的变化，需要重新定义。

（2）Z-score 标准化方法。

Z-score 标准化方法也称为零–均值规范化方法，这种方法使用原始数据的均值（Mean）和标准差（Standard Deviation）对数据实施标准化。经过处理的数据符合标准正态分布，即均值为 0，标准差为 1，转化函数为：

$$x' = \frac{x - \mu}{\sigma}$$

式中，X 是全体样本数据的均值；μ 是全体样本数据的标准差。

Z-score 标准化归一化方式要求原始数据的分布可以近似为高斯分布，否则，归一化的效果会变得很糟糕。

（3）小数定标规范化。

小数定标规范化通过移动数据的小数点位置进行规范化。转化公式为：

$$x' = \frac{x}{10^k}$$

3．连续属性离散化

数据离散化本质上是将连续的属性空间划分为若干个区间，最后用不同的符号或整数值代表每个子区间中的数据。离散化涉及两个子任务：确定分类及将连续属性值映射到这些分类值。在机器学习中，经常使用的离散化方法如下。

（1）等宽法：根据需要指定将数据划分为具有相同宽度的区间，区间数据事先制定，然后将数据按照其值分配到不同区间中，每个区间用一个数据值表示。

（2）等频法：这种方法也是需要实现把数据分为若干个区间，然后将数据按照其值分配到不同区间中，但是和等宽法不同的是，每个区间的数据个数是相等的。

（3）基于聚类分析的方法：这种方法典型的算法是 K-means 算法，K-means 算法首先从数据集中随机找出 K 个数据作为 K 个聚类的中心；其次根据其他数据相对于这些中心的欧式距离，对所有的对象聚类，如果数据 x 距某个中心最近，则将 x 划归该中心所代表的聚类；最后重新计算各区间的中心，并利用新的中心重新聚类所有样本。逐步循环，直到所有区间的中心不再随算法循环而改变。

以上方法在机器学习算法中经常会使用到，近年来，基于熵的离散化方法，各种基于小波变换的特征提取方法，自上而下的卡方分裂算法等也被不同的学者采用。

前面介绍了多种数据变换的方法，但是大家要注意，具体某个机器学习所使用的数据使用哪种预处理方法更为适合，都需要经过实验进行验证。

7.5 数据归约

数据归约是指在尽可能保持数据原貌的前提下，最大限度地精简数据量。原数据可以用得到数据集的归约表示，它接近保持原数据的完整性，但数据量比原数据小得多，与非归约数据相比，在归约的数据上进行挖掘，所需的时间和内存资源更少，挖掘将更有效，并产生相同或几乎相同的分析结果。

（1）常用维归约、数值归约等方法实现：维归约也称为特征规约，是指通过减少属性特征的方式压缩数据量，通过移除不相关的属性，可以提高模型效率。维归约的方法很多。例如，AIC 准则可以通过选择最优模型来选择属性；LASSO 通过一定约束条件选择变量；分类树、随机森林通过对分类效果的影响大小筛选属性；小波变换、主成分分析通过把原数据变换或投影到较小的空间来降低维数。

（2）数值归约也称为样本规约，样本归约就是从数据集中选出一个有代表性的样本的子集。子集大小的确定要考虑计算成本、存储要求、估计量的精度及其他一些与算法和数据特性有关的因素。例如，参数方法中使用模型估计数据，就可以只存放模型参数代替存放实际数据，如回归模型和对数线性模型都可以用来进行参数化数据归约。对于非参数方法，可以使用直方图、聚类、抽样和数据立方体聚集为方法。

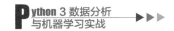

7.6   Python 的主要数据预处理函数

前面已经介绍了数据分析的基本过程，根据数据的不同情况，会采取不同的数据预处理函数。在 Python 中有许多机器学习和数据处理的第三方库，这些库中也有不同的数据预处理函数，其中 Pandas 是 Python 的一个数据分析包，Pandas 是基于 NumPy 构建的含有更高级数据结构和工具的数据分析包。本节重点介绍 Pandas 库中的常用数据处理函数。当然其他第三方库中也存在一些数据处理的函数。

7.6.1   Python 的数据结构

Pandas 主要的两种常用数据结构如下。

（1）Series：是一个类似一维的数组对象。Series 对象主要有两个属性：索引 index 和数据 values，如果传递给构造器的是一个列表，则 index 的值是从 0 递增的整数，如果传递的是一个类字典的键值对结构，就会生成 index-value 对应的 Series。

例如：

from pandas import Series,DataFrame	
s=Series([1,2,3.0,'abc','def'])	
print(s)	

上面代码先调入 Pandas 库，然后导入该库中的 Series 对象，并使用该对象定义变量 s，运行结果如下图所示。

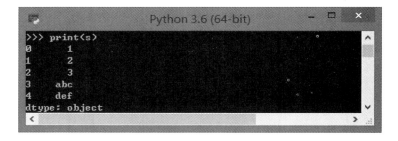

这个实例中，索引是自动生成的，也可以直接传递索引。例如：

from pandas import Series,DataFrame	
s1=Series(data=[1,2,3.0,'abc','def'],index=[10,20,30,40,50])	
print(s1)	

上面代码先调入 Pandas 库，然后导入该库中的 Series 对象，并使用该对象定义变量 s1，运行结果如下图所示。

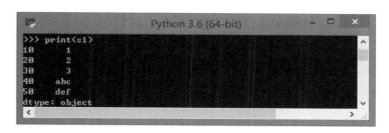

（2）DataFrame：一个 DataFrame 类似于一个表格，类似电子表格的数据结构，包含一个经过排序的列表集，每一个都可以有不同的类型值（数字、字符串、布尔），DataFrame 有行和列的索引。

例如：

```
from pandas import Series,DataFrame
data={'id':[100,101,102,103,104],'name':['aa','bb','cc','dd','ee'],'age':[18,19,20,19,18]}
data1=DataFrame(data)
print(data1)
```

上面代码先调入 Pandas 库，然后导入该库中的 DataFrame 对象，定义一个变量 data，并使用 DataFrame 将变量 data 转换为 DataFrame 类型的数据结构 data1，运行结果如下图所示。

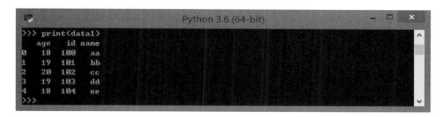

这个实例中，索引是自动生成的，也可以直接传递索引。例如：

```
from pandas import Series,DataFrame
data={'id':[100,101,102,103,104],'name':['aa','bb','cc','dd','ee'],'age':[18,19,20,19,18]}
data2=DataFrame(data,index=['one','two','three','four','five'])
print(data2)
```

上面代码先调入 Pandas 库，然后导入该库中的 DataFrame 对象，定义一个变量 data，并使用 DataFrame 将变量 data 转换为 DataFrame 类型的数据结构 data2，运行结果如下图所示。

```
>>> print(data2)
        age   id name
one      18  100   aa
two      19  101   bb
three    20  102   cc
four     19  103   dd
five     18  104   ee
>>>
```

7.6.2　数据缺失处理函数

数据缺失在大部分数据分析应用中都很常见，Pandas 使用浮点值 NaN 表示浮点和非浮点数组中的缺失数据，Python 内置的 None 值也会被当作 NA 处理。

例如：

```
from pandas import Series,DataFrame
from numpy import nan as NA
data=Series([12,None,34,NA,68])
print(data)
```

运行结果如下图所示。

```
>>> print(data)
0    12.0
1     NaN
2    34.0
3     NaN
4    68.0
dtype: float64
```

可以看出，这个数据中的第二个和第四个都被视为缺失值。可以使用方法 isnull 来检测是否为缺失值，这种方法对对象做出元素级的应用，然后返回一个布尔型数组，一般可用于布尔型索引。例如，上例中可以使用下面的检测方法。

```
print(data.isnull())
```

结果如下图所示。

```
>>> print(data.isnull())
0    False
1     True
2    False
3     True
4    False
dtype: bool
```

当数据中存在缺失值时，常采用下面的方法进行处理。

1. 数据过滤（dropna）

数据过滤即将缺失值的数据直接过滤掉，不再考虑，对于 Series 类型的数据结构，直接过滤掉没有太大问题，但是对于 DataFrame 类型的数据结构，如果过滤掉，至少要丢掉包含缺失值所在的一行或一列。

该方法的语法格式如下。

```
dropna(axis=0,how='any',thresh=None)
```

（1）axis=0 表示行，axis=1 表示列。

（2）how 参数可选的值为 any 或 all，all 表示丢掉全为 NA 的行。

（3）thresh 为整数类型，表示删除的条件，如 thresh=3，表示一行中至少有 3 个 NA 值时才将其保留。

例如：

```
from pandas import Series,DataFrame
from numpy import nan as NA
data=Series([12,None,34,NA,68])
print(data.dropna())
```

程序运行结果如下图所示。

可以看到，缺失值被删除了。

再来看一个两维的数据情况。

```
from pandas import Series,DataFrame, np
from numpy import nan as NA
data=DataFrame(np.random.randn(5,4))
data.ix[:2,1]=NA
data.ix[:3,2]=NA
print(data)
print("---- 删除后的结果 -----")
print(data.dropna(thresh=2))
print(data.dropna(thresh=3))
```

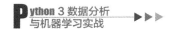

程序运行结果如下图所示。

```
                                    Python 3.6 (64-bit)                    _  □  ×
>>> print(data.dropna(thresh=2))
          0         1         2         3
0  0.631601       NaN       NaN -0.249885
1 -0.164171       NaN       NaN -1.284917
2 -1.109902       NaN       NaN  1.359388
3 -1.583930 -0.270426       NaN -0.860085
4  1.005909 -1.004158 -0.425204 -1.426572
>>> print(data.dropna(thresh=3))
          0         1         2         3
3 -1.583930 -0.270426       NaN -0.860085
4  1.005909 -1.004158 -0.425204 -1.426572
>>>
```

2. 数据填充（fillna）

当数据中出现缺失值时，还可以用其他的数值进行填充。常用的方法是 fillna，其基本语法格式如下。

fillna(value, method, axis)

其中 value 除了基本类型外，此外还可以使用字典，这样可以实现对不同列填充不同的值；axis=0 表示行，axis=1 表示列；method 表示采用的填补数值的方法，默认是None。

下面通过几个实例说明其使用方法。

```
from pandas import Series,DataFrame, np
from numpy import nan as NA
data=DataFrame(np.random.randn(5,4))
data.ix[:2,1]=NA
data.ix[:3,2]=NA
print(data)
print("---- 数据填充后的结果 -----")
print(data.fillna(0))
```

在上面程序中，通过 print(data.fillna(0)) 把所有缺失值 NaN 用 0 代替，程序运行结果如下图所示。

```
                                    Python 3.6 (64-bit)                    _  □  ×
-----数据填充后的结果------
>>> print(data.fillna(0))
          0         1         2         3
0 -0.436114  0.000000  0.000000 -0.225707
1 -0.221989  0.000000  0.000000  0.965730
2  1.254378  0.000000  0.000000 -0.265438
3  1.260249  1.362958  0.000000  1.095961
4  0.030851 -1.630484  0.817036  1.126485
```

下面这个实例是使用字典的方法对缺失值进行填充。

```
from pandas import Series,DataFrame, np
from numpy import nan as NA
data=DataFrame(np.random.randn(5,4))
data.ix[:2,1]=NA
data.ix[:3,2]=NA
print(data)
print("---- 数据填充后的结果 -----")
print(data.fillna({1:11,2:22}))
```

在这个代码中，使用 fillna({1:11,2:22}) 将第 1 列中的缺失值用 11 代替，第 2 列中的缺失值用 22 代替，如下图所示。

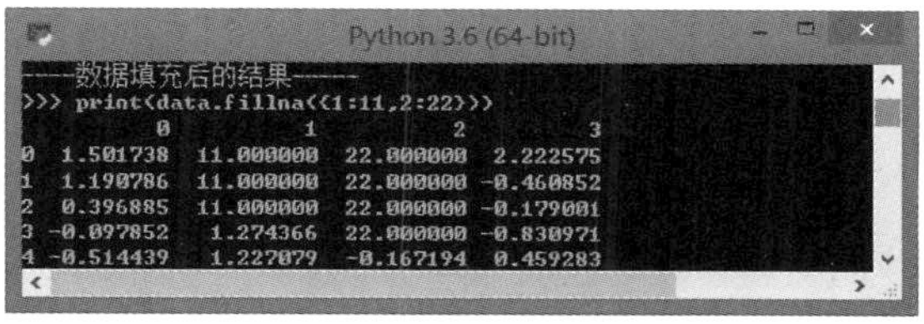

同样，在上面这个实例中，可以使用 print(data.fillna({1:data[1].mean(),2:data[2].mean()})) 来替换缺失值，第一列中的缺失值用这一列其他值的均值代替，第二列中的缺失值用这一列其他值的均值代替，如下图所示。

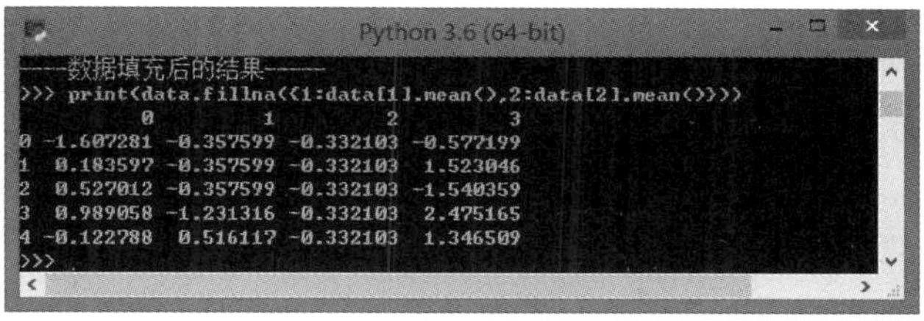

3. 拉格朗日插值法

当出现缺失值时，也可以使用拉格朗日插值法对缺失值进行插值。本书重点介绍算法的实现，具体的拉格朗日插值法在很多数学书或网上都有详细介绍，请读者自行查阅。

拉格朗日插值法，程序如下。

```
import pandas as pd # 导入数据分析库 Pandas
from scipy.interpolate import lagrange # 导入拉格朗日插值函数
df = DataFrame(np.random.randn(20,2),columns=['first','second'])
df['first'][(df['first'] <-1.5 )|(df['first'] > 1.5)] = None # 过滤异常值，将其变为空值
```

此时，存在空值的数据如下图所示。注意，由于是使用随机函数生成的数据，读者实验的时候结果可能与下图不一样。

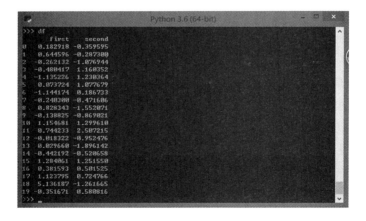

\# 为自定义列向量插值函数，#s 为列向量，n 为被插值的位置，k 为取前后的数据个数，默认为 5。

def ployinterp_column(s, n, k=5):
y = s[list(range(n-k, n)) + list(range(n+1, n+1+k))] # 取数
y = y[y.notnull()] # 剔除空值
return lagrange(y.index, list(y))(n) # 插值并返回插值结果
 # 逐个元素判断是否需要插值
for i in df.columns:
for j in range(len(df)):
if (df[i].isnull())[j]: # 如果为空即插值。
df[i][j] = ployinterp_column(df[i], j)

最终插值后的程序运行结果如下图所示。

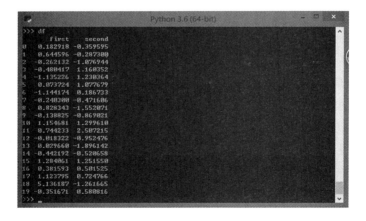

4. 检测和过滤异常值

对于异常值 (Outlier) 也需要进行相应的处理，首先找到异常值，其次对这些异常值根据具体情况进行过滤或变换运算。下面通过实例来看一下如何发现异常值。

```
from pandas import Series,DataFrame, np
from numpy import nan as NA
data=DataFrame(np.random.randn(10,4))
print(data.describe())
print("\n.... 找出某一列中绝对值大小超过 2 的项 ...\n")
data1=data[2]
print(data1[np.abs(data1) > 1] )
data1[np.abs(data1) > 1]=100
```

如上面程序所示,data1=data[2] 将第二列数据赋值给 data1,然后使用 col[np.
abs(data1) > 1] 计算出这列所有大于 1 的数据所在的行。data1[np.abs(data1) > 1]=100
将这列所有大于 1 的数据修改为 100,如下图所示。

5. 移除重复数据

当数据中出现很多重复数据时,必须把它们去除,否则会引起空间和时间的浪费。因
此需要发现这些重复数据并去除。在 Pandas 中使用 duplicated 方法发现重复值,使用
drop_duplicated 方法移除重复值,下面就来看一下使用方法。

```
from pandas import Series,DataFrame, np
from numpy import nan as NA
import pandas as pd
import numpy as np
data=pd.DataFrame({'name':['zhang']*3+['wang']*4, 'age':[18,18,19,19,20,20,21]})
print(data)
print("--- 重复的内容是 ---\n")
print(data.duplicated())
```

上述重复数据的显示结果,如下图所示。

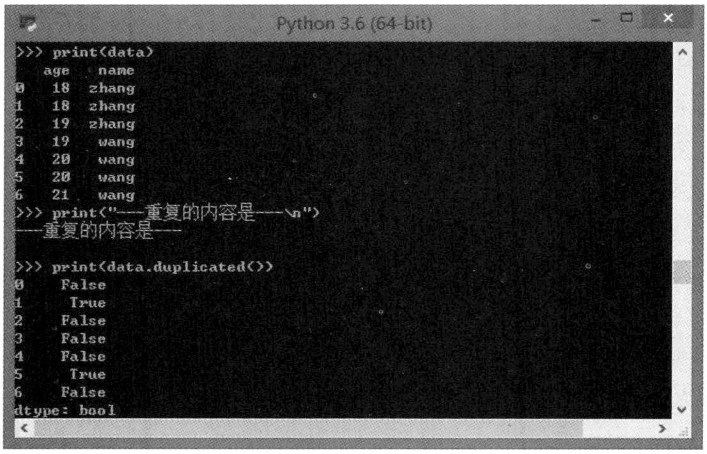

```
Python 3.6 (64-bit)
>>> print(data)
   age   name
0   18  zhang
1   18  zhang
2   19  zhang
3   19   wang
4   20   wang
5   20   wang
6   21   wang
>>> print("---重复的内容是---\n")
---重复的内容是---

>>> print(data.duplicated())
0    False
1     True
2    False
3    False
4    False
5     True
6    False
dtype: bool
```

可以看出，duplicated 方法返回一个布尔型 Series，表示各行是否为重复行。如果把上面代码中最后一行代码修改为：

```
print("--- 删除完重复的内容后 ---")
print(data.drop_duplicates())
```

结果如下图所示。

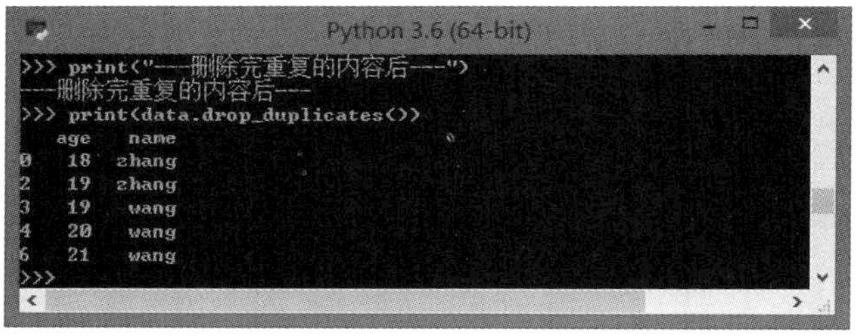

```
Python 3.6 (64-bit)
>>> print("---删除完重复的内容后---")
---删除完重复的内容后---
>>> print(data.drop_duplicates())
   age   name
0   18  zhang
2   19  zhang
3   19   wang
4   20   wang
6   21   wang
>>>
```

注意，上面代码的使用过程中，duplicates 和 drop_duplicates 默认保留第一个出现的值组合。如果使用参数 keep='last' 则保留最后一个。例如，上面代码修改为：

```
print("--- 删除完重复的内容后 ---")
print(data.drop_duplicates(keep='last'))
```

结果如下图所示。

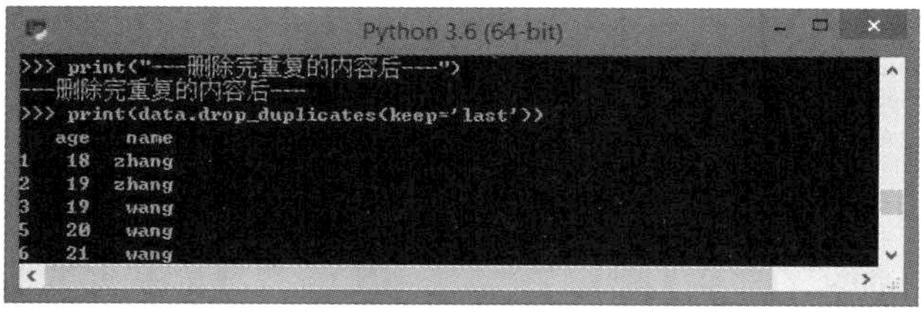

```
Python 3.6 (64-bit)
>>> print("---删除完重复的内容后---")
---删除完重复的内容后---
>>> print(data.drop_duplicates(keep='last'))
   age   name
1   18  zhang
2   19  zhang
3   19   wang
5   20   wang
6   21   wang
```

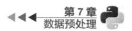
6. 数据规范化

前面已经介绍了为了消除数据之间量纲影响，需要对数据进行规范化处理，将数据落入一个有限的范围，常见的归一化将数据调整到 [0,1] 或者 [-1,1] 范围内。一般使用的方法有最小–最大规范化、零–均值规范化和小数规范化。下面就通过一个实例来看一下如何对数据规范化。

```python
import pandas as pd
import numpy as np
datafile='ori_data.xls'   # 数据来源
data=pd.read_excel(datafile,header=None)  # 读取数据
min=(data-data.min())/(data.max()-data.min()) # 最小–最大规范化
zero=(data-data.mean())/data.std()        # 零–均值规范化
float=data/10**np.ceil(np.log10(data.abs().max())) # 小数定标规范化
print (" 原始数据为：\n",data)
print (" 最小 - 最大规范化后的数据：\n",min)
```

程序运行结果如下图所示。

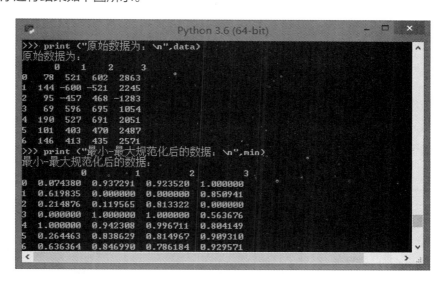

如果将上面最后两行代码修改为：

```python
print (" 零 - 均值规范化后的数据：\n",zero)
```

```python
print (" 小数规范化后的数据：\n",float)
```

程序运行结果如下图所示。

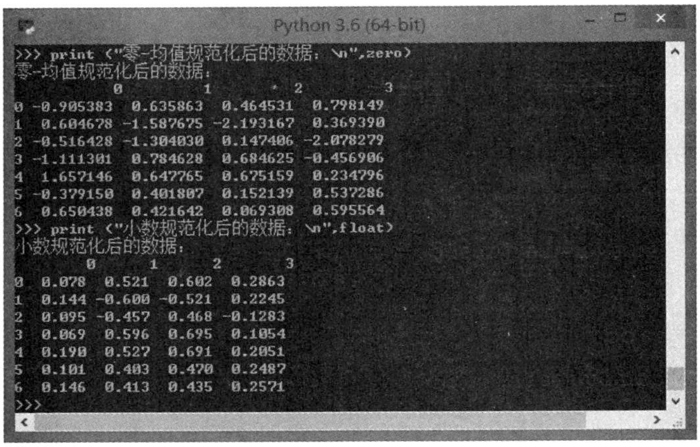

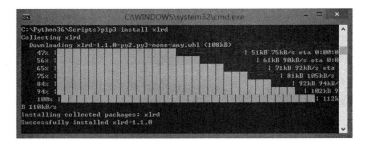

注意，如果在导入数据时，出现下图所示的错误，则发生错误的原因是没有安装"xlrd"
模块，可以按照下面的步骤安装。

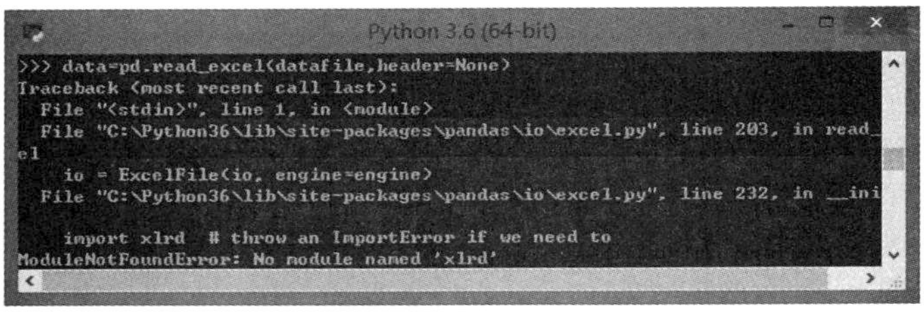

在命令行状态下输入命令：

```
pip3 install xlrd
```

结果如下图所示。

安装"xlrd"模块后，即可实现数据的导入。

注意，其他的一些第三方库也有类似的预处理函数，如机器学习库 sklearn 的最小-最
大规范化函数是 MinMaxScaler，Z-Score 规范化的函数是 StandardScaler() 等。

7. 汇总和描述等统计量的计算

在日常数据处理中，经常会使用到最大值、最小值、方差、标准差等统计量，下面就

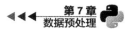

概括一下数据处理中经常用到的这些函数。

```
import pandas as pd
import numpy as np
from pandas import Series,DataFrame
df = DataFrame(np.random.randn(4,3),index = list('abcd'),columns=['first','second','third'])
df.describe()    # 对数据的基本统计量进行描述
```

数据及其统计量描述如下图所示。

```
Python 3.6 (64-bit)
>>> df
      first    second     third
a -0.994597 -0.218446  0.246563
b  2.810540  0.215241  0.363967
c  0.376996 -0.183990  0.197036
d -1.820695  1.285773 -1.171841
>>> df.describe()
          first    second     third
count  4.000000  4.000000  4.000000
mean   0.093061  0.274644 -0.091069
std    2.025732  0.702233  0.723907
min   -1.820695 -0.218446 -1.171841
25%   -1.201122 -0.192604 -0.145183
50%   -0.308801  0.015625  0.221799
75%    0.985382  0.482874  0.275914
max    2.810540  1.285773  0.363967
>>>
```

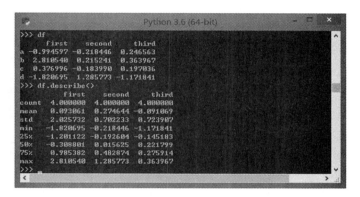

```
df.sum()                # 统计每列数据的和
df.sum(axis = 1)        # 统计每行数据的和
df.idxmin()             # 统计每列最小数值所在的行
df.idxmin(axis = 1)     # 统计每行最小数所在的列
df.idxmax()             # 统计每列最大数值所在的行
df.idxmax(axis = 1)     # 统计每行最大数所在的列
```

程序运行结果如下图所示。

```
Python 3.6 (64-bit)
>>> df.idxmin()
first     d
second    a
third     d
dtype: object
>>> df.idxmin(axis=1)
a     first
b    second
c    second
d     first
dtype: object
>>> df.idxmax()
first     b
second    d
third     b
dtype: object
>>> df.idxmax(axis=1)
a     third
b     first
c     first
d    second
dtype: object
```

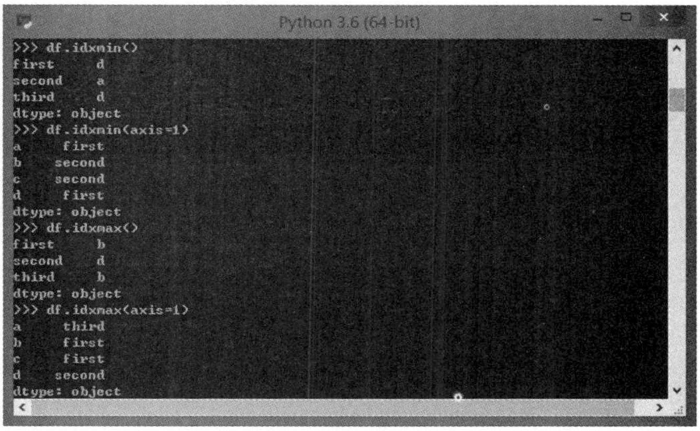

```
df.cumsum()        # 计算相对于上一行的累积结果
df.var()        # 计算方差
df.std()        # 计算协方差
df.pct_change()        # 计算百分数变化
```

程序运行结果如下图所示。

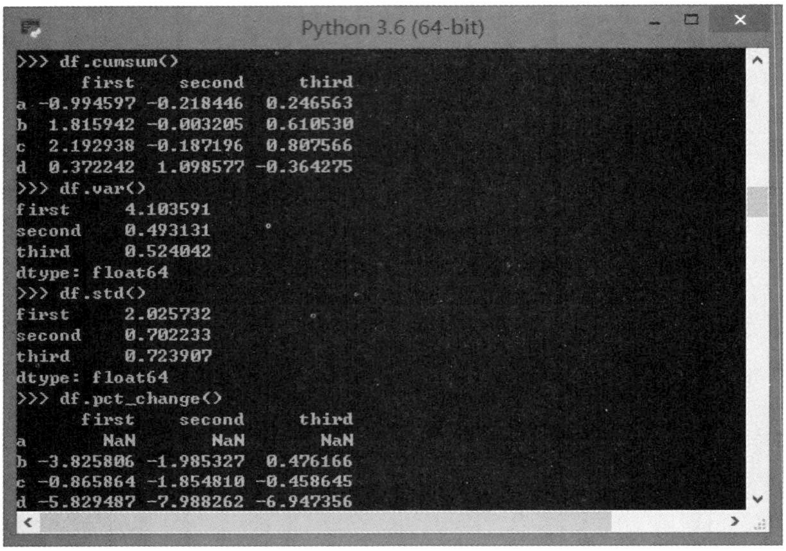


```
>>> df.cumsum()
      first    second     third
a -0.994597 -0.218446  0.246563
b  1.815942 -0.003205  0.610530
c  2.192938 -0.187196  0.807566
d  0.372242  1.098577 -0.364275
>>> df.var()
first     4.103591
second    0.493131
third     0.524042
dtype: float64
>>> df.std()
first     2.025732
second    0.702233
third     0.723907
dtype: float64
>>> df.pct_change()
      first    second     third
a       NaN       NaN       NaN
b -3.825806 -1.985327  0.476166
c -0.865864 -1.854810 -0.458645
d -5.829487 -7.988262 -6.947356
```

```
df.cov()        # 计算协方差
df.corr()        # 计算相关系数
```

程序运行结果如下图所示。

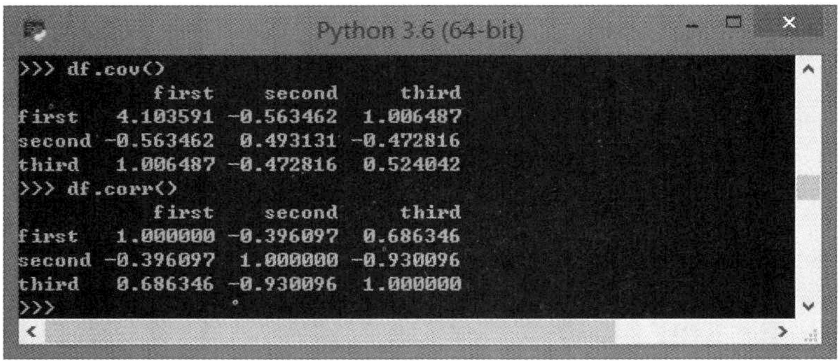


```
>>> df.cov()
           first    second     third
first   4.103591 -0.563462  1.006487
second -0.563462  0.493131 -0.472816
third   1.006487 -0.472816  0.524042
>>> df.corr()
           first    second     third
first   1.000000 -0.396097  0.686346
second -0.396097  1.000000 -0.930096
third   0.686346 -0.930096  1.000000
>>>
```

其中相关系数计算默认的方法是皮尔森方法。

此外，这些函数都是基于没有缺失数据的建设构建的，也就是说，这些函数会自动忽略缺失值。

第 8 章
分类问题

分类问题是一种监督学习方式，分类器的学习是在被告知每一个训练样本属于哪个类别后进行的，每个训练样本都有一个特定的标签与之相对应。在学习过程中，从这些给定的训练数据集中学习出一个函数，当新的数据到来时，可以根据这个函数判断结果。本章将介绍几种常见的分类学习方法，并通过实例介绍其基本使用方法。

本章将介绍以下内容：

- k- 近邻算法
- 朴素贝叶斯
- 支持向量机
- AdaBoost 算法
- 决策树
- Multi-layer Perceptron 多层感知机

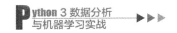

8.1　分类概述

　　分类在机器学习中是非常重要的，分类的目的是学会一个分类器，该分类器能把数据映射到事先给定类别中的某一个类别。分类属于一种监督学习方式，分类器的学习是在被告知每一个训练样本属于哪个类别后进行的，每个训练样本都有一个特定的标签与之相对应。在学习过程中，从这些给定的训练数据集中学习一个函数，当新的数据到来时，可以根据这个函数判断结果。监督学习的训练集要求包括输入和输出，也可以说是既要有数据的特征，也要有对应的目标。训练集中的目标是由人们事先进行标注的。

　　那么如何由给定的数据特征得到最终的数据所属类别？这就是下面要介绍的，每一个不同的分类算法，对应着不同的核心思想。

8.2　常用方法

　　本节主要研究常用的分类算法：第 1 小节讲述简单的分类算法——k- 近邻算法，它使用某种距离计算方法进行分类；第 2 小节讨论如何使用概率论建立分类器；第 3 小节介绍非常流行的支持向量机；第 4 小节介绍一种新的算法——AdaBoost，它由若干个分类器构成。

8.2.1　k- 近邻算法

　　k- 近邻 (k-NearestNeighbor，kNN) 分类算法是数据挖掘分类技术中最简单的方法之一。k- 近邻算法是通过测量不同特征值之间的距离进行分类的。基本思路是：如果一个样本在特征空间中的 k 个最邻近样本中的大多数属于某一个类别，则该样本也属于这个类别。该方法在决定类别上只依据最近的一个或几个样本的类别来决定待分类样本所属的类别。kNN 算法中，所选择的邻居都是已经正确分类的对象。

　　下面通过一个简单的例子来说明一下，假设想通过查看病例来推断肿瘤是否为良性，下图所示横轴表示肿瘤的大小，纵轴表示年龄，O 表示良性肿瘤，× 表示恶性肿瘤。通过以往对肿瘤的研究数据绘制肿瘤良性与否的图像，那么机器学习的问题就在于，通过输入一个人的年龄和肿瘤大小，首先计算距离该点最短的前 k 个点，然后判断这 k 个点的类别中绝大多数是属于哪个类别以判断肿瘤属于恶性或良性。例如，取 $k=5$，如果这前 5 个类别中有 3 个是良性肿瘤，则这个未知肿瘤就是良性的，否则就是恶性的。

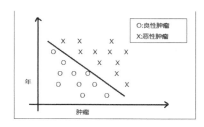

kNN 中一般使用欧式距离作为各个对象之间的非相似性指标：

$$d(x,y)=\sqrt{\sum_{k-1}^{n}(x_k-y_k)^2}$$

例如，点 (0,0) 与 (1,2) 之间的距离计算为：

$$\sqrt{(1-0)^2+(2-0)^2}$$

如果数据集存在 3 个特征值，则点（1,0,0) 与 (7,4,8) 之间的距离计算为：

$$\sqrt{(7-1)^2+(4-0)^2+(8-0)^2}$$

当然也可以使用马氏距离等测量距离的方法。在 k- 近邻算法中，当训练集、最近邻值 k、距离度量、决策规则等确定下来时，整个算法实际上是利用训练集把特征空间划分成一个个子空间，训练集中的每个样本占据一部分空间。对最近邻而言，当测试样本落在某个训练样本的领域内，就把测试样本标记为这一类。

k- 近邻算法的一般流程如下。

① 计算测试数据与各个训练数据之间的距离。

② 按照距离的递增关系进行排序。

③ 选取距离最小的 k 个点。

④ 确定前 k 个点所在类别的出现频率。

⑤ 返回前 k 个点中出现频率最高的类别作为测试数据的预测分类。

统计学习方法中参数选择一般是要在偏差 (Bias) 与方差 (Variance) 之间取得一个平衡 (Tradeoff)。对 kNN 而言，k 值的选择也要在偏差与方差之间取得平衡。若 k 取值很小，如 $k=1$，则分类结果容易因为噪声点的干扰而出现错误，此时方差较大；若 k 取值很大，如 $k=N$(N 为训练集的样本数），则对所有测试样本而言，结果都一样，分类的结果都是样本最多的类别，这样稳定是稳定了，但预测结果与真实值相差太远，偏差过大。因此，k 值既不能取太大也不能取太小，通常的做法是，利用交叉验证（Cross Validation）评估一系列不同的 k 值，选取结果最好的 k 值作为训练参数。

8.2.2 朴素贝叶斯

本小节学习一个简单的概率分类器——朴素贝叶斯分类器。朴素贝叶斯分类器 (Naive Bayes Classifier，NBC) 发源于古典数学理论，有着坚实的数学基础，以及稳定的分类效率。同时，NBC 模型所需估计的参数很少，对缺失数据不太敏感，算法也比较简单。之所以称其为"朴素"是因为整个形式化过程只做最原始、最简单的假设。朴素贝叶斯在数据较少的情况下仍然有效，可以处理多类别问题。

朴素贝叶斯的基本公式为：

$$P(B \mid A) = \frac{P(A \mid B)P(B)}{P(A)}$$

换一种表达方式更便于理解：

$$P(\text{类别} \mid \text{特征}) = \frac{P(\text{特征} \mid \text{类别})P(\text{类别})}{P(\text{特征})}$$

如果事先知道 $P(\text{特征})$、$P(\text{类别})$ 和 $P(\text{特征} \mid \text{类别})$ 这些数据，那么就可以求出 $P(\text{类别} \mid \text{特征})$。

下面给出一个简单的例子，来看一看朴素贝叶斯分类器是如何完成分类的，下表给出了一些初始反映一个男生条件的基本数据，以及依据这些数据得到的女生是嫁还是不嫁的结果。

表 8-1　基本数据及其结果

外貌	性格	身高	上进心	嫁否
帅 (A_1)	不好 (B_1)	矮 (C_1)	不上进 (D_1)	不嫁 (F)
帅 (A_1)	不好 (B_1)	矮 (C_1)	上进 (D_2)	不嫁 (F)
帅 (A_1)	好 (B_2)	矮 (C_1)	上进 (D_2)	嫁 (T)
帅 (A_1)	好 (B_2)	高 (C_2)	不上进 (D_1)	嫁 (T)
帅 (A_1)	好 (B_2)	中 (C_3)	上进 (D_2)	嫁 (T)
帅 (A_1)	好 (B_2)	矮 (C_1)	不上进 (D_1)	不嫁 (F)
不帅 (A_2)	好 (B_2)	中 (C_3)	上进 (D_2)	嫁 (T)
不帅 (A_2)	好 (B_2)	矮 (C_1)	上进 (D_2)	不嫁 (F)
不帅 (A_2)	好 (B_2)	高 (C_2)	上进 (D_2)	嫁 (T)
不帅 (A_2)	不好 (B_1)	高 (C_2)	上进 (D_2)	嫁 (T)

如果一个男生向女生求婚，男生的特点是不帅、性格不好、矮、不上进，判断一下女生是嫁还是不嫁？

这个分类问题转化为数学问题就是求 $P(\text{嫁} \mid (\text{不帅、不好、矮、不上进}))$ 与 $P(\text{不嫁} \mid (\text{不帅、不好、矮、不上进}))$ 谁的概率大。

根据朴素贝叶斯公式：

$$P(T \mid A_2, B_1, C_1, D_1) = \frac{P(A_2, B_1, C_1, D_1 \mid T) \times P(T)}{P(A_2, B_1, C_1, D_1)} \qquad （8\text{-}1）$$

现在只需要分别求出 $P(A_2, B_1, C_1, D_1 \mid T)$、$P(A_2, B_1, C_1, D_1)$、$P(T)$ 的概率即可。因为特征之间是相互独立的，所以有：

$$P(A_2, B_1, C_1, D_1 \mid T) = P(A_2 \mid T) \times P(B_1 \mid T) \times P(C_1 \mid T) \times P(D_1 \mid T)$$

将公式（1）整理，得到：

$$P(T \mid A_2, B_1, C_1, D_1) = \frac{P(A_2 \mid T) \times P(B_1 \mid T) \times P(C_1 \mid T) \times P(D_1 \mid T) \times P(T)}{P(A_2) \times P(B_1) \times P(C_1) \times P(D_1)} \qquad （8\text{-}2）$$

首先统计"嫁"的概率，即 $P(T)$ 的概率：

$$P(T) = \frac{\text{嫁的数量}}{\text{样本总数}} = \frac{6}{12} = \frac{1}{2}$$

接着计算 $P($ 不帅 $\mid$ 嫁 $)$ 的概率，如下表所示。

表 8-2　计算 $P($ 不帅 $\mid$ 嫁 $)$ 的概率

外貌	性格	身高	上进心	嫁否
不帅 (A_2)	好 (B_2)	高 (C_2)	上进 (D_2)	嫁 (T)
不帅 (A_2)	好 (B_2)	中 (C_3)	上进 (D_2)	嫁 (T)
不帅 (A_2)	不好 (B_1)	高 (C_2)	上进 (D_2)	嫁 (T)

由上表得出：

$$P(A_2 \mid T) = \frac{3}{6} = \frac{1}{2}$$

计算 $P($ 性格不好 $\mid$ 嫁 $)$ 的概率，如下表所示。

表 8-3　$P($ 性格不好 $\mid$ 嫁 $)$ 的概率

外貌	性格	身高	上进心	嫁否
帅 (A_1)	好 (B_2)	矮 (C_1)	上进 (D_2)	嫁 (T)
帅 (A_1)	好 (B_2)	高 (C_2)	不上进 (D_1)	嫁 (T)
帅 (A_1)	好 (B_2)	中 (C_3)	上进 (D_2)	嫁 (T)
不帅 (A_2)	好 (B_2)	中 (C_3)	上进 (D_2)	嫁 (T)
不帅 (A_2)	好 (B_2)	高 (C_2)	上进 (D_2)	嫁 (T)
不帅 (A_2)	不好 (B_1)	高 (C_2)	上进 (D_2)	嫁 (T)

由上表知：

$$P(\text{性格不好} \mid \text{嫁}) = P(B_1|T) = \frac{1}{6}$$

计算 $P(\text{矮} \mid \text{嫁})$ 的概率，如下表所示。

表 8-4 $P(\text{矮} \mid \text{嫁})$ 的概率

外貌	性格	身高	上进心	嫁否
帅 (A_1)	好 (B_2)	矮 (C_1)	上进 (D_2)	嫁 (T)
帅 (A_1)	好 (B_2)	高 (C_2)	不上进 (D_1)	嫁 (T)
帅 (A_1)	好 (B_2)	中 (C_3)	上进 (D_2)	嫁 (T)
不帅 (A_2)	好 (B_2)	中 (C_3)	上进 (D_2)	嫁 (T)
不帅 (A_2)	好 (B_2)	高 (C_2)	上进 (D_2)	嫁 (T)
不帅 (A_2)	不好 (B_1)	高 (C_2)	上进 (D_2)	嫁 (T)

由上表知：

$$P(\text{矮} \mid \text{嫁}) = P(C_1|T) = \frac{1}{6}$$

计算 $P(\text{不上进} \mid \text{嫁})$ 的概率，如下表所示。

表 8-5 $P(\text{不上进} \mid \text{嫁})$ 的概率

外貌	性格	身高	上进心	嫁否
帅 (A_1)	好 (B_2)	矮 (C_1)	上进 (D_2)	嫁 (T)
帅 (A_1)	好 (B_2)	高 (C_2)	不上进 (D_1)	嫁 (T)
帅 (A_1)	好 (B_2)	中 (C_3)	上进 (D_2)	嫁 (T)
不帅 (A_2)	好 (B_2)	中 (C_3)	上进 (D_2)	嫁 (T)
不帅 (A_2)	好 (B_2)	高 (C_2)	上进 (D_2)	嫁 (T)
不帅 (A_2)	不好 (B_1)	高 (C_2)	上进 (D_2)	嫁 (T)

由上表知：

$$P(\text{不上进} \mid \text{嫁}) = P(D_1|T) = \frac{1}{6}$$

计算 $P(\text{不帅})$ 的概率，如下表所示。

表 8-6 $P(\text{不帅})$ 的概率

外貌	性格	身高	上进心	嫁否
帅 (A_1)	不好 (B_1)	矮 (C_1)	不上进 (D_1)	不嫁 (F)
帅 (A_1)	不好 (B_1)	矮 (C_1)	上进 (D_2)	不嫁 (F)
帅 (A_1)	好 (B_2)	矮 (C_1)	上进 (D_2)	嫁 (T)
帅 (A_1)	好 (B_2)	高 (C_2)	不上进 (D_1)	嫁 (T)

外貌	性格	身高	上进心	嫁否
帅 (A_1)	好 (B_2)	中 (C_3)	上进 (D_2)	嫁 (T)
帅 (A_1)	好 (B_2)	矮 (C_1)	不上进 (D_1)	不嫁 (F)
不帅 (A_2)	好 (B_2)	中 (C_3)	上进 (D_2)	嫁 (T)
不帅 (A_2)	好 (B_2)	矮 (C_1)	上进 (D_2)	不嫁 (F)
不帅 (A_2)	好 (B_2)	高 (C_2)	上进 (D_2)	嫁 (T)
不帅 (A_2)	不好 (B_1)	高 (C_2)	上进 (D_2)	嫁 (T)

由上表知：

$$P(\text{不帅})=P(A_2)=\frac{4}{12}=\frac{1}{3}$$

计算 $P($ 性格不好 $)$ 的概率，如下表所示。

表 8-7　$P($ 性格不好 $)$ 的概率

外貌	性格	身高	上进心	嫁否
帅 (A_1)	不好 (B_1)	矮 (C_1)	不上进 (D_1)	不嫁 (F)
帅 (A_1)	不好 (B_1)	矮 (C_1)	上进 (D_2)	不嫁 (F)
帅 (A_1)	好 (B_2)	矮 (C_1)	上进 (D_2)	嫁 (T)
帅 (A_1)	好 (B_2)	高 (C_2)	不上进 (D_1)	嫁 (T)
帅 (A_1)	好 (B_2)	中 (C_3)	上进 (D_2)	嫁 (T)
帅 (A_1)	好 (B_2)	矮 (C_1)	不上进 (D_1)	不嫁 (F)
不帅 (A_2)	好 (B_2)	中 ($C3$)	上进 (D_2)	嫁 (T)
不帅 (A_2)	好 (B_2)	矮 (C_1)	上进 (D_2)	不嫁 (F)
不帅 (A_2)	好 (B_2)	高 (C_2)	上进 (D_2)	嫁 (T)
不帅 (A_2)	不好 (B_1)	高 (C_2)	上进 (D_2)	嫁 (T)

由上表知：

$$P(\text{性格不好})=P(B_1)=\frac{4}{12}=\frac{1}{3}$$

计算 $P($ 矮 $)$ 的概率，如下表所示。

表 8-8　$P($ 矮 $)$ 的概率

外貌	性格	身高	上进心	嫁否
帅 (A_1)	不好 (B_1)	矮 (C_1)	不上进 (D_1)	不嫁 (F)
帅 (A_1)	不好 (B_1)	矮 (C_1)	上进 (D_2)	不嫁 (F)
帅 (A_1)	好 (B_2)	矮 (C_1)	上进 (D_2)	嫁 (T)

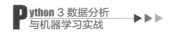

续表

外貌	性格	身高	上进心	嫁否
帅 (A_1)	好 (B_2)	高 (C_2)	不上进 (D_1)	嫁 (T)
帅 (A_1)	好 (B_2)	中 (C_3)	上进 (D_2)	嫁 (T)
帅 (A_1)	好 (B_2)	矮 (C_1)	不上进 (D_1)	不嫁 (F)
不帅 (A_2)	好 (B_2)	中 (C_3)	上进 (D_2)	嫁 (T)
不帅 (A_2)	好 (B_2)	矮 (C_1)	上进 (D_2)	不嫁 (F)
不帅 (A_2)	好 (B_2)	高 (C_2)	上进 (D_2)	嫁 (T)
不帅 (A_2)	不好 (B_1)	高 (C_2)	上进 (D_2)	嫁 (T)

由上表知：

$$P(\text{矮})=P(C_1)=\frac{7}{12}$$

计算 $P(\text{不上进})$ 的概率，如下表所示。

表 8-9　$P(\text{不上进})$ 的概率

外貌	性格	身高	上进心	嫁否
帅 (A_1)	不好 (B_1)	矮 (C_1)	不上进 (D_1)	不嫁 (F)
帅 (A_1)	不好 (B_1)	矮 (C_1)	上进 (D_2)	不嫁 (F)
帅 (A_1)	好 (B_2)	矮 (C_1)	上进 (D_2)	嫁 (T)
帅 (A_1)	好 (B_2)	高 (C_2)	不上进 (D_1)	嫁 (T)
帅 (A_1)	好 (B_2)	中 (C_3)	上进 (D_2)	嫁 (T)
帅 (A_1)	好 (B_2)	矮 (C_1)	不上进 (D_1)	不嫁 (F)
不帅 (A_2)	好 (B_2)	中 (C_3)	上进 (D_2)	嫁 (T)
不帅 (A_2)	好 (B_2)	矮 (C_1)	上进 (D_2)	不嫁 (F)
不帅 (A_2)	好 (B_2)	高 (C_2)	上进 (D_2)	嫁 (T)
不帅 (A_2)	不好 (B_1)	高 (C_2)	上进 (D_2)	嫁 (T)

由上表知：

$$P(\text{不上进})=P(D_1)=\frac{4}{12}=\frac{1}{3}$$

所需要的项已经全部求出来了，代入式（8-2）中得到：

$$P(T\,|\,A_2,B_1,C_1,D_1)=\frac{\,^1/_2\times\,^1/_6\times\,^1/_6\times\,^1/_6\times\,^1/_2}{\,^1/_3\times\,^1/_3\times\,^7/_{12}\times\,^1/_3}=\frac{\,^1/_{864}}{\,^7/_{324}}$$

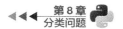

下面用同样的方法求出 $P($ 不嫁 $ | ($ 不帅、不好、矮、不上进 $))$：

$$P(F\,|\,A_2,B_1,C_1,D_1)=\frac{P(A_2\,|\,F)\times P(B_1\,|\,F)\times P(C_1\,|\,F)\times P(D_1\,|\,F)\times P(F)}{P(A_2)\times P(B_1)\times P(C_1)\times P(D_1)}$$

$$P(F\,|\,A_2,B_1,C_1,D_1)=\frac{\frac{1}{6}\times\frac{1}{2}\times\frac{1}{2}\times\frac{1}{2}}{\frac{1}{3}\times\frac{1}{3}\times\frac{7}{12}\times\frac{1}{3}}=\frac{\frac{1}{48}}{\frac{7}{324}}$$

很明显 $\dfrac{1}{48}>\dfrac{1}{864}$，于是 $P(F\,|\,A_2,B_1,C_1,D_1)>P(T\,|\,A_2,B_1,C_1,D_1)$

所以，根据朴素贝叶斯算法可以得出答案是不嫁。

8.2.3　支持向量机

支持向量机（Support Vector Machine，SVM），指的是支持向量机，是常见的一种判别方法。在机器学习领域，是一个监督学习模型，通常用来进行模式识别、分类及回归分析。与其他算法相比，支持向量机在学习复杂的非线性方程时提供了一种更为清晰、更加强大的方式。

支持向量机是 20 世纪 90 年代中期发展起来的基于统计学习理论的一种机器学习方法，通过寻求结构化风险最小来提高学习机泛化能力，实现经验风险和置信范围的最小化，从而达到在统计样本量较少的情况下，也能获得良好统计规律的目的。

通俗来讲，它是一种二类分类模型，其基本模型定义为特征空间上的间隔最大的线性分类器，即支持向量机的学习策略便是间隔最大化，最终可转化为一个凸二次规划问题的求解。

在介绍支持向量机之前，先了解以下几个概念。

（1）线性可分。如下图所示，数据之间分隔得足够开，很容易在图中画出一条直线将这一组数据分开，这组数据就被称为线性可分数据。

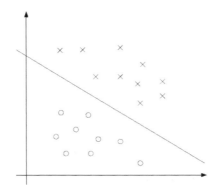

（2）分隔超平面。上述将数据集分隔开来的直线成为分隔超平面，由于上面给出的数据点都在二维平面上，因此此时分隔超平面的是一条直线。如果给出的数据集点

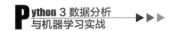
是三维的，那么用来分隔数据的就是一个平面。因此，更高维的情况可以以此类推，如果数据是 100 维的，那么就需要一个 99 维的对象来对数据进行分隔，这些统称为超平面。

（3）间隔。如下图所示，下面 3 个图中都可以将数据分隔，但是哪种分隔方式最好呢？我们希望找到离分隔超平面最近的点，确保它们离分隔面的距离尽可能远。在这里点到分隔面的距离被称为间隔。间隔尽可能大是因为如果犯错或在有限数据上训练分类器，我们希望分类器尽可能健壮。

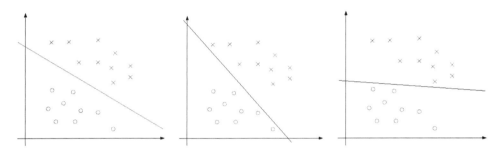

（4）支持向量。离分隔超平面最近的那些点是支持向量。

接下来就是要寻找最大支持向量到分隔面的距离，需要找到此问题的求解方法。如下图所示，分隔超平面的形式可以写成 $w^\mathrm{T}x+b$。要计算 AB 之间的距离，该距离的值为 $\dfrac{|w^\mathrm{T}A+b|}{\|w\|}$。这里的向量 w 和常数 b 一起描述了所给数据的超平面。

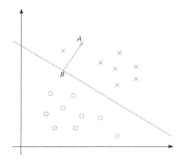

对 $w^\mathrm{T}x+b$ 使用单位阶跃函数得到 $f(w^\mathrm{T}x+b)$，其中当 $u<0$ 时，$f(u)$ 输出 -1，反之则输出 $+1$。这里使用 -1 和 $+1$ 是为了教学上的方便处理，可以通过一个统一公式来表示间隔或数据点到分隔超平面的距离。间隔通过 $\mathrm{label}\times\dfrac{w^\mathrm{T}x+b}{\|w\|}$ 来计算。如果数据处于正方向（$+1$ 类）且离分隔超平面很远的位置时，$w^\mathrm{T}x+b$ 是一个很大的正数。同时 $\mathrm{label}\times\dfrac{w^\mathrm{T}x+b}{\|w\|}$ 也会是一个很大的正数。而如果数据点处于负方向（-1 类）且离分隔超平面很远的位置时，此时由于类别标签为 -1，则 $\mathrm{label}\times\dfrac{w^\mathrm{T}x+b}{\|w\|}$ 仍然是一个很大的正数。

为了找到具有最小间隔的数据点，就要找到分类器定义中的 w 和 b，最小间隔的数据点也就是支持向量。一旦找到支持向量，就需要对该间隔最大化，可以写作：

$$\max_{w,b}\{\min_{n}(label\cdot\frac{w^{\mathsf{T}}x+b}{\|w\|})\}$$

但是直接求解上述问题是相当困难的，所以这里引入拉格朗日乘子法，可以把表达式写为下面的式子：

$$\max_{\alpha}\left[\sum_{i=1}^{m}\alpha-\frac{1}{2}\sum_{i,j=1}^{m}label^{(i)}\cdot\alpha_{i}\cdot\alpha_{j}\langle x^{(i)},x^{(j)}\rangle\right]$$

其中表示，两个向量的内积。
约束条件为：

$$C\geq\alpha\geq0，和\sum_{i-1}^{m}\alpha_{i}\cdot label^{(i)}=0$$

这里的常数 C 用于控制最大化间隔和保证大部分点的函数间隔小于 1.0 这两个目标的权重。因为所有的数据都可能有干扰数据，所以通过引入所谓的松弛变量，允许有些数据点可以处于分隔面错误的一侧。

根据上式可知，只要求出所有的 α，那么分隔超平面就可以通过这些 α 来表达，SVM 的主要工作就是求解 α。

8.2.4 AdaBoost 算法

当一个分类器正确率不那么高时，称其为"弱分类器"，或者说该分类器的学习方法为"弱学习方法"。与之对应的，存在"强分类器"和"强学习方法"。强学习方法的正确率很高。

AdaBoost 是一种迭代算法，其核心思想是针对同一个训练集训练不同的分类器（弱分类器），然后把这些弱分类器集合起来，构成一个更强的最终分类器（强分类器）。AdaBoost 是 Adaptive Boosting（自适应）的缩写，它的自适应在于：前一个基本分类器分错的样本会得到加强，加权后的样本再次被用来训练下一个基本分类器。同时，在每一轮中加入一个新的弱分类器，直到达到某个预定的足够小的错误率，或者达到预先设定的最大迭代次数。

常见的机器学习算法都可以建立弱分类器，不过最经常使用的弱分类器是单层决策树。单层决策树又称为决策树桩 (Decision Stump)，即层数为 1 的决策树。

本节使用单层决策树作为弱分类器。每一个训练数据都有一个权值系数，注意不是弱分类器的系数。建立最佳单层决策树的依据就是：每个训练数据在单层决策树中的分类结果乘以自己的权值系数后相加的"和"最小，即分类误差最小化。

具体说来，整个 AdaBoost 迭代算法分为以下 3 步。

① 初始化训练数据的权值分布。如果有 N 个样本，则每一个训练样本最开始时都被赋予相同的权重：$1/N$。

② 训练弱分类器。具体训练过程中，如果某个样本点已经被准确分类，那么在构造下一个训练集中，它的权重就被降低；相反，如果某个样本点没有被准确分类，那么它的权重就得到提高。然后，权重更新过的样本集被用于训练下一个分类器，整个训练过程如此迭代进行下去。

③ 将各个训练得到的弱分类器组合成强分类器。各个弱分类器的训练过程结束后，加大分类误差率小的弱分类器的权重，使其在最终的分类函数中起着较大的决定作用，而降低分类误差率大的弱分类器的权重，使其在最终的分类函数中起着较小的决定作用。换言之，误差率低的弱分类器在最终分类器中占的权重较大，否则较小。

其运行过程为：训练数据中的每个样本，并赋予一开始相等的权重，这些权重构成了向量 D。首先在训练数据上训练一个弱分类器并计算分类器的错误率，然后在同一数据集上再次训练弱分类器。在第二次训练分类器中，会再次重新调整每个样本的权重，其中第一次分类错误的权重会提高，而第一次分类样本的权重会降低。AdaBoost 根据每个弱分类器的错误率进行计算，为每个分类器都配了一个权重 α。

错误率的定义为：

$$\varepsilon = \frac{\text{未正确分类的样本数目}}{\text{所有样本数目}}$$

而 α 的计算公式为：

$$\alpha = \frac{1}{2}\left(\frac{1-\varepsilon}{\varepsilon}\right)$$

计算出 α 之后，可以对权重向量 D 进行更新，D 的计算方法如下。

如果某个样本被错误分类，那么该样本的权重更改为：

$$D_i^{(t+1)} = \frac{D_i^{(t)} e^{\alpha}}{\text{sum}(D)}$$

如果某个样本被正确分类，那么该样本的权重更改为：

$$D_i^{(t+1)} = \frac{D_i^{(t)} e^{-\alpha}}{\text{sum}(D)}$$

计算出 D 后，AdaBoost 又开始下一轮迭代。AdaBoost 算法会不断地重复训练和调整权重，直到训练错误率为 0，或者弱分类器的数目达到用户的指定值。

AdaBoost 算法的流程如下图所示。

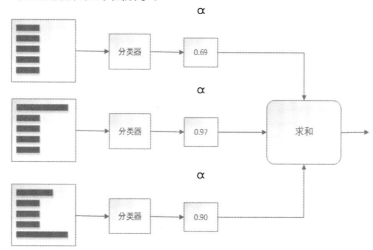

在上图中，左边是数据集，其中，直方图的不同宽度表示每个样例上的不同权重。在经过一个分类器之后，会通过图形中的 α 值进行加权，经过加权的结果再进行求和，从而得到最终的输出结果。

8.2.5　决策树

1. 决策树的基本概念

决策树（Decision Tree）是一个非参数的监督式学习方法，决策树又称为判定树，是运用于分类的一种树结构，其中的每个内部节点代表对某一属性的一次测试，每条边代表一个测试结果，叶节点代表某个类或类的分布。

下图所示的是选择礼物的判定过程，首先根据颜色有两种选择分支：当选择黑色的时候，可以再根据价格确定喜欢或不喜欢；当选择白色的时候，可以再根据大小确定喜欢或不喜欢。

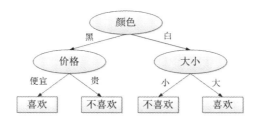

决策树的决策过程一般需要从决策树的根节点开始，将待测数据与决策树中的特征节

点进行比较，并按照比较结果选择下一比较分支，直到叶子节点作为最终的决策结果。决策树除了用于分类外，还可以用于回归和预测。分类树对离散变量做决策树，回归树对连续变量做决策树。

从数据产生决策树的机器学习技术称为决策树学习，通俗地说就是决策树。一个决策树一般包含以下 3 种类型的节点。

（1）决策节点：是对几种可能方案的选择，即最后选择的最佳方案。如果决策属于多级决策，则决策树的中间可以有多个决策点，以决策树根部的决策点为最终决策方案。

（2）状态节点：代表备选方案的经济效果（期望值），通过各状态节点的经济效果对比，按照一定的决策标准就可以选出最佳方案。由状态节点引出的分支称为概率枝，概率枝的数目表示可能出现的自然状态数目每个分支上要注明该状态出现的概率。

（3）终结点：每个方案在各种自然状态下取得的最终结果，即树的叶子。

作为机器学习的经典算法，决策树也有自身的优缺点，详见下表。

表 8-10　决策树的优缺点

优　点	缺　点
1. 简单易懂，原理清晰，决策树可以实现可视化；	1. 决策树有时候是不稳定的，因为数据微小的变动，可能生成完全不同的决策树；
2. 决策树算法的时间复杂度（预测数据）是用于训练决策树的数据点的对数；	2. 有些问题学习起来非常难，因为决策树很难表达，如异或问题、奇偶校验或多路复用器问题；
3. 能够处理数值和分类数据；	3. 如果有些因素占据支配地位，决策树是有偏差的。因此建议在拟合决策树之前先平衡数据的影响因子；
4. 能够处理多路输出问题；	
5. 可以通过统计学检验验证模型。这也使模型的可靠性计算变得可能；	4. 对连续性的字段比较难预测；
6. 即使模型假设违反产生数据的真实模型，表现性能依旧很好	5. 最优决策树的构建属于 NP 问题

2．决策树的学习过程

决策树学习是数据挖掘中一个经典的方法，每个决策树都表述了一种树型结构，它由它的分支来对该类型的对象依靠属性进行分类。每个决策树可以依靠对源数据库的分割进行数据测试。这个过程可以递归式地对树进行修剪。当不能再进行分割或一个单独的类可以被应用于某一分支时，递归过程就完成了。其学习过程可以概括如下。

（1）特征选择：从训练数据的特征中选择一个特征作为当前节点的分裂标准（特征选择的标准不同产生了不同的特征决策树算法）。

（2）决策树生成：根据所选特征评估标准，从上至下递归地生成子节点，直到数据集不可分时停止决策树停止生成。

（3）剪枝：决策树容易过拟合，需要剪枝来缩小树的结构和规模（包括预剪枝和后剪枝）。

创建决策树进行分类的流程如下。

（1）创建数据集。

（2）计算数据集的信息熵。

（3）遍历所有特征，选择信息熵最小的特征，即为最好的分类特征。

（4）根据上一步得到的分类特征分隔数据集，并将该特征从列表中移除。

（5）执行递归函数，返回（3），不断分隔数据集，直到分类结束。

（6）使用决策树执行分类，返回分类结果。

决策树学习算法的伪代码如下。

检测数据集中的每个子项是否属于同一类。

Ⅰ　if 每个子项属于同一类 return 类标签

Ⅱ　else

　　（1）寻找划分数据集的最好特征。

　　（2）划分数据集。

　　（3）创建分支节点。

　　　　① for 每个划分的子集。

　　　　② 调用分支创建函数并增加返回结果到分支节点中。

　　（4）return 分支节点。

从上面代码的实现过程可以发现，在构建决策树的过程中，要寻找划分数据集的最好特征。例如，如果一个训练数据中有 10 个特征，那么每次选取哪个特征作为划分依据？这就必须采用量化的方法来判断，量化划分方法有多种，其中一项就是"信息论度量信息分类"，即使无序的数据变得有序。

基于信息论的决策树算法包括 ID3、C4.5、CART 等。J. Ross Quinlan 在 1975 年提出将信息熵的概念引入决策树的构建，这就是鼎鼎有名的 ID3 算法，后续的 C4.5、C5.0、CART 等都是该方法的改进算法。下面是几种算法的大致情况，详细算法可以参考机器学习有关书籍，这里不做重点介绍。

① ID3 算法建立在"奥卡姆剃刀"的基础上：越是小型的决策树越优于大型的决策树，即小型树更简单。ID3 算法中根据信息论的信息增益评估和选择特征，每次选择信息增益最大的特征做判断模块。ID3 算法可用于划分标称型数据集，没有剪枝的过程，为了去除过度数据匹配的问题，可通过裁剪合并相邻的无法产生大量信息增益的叶子节点（如设置信息增益阈值）。使用信息增益其实有一个缺点，那就是它偏向于具有大量值的属性。也就是说，在训练集中，某个属性所取的不同值个数越多，那么越有可能拿它来作为分裂属性，而这样做有时候是没有意义的，另外 ID3 不能处理连续分布的数据特征，于是就有了 C4.5 算法。CART 算法也支持连续分布的数据特征。

② C4.5 是 ID3 的一个改进算法，继承了 ID3 算法的优点。C4.5 算法用信息增益率来选择属性，克服了用信息增益选择属性时偏向选择取值多的属性的不足在决策树构造过程中进行剪枝；能够完成对连续属性的离散化处理；能够对不完整数据进行处理。C4.5 算法

产生的分类规则易于理解、准确率较高；但效率低，因在决策树构造过程中，需要对数据集进行多次的顺序扫描和排序，也是因为必须进行多次数据集扫描，C4.5 只适合于能够驻留于内存的数据集。

③ ID3 算法和 C4.5 算法虽然在对训练样本集的学习中可以尽可能多地挖掘信息，但其生成的决策树分支较大，规模较大。为了简化决策树的规模，提高生成决策树的效率，就出现了根据 GINI 系数来选择测试属性的决策树算法 CART。CART 算法的全称为 Classification And Regression Tree，采用 Gini 指数（选 Gini 指数最小的特征 s）作为分裂标准，同时它也包含后剪枝操作。

3．信息熵

由于这些算法又涉及信息熵的概念，因此，下面就简要介绍一下信息熵的基本知识。

信息熵：在概率论中，信息熵是一种度量随机变量不确定性的方式，熵就是信息的期望值。假设 S 为所有事件集合，待分类的事物可能划分在 C 类中，分别是 C_1，C_2，$\cdots$，C_n，每一类的概率分别是 P_1，P_2，$\cdots$，P_n，那么 S 的熵就定义为：

$$Entropy(S) = \sum_{i=1}^{c} -p_i \log_2 p_i$$

> **注 意**
>
> 熵是以二进制位的个数来度量编码长度的，因此熵的最大值是 log2C。

当随机变量只取两个值时，即 X 的分布为：

$P(X=1)=p$，$p(X=0)=1-p$，$0 \le p \le 1$，

因此熵为：$H(X) = -p\log2(p) - (1-p)\log2(1-p)$。

熵值越高，则数据混合的种类越高，其蕴含的含义是一个变量可能的变化越多（反而与变量具体的取值没有任何关系，只和值的种类多少及发生概率有关），它携带的信息量就越大。熵在信息论中是一个非常重要的概念，很多机器学习的算法都会用到这个概念。

信息增益（Information Gain）是指信息划分前后熵的变化，即由于使用这个属性分隔样例而导致的期望熵降低。也就是说，信息增益就是原有信息熵与属性划分后信息熵（需要对划分后的信息熵取期望值）的差值，具体计算法为：

$$Gain(S,A) = Entropy(S) - \sum_{v \in Values(A)} \frac{|S_v|}{S} Entropy(S_v)$$

其中，第二项为属性 A 对 S 划分的期望信息。

下面通过一个例子来加强对熵和信息增益的认识和掌握。

设有下列一组数据，用于判断苹果是否为好苹果，如下表所示。

表 8-11　判断苹果是否为好苹果

序号	X_1	X_2	y
1	1	1	1
2	1	0	1
3	0	1	0
4	0	0	0

这个数据集共有 4 个样本，两个基本属性，其中 X_1 表示是否为红色，X_2 表示大小，y 表示是否为好苹果。

根据公式，这个数据集在分类前的信息熵为：

$$S = -(1/2 \times \log(1/2) + 1/2 \times \log(1/2)) = 1$$

信息熵为 1 表示当前处于最混乱、最无序的状态。

由于这个数据集只有两个属性，因此就只可能有两个决策树，如下图所示。

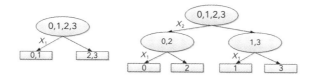

下面就分别分析这两个决策树的划分有何不同。

① 如上图中左面图形，先使用 X_1（是否为红色）作划分依据。

让计算这种划分情况的信息熵增益。

当选择 X_1 作划分依据时，各子节点信息熵计算如下。

左节点包含 0，1 两个样本，这两个样本都属于正样本，因此负样本为 0。则信息熵为：

$$e_1 = -(2/2 \times \log(2/2) + 0/2 \times \log(0/2)) = 0$$

右节点包含 2，3 两个样本，这两个样本都属于负样本，因此正样本为 0。则信息熵为：

$$e_2 = -(0/2 \times \log(0/2) + 2/2 \times \log(2/2)) = 0$$

因此选择 X_1 划分后的信息熵为每个子节点的信息熵所占比重的加权和：

$$E = e_1 \times 2/4 + e_2 \times 2/4 = 0$$

所以，选择 X_1 作划分依据的信息熵增益：

$$G(S, A_0) = S - E = 1 - 0 = 1$$

事实上，通过图形也可以观察到，这时两个决策树叶子节点已经都属于相同类别，即左节点是正样本，右节点是负样本，因此信息熵一定为 0。

② 同样，如上图中右面图形，如果先选 X_2 作划分依据，各子节点信息熵计算如下。

左节点由 0，2 两个样本构成，它们一个属于正样本，一个属于负样本。则信息熵为：

$$e_1 = -(1/2 \times \log(1/2) + 1/2 \times \log(1/2)) = 1$$

右节点由 1，3 两个样本构成，它们也是一个属于正样本，一个属于负样本。则信息熵为：

$$e_2 = -(1/2 \times \log(1/2) + 1/2 \times \log(1/2)) = 1$$

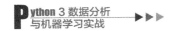

因此选择 X_2 划分后的信息熵为每个子节点的信息熵所占比重的加权和：

$$E=e_1 \times 2/4 + e_2 \times 2/4 = 1$$

因此，选择 X_2 作划分依据的信息熵增益：

$$G(S,A_1)=S-E=1-1=0$$

这里只需要计算出信息熵增益最大的那种划分。通过上面两种属性 X_1 和 X_2 对比可以发现，选择 X_1 作为划分依据，结果更为合理。

下面可以尝试编制计算熵的程序，代码为：

```
def calcshan(dataSet):
    lenDataSet=len(dataSet)
    p={}
    H=0.0
    for data in dataSet:
        currentLabel=data[-1] # 获取类别标签
        if currentLabel not in p.keys(): # 若字典中不存在该类别标签，即创建
            p[currentLabel]=0
        p[currentLabel]+=1    # 递增类别标签的值
    for key in p:
        px=float(p[key])/float(lenDataSet) # 计算某个标签的概率
        H-=px*log(px,2) # 计算信息熵
    return H
```

由于该程序使用到 log 函数，因此需要导入数学库，如下所示：

```
from math import log
```

可以使用下面的数据测试：

```
dataSet = [[1,1,'yes'], [1,1, 'yes'], [1,0,'no'], [0,1,'no'], [0,1,'no']]
calcshan(dataSet)
```

计算的熵值为：

```
0.9709505944546686
```

4. Scikit-learn 决策树算法类库介绍

Scikit-learn 决策树算法类库内部实现是使用了优化过的 CART 树算法，既可以作分类，又可以作回归。分类决策树的类对应的是 DecisionTreeClassifier，而回归决策树的类对应的是 DecisionTreeRegressor。两者的参数定义几乎完全相同，但是意义却不全相同。尽管参数很多，不过一般只使用两个常用的方法，也就是 fit() 和 predict() 方法，其中 fit() 方法用于使用训练数据训练模型，而 predict() 方法用于预测结果。

下面是一个简单的实例，看看如何使用 Scikit-learn 决策树算法。

假设有两个数据 [0,0],[1,1]，其对应的类分别是 0 和 1，下面就使用这两个数据训练决

策树并且进行预测，代码为：

```
from sklearn import tree
X = [[0, 0], [1, 1]]
Y = [0, 1]
clf = tree.DecisionTreeClassifier()
clf = clf.fit(X, Y)
clf.predict([[2., 2.]])
clf.predict_proba([[2., 2.]])        # 计算属于每个类的概率
print (clf.predict([[2., 2.]]))
print (clf.predict_proba([[2., 2.]]))
```

首先装入 Scikit-learn 决策树库，其次 X 赋值为输入数据，Y 赋值为每个数据对应的类别，然后使用 DecisionTreeClassifier 创建模型，再使用 fit() 方法训练模型，训练完成后，选择一个测试样本 [2., 2.] 作为测试数据，使用 predict() 方法进行预测类别，运行结果为：

```
这个测试样本的分类结果为：[1]
这个测试样本的分类概率为：[[ 0. 1.]]
```

如上所示，对于测试样本 [2., 2.]，把它分类到第 1 类，这是因为属于这一类的概率为 100%，而属于第 0 类的概率为 0。

5. 决策树可视化环境搭建

决策树可视化环境搭建一般有两种方法，第一种是使用 graphviz。其安装和配置如下。

步骤 1：下载安装

（1）登录 graphviz 库函数网站，如下图所示。

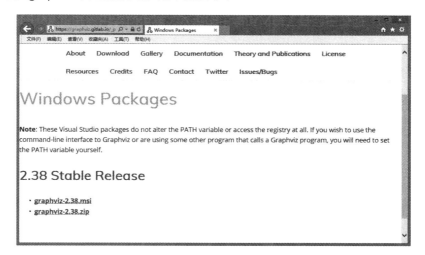

（2）下载 graphviz-2.38.msi 软件，下载完成后，双击此文件，然后一直单击【Next】按钮，即可安装 graphviz 软件到计算机上。

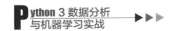

注　意

　　记住安装路径，因为后面配置环境变量会用到路径信息，系统默认的安装路径是
C:\Program Files (x86)\Graphviz2.38。

　　步骤 2：配置环境变量

　　将 graphviz 安装目录下的 bin 文件夹添加到 Path 环境变量中。

（1）右击【我的电脑】→【属性】按钮，然后选择【高级系统设置】选项，如下图所示。

（2）弹出【系统属性】对话框，如下图所示。

（3）单击【环境变量】按钮，将路径"C:\Program Files (x86)\Graphviz2.38\bin"添
　　　加到下图所示的对话框中。

步骤 3：验证安装

（1）进入 Windows 命令行界面，输入 dot -version，如下图所示，然后按【Enter】键，如果显示 graphviz 的相关版本信息，则安装配置成功。

（2）然后安装 graphviz 插件，在命令行中输入命令即可，如下所示：

Pip3 install graphviz

第二种是使用 pydotplus，这种方法只需在命令行状态下进行安装，即输入下面的命令：

Pip3 install pydotplus

在后面的实例中将介绍如何生成可视化的决策树。

8.2.6　Multi-layer Perceptron 多层感知机

生物神经网络具有相互连接的神经元，神经元带有接受输入信号的树突，然后基于这些输入，它们通过轴突向另一个神经元产生输出信号。使用人工神经网络（ANN）来模拟这个过程，称为神经网络。神经网络是一个试图模仿自然生物神经网络的学习模式的机器学习框架。创建神经网络的过程从最基本的形式单个感知器开始。

感知器就是一个能够把训练集中的正例和反例划分为两个部分的器件，并且能够对未来输入的数据进行分类。举个例子：一个小孩子的妈妈在教他什么是苹果什么不是苹果，首先会拿一个苹果过来说"记住，这个是苹果"，然后拿一个杯子过来说"这个不是苹果"，又拿来一个稍微不一样的苹果说"这个也是苹果"……最后，小孩子就学习到了用一个模型（判断苹果的标准）来判断什么是苹果什么不是苹果。

感知器具有一个或多个输入、偏置、激活函数和单个输出。感知器接收输入，将它们乘以一些权重，然后将它们传递到激活函数以产生输出。有许多激活函数可供选择，如逻辑函数、三角函数、阶跃函数等。我们还确保向感知器添加偏差，这避免了所有输入可能等于零的问题（意味着没有乘以权重会有影响）。感知器的图形表示如下图所示。

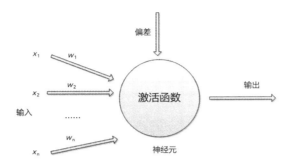

感知机的输入空间（特征空间）一般为 $X \subseteq R^n$，即 n 维向量空间，输出空间为 $Y=\{+1,-1\}$，即 -1 代表反例，$+1$ 代表正例。例如，输入 $x \in X$ 对应于输入空间 R^n 中的某个点，而输出 $y \in Y$ 表示该点所在的分类。需要注意的是，输入 x 是一个 n 维的向量，即 $x=(x_1,x_2,...,x_n)$。现在已经有了输入和输出的定义，就可以给出感知机 $f(x)$ 的模型：

$$f(x)=\text{sign}(\omega \cdot x+b)$$

其中，向量 $\omega=(\omega 1,\omega 2,...,\omega n)$ 中的每个分量代表输入向量空间 R^n 中向量 x 的每个分量 x_i 的权重，或者说参数。$b \in R$ 称为偏差，$\omega \cdot x$ 表示向量 ω 和 x 的内积，sign 是一个符号函数，即：

$$\text{sign}(x)=\begin{cases} +1 & x \geq 0 \\ -1 & x < 0 \end{cases}$$

上面这个函数 $f(x)$ 称为感知机。

神经网络一般由输入层（Input Layer）、隐藏层（Hidden Layer），输出层（Output Layer）组成，每层由单元（Units）组成，输入层是由训练集的实例特征向量传入，经过连接节点的权重（Weight）传入下一层，上一层的输出是下一层的输入，隐藏层的个数是任意的，输出层和输入层只有一个，常见的神经网络如下图所示。

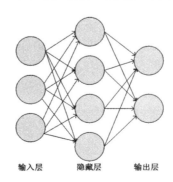

当有输出的时候，可以将其与已知标签进行比较，并相应地调整权重（权重通常以随机初始化值开始）。重复此过程，直到达到允许迭代的最大数量或可接受的错误率。上面网络中如果每个神经元都是由感知器构成的，则这个网络称为 Multi-layer Perceptron 多层感知机。多层感知机的优点是：可以学习非线性模型，并且可以实时学习；然而，多层感知机也有自身的缺点：有隐藏层的 MLP 包含一个非凸性损失函数，存在超过一个最小值，所以不同的随机初始权重可能导致不同的验证精确度；MLP 要求调整一系列超参数，如隐藏神经元、隐藏层的个数及迭代的次数；MLP 对特征缩放比较敏感。

在使用神经网络前需要注意以下事项。

① 使用神经网络训练数据之前，必须确定神经网络层数，以及每层单元个数。

② 特征向量在被传入输入层时通常被先标准化（Normalize）到 0 和 1 之间。

③ 离散型变量可以被编码成每一个输入单元对应一个特征可能赋的值。例如，特征值 A 可能取 3 个值（a_0, a_1, a_2），可以使用 3 个输入单元来代表 A，如果 $A=a_0$，那么代表 a_0 的单元值就取 1，其他取 0；如果 $A=a_1$，那么代表 a_1 的单元值就取 1，其他取 0，以此类推。

④ 神经网络既可以用来做分类（Classification）问题，也可以解决回归（Regression）问题。对于分类问题，如果是两类，可以用一个输入单元表示（0 和 1 分别代表两类），如果多于两类，每一个类别用一个输出单元表示，所以输入层的单元数量通常等于类别的数量，没有明确的规则来设计最好有多少个隐藏层，可以根据实验测试和误差，以及准确度来实验并改进最优的隐藏层数目。

8.3 项目实战

8.3.1 实例 1：使用 k- 近邻算法实现约会网站的配对效果

假设存在这样一种情况，海伦一直使用在线约会网站寻找合适自己的约会对象。尽管约会网站会推荐不同的人选，但她没有从中找到喜欢的人。经过一番总结，她发现以前交往过 3 种类型的人。

（1）不喜欢的人（以下简称 1）。

（2）魅力一般的人（以下简称 2）。

（3）极具魅力的人（以下简称 3）。

尽管发现了上述规律，但海伦依然无法将约会网站推荐的匹配对象归入恰当的分类。海伦希望分类软件可以更好地帮助她将匹配对象划分到确切的分类中。此外海伦还收集了一些约会网站未曾记录的数据信息，她认为这些数据更有助于对匹配对象的分类。

分析：这个案例是根据海伦收集的网站数据信息，对指定人选进行分类。

针对以上描述，需要进行以下步骤。

（1）收集数据。

（2）准备数据。

（3）设计算法分析数据。

（4）测试算法。

（5）使用算法。

实现：海伦收集的数据是记录一个人的 3 个特征。每年获得的飞行常客里程数，玩电子游戏所消耗的时间百分比，每周吃冰淇淋公升数，如下表所示。

表 8-12　记录一个人的 3 个特征

序号	飞行公里数	玩游戏所占时间百分比	吃冰淇淋公升数	样本分类
1	40920	8.3	0.9	3
2	14488	7.1	1.6	2
3	26052	1.4	0.8	1
4	75136	13.1	0.42	1

从上表中给出的数据，如果想要计算样本 2 和样本 3 之间的距离，可以使用欧式距离公式得出：

$$\sqrt{(14488-26052)^2+(7.1-1.4)^2+(1.6-0.8)^2}$$

下面是 k- 近邻算法的 Python 的实现函数：

```
def classify0(inX,dataSet,labels,k):
    dataSetSize=dataSet.shape[0]
    diffMat=tile(inX,(dataSetSize,1))-dataSet
    sqDiffMat=diffMat**2
    sqDistances=sqDiffMat.sum(axis=1)
    distances=sqDistances**0.5
    sortedDistIndicies = distances.argsort()
    classCount = {}
    for i in range(k):
        voteIlabel = labels[sortedDistIndicies[i]]
        classCount[voteIlabel] = classCount.get(voteIlabel, 0) + 1
    sortedClassCount = sorted(classCount.items(),
key=operator.itemgetter(1), reverse=True)
    return sortedClassCount[0][0]
```

很容易发现，上面方程中数字差值最大的属性对计算结构的影响是最大的，也就是说，每年玩游戏所占百分比和每周吃冰淇淋公升数的影响要远远小于每年飞行的公里数的影响。产生这种现象的原因，仅仅是飞行里程数远远大于其他特征值。但是这 3 种特征值同等重要，有相同的权重，飞行里程数不该如此严重地影响计算结果。

如果将特征值全部转化到一个小区间内，那么计算结果将不会受到特征值大小的影响，通常将这种方法称为数值归一化。下面的公式可以将任意取值范围的特征值转化为 0 到 1 区间内的值：

$$newValue=(oldValue-min)/(max-min)$$

其中 min 和 max 分别是数据集中最小特征值和最大特征值。

下面是实现归一化的 Python 源码：

```python
def autoNorm(dataSet):
    minVals = dataSet.min(0)
    maxVals = dataSet.max(0)
    ranges = maxVals - minVals
    normDataSet = zeros(shape(dataSet))
    m = dataSet.shape[0]
    normDataSet = dataSet - tile(minVals, (m,1))
    normDataSet = normDataSet/tile(ranges, (m,1))
    return normDataSet, ranges, minVals
```

由于收集到的数据是以文本形式存储的，因此需要从文本中读取数据，并转化为 NumPy。

下面的 Python 代码可以实现从文本文件读取数据：

```python
def file2matrix(filename):
    fr = open(filename)
    numberOfLines = len(fr.readlines())
    returnMat = zeros((numberOfLines,3))
    classLabelVector = []
    fr = open(filename)
    index = 0
    # 解析文件数据到列表
    for line in fr.readlines():
        line = line.strip()
        listFromLine = line.split('\t')
        returnMat[index,:] = listFromLine[0:3]
        classLabelVector.append((listFromLine[-1]))
        index += 1
    return returnMat,classLabelVector
```

下面将测试分类器的运行效果，如果分类器的正确率满足要求，就可以使用这个软件来处理约会网站提供的约会名单。通常只使用数据集中 90% 的样本作为训练样本来训练分

类器，而使用其余 10% 的数据去测试分类器。

下面的 Python 源码用来测试约会网站分类器的性能。

```
def datingClassTest():
    hoRatio = 0.05
    datingDataMat,datingLabels = file2matrix('datingTestSet2.txt')
    normMat, ranges, minVals = autoNorm(datingDataMat)
    m = normMat.shape[0]
    numTestVecs = int(m*hoRatio)
    errorCount = 0.0
    for i in range(numTestVecs):
        classifierResult = classify0(normMat[i,:],
        normMat[numTestVecs:m,:],datingLabels[numTestVecs:m],3)
        print(" 分类器返回的值 : %s, 正确的值 : %s"
            % (classifierResult, datingLabels[i]) )
        if (classifierResult != datingLabels[i]):
            errorCount += 1.0
    print(" 总的错误率是 : %f" % (errorCount/float(numTestVecs)) )
    print(" 错误的个数 :  %f" % errorCount)
```

执行 datingClassTest 函数，分类器测试程序输出结果如下图所示。

```
分类器返回的值 : 1, 正确的值 : 1
分类器返回的值 : 1, 正确的值 : 1
分类器返回的值 : 2, 正确的值 : 2
总的错误率是 : 0.020000
错误的个数 : 1.000000
```

分类器处理数据集的错误率是 2%，这是一个相当不错的结果，这表明可以正确地预测分类。

现在海伦可以使用该分类器对约会网站上的人进行分类了，下面 Python 源码实现使用手动输入的方式输入测试数据的信息，然后得到分类结果。

```
def classifyPerson():
    resultList=[' 不喜欢 ',' 一般喜欢 ',' 特别喜欢 ']
    percentTats=float(input(" 玩游戏占的百分比 "))
    ffMiles=float(input(" 每年坐飞机多少公里 "))
    iceCream=float(input(" 每年吃多少公升的冰淇淋 "))
    datingDataMat,datingLabels=file2matrix('datingTestSet2.txt')
    normMat,ranges,minVals=autoNorm(datingDataMat)
    inArr=array([ffMiles,percentTats,iceCream])
```

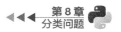
```
classifierResult=classify0((inArr-minVals)/ranges,normMat,datingLabels,3)
print(" 你将有可能对这个人是 :",resultList[int(classifierResult) − 1])
```

预测函数运行结果如下图所示。

```
玩游戏占的百分比
每年坐飞机多少公里
每年吃多少公升的冰淇淋
你将有可能对这个人是：特别喜欢
```

8.3.2 实例 2：使用朴素贝叶斯过滤垃圾邮件

下面这个实例中，将了解朴素贝叶斯的一个最著名应用：电子邮件垃圾过滤。

使用朴素贝叶斯过滤垃圾邮件的流程如下。

（1）收集数据（本案例数据在 ch08/example2/email）。

（2）将文本文件解析成词条向量。

（3）检查词条确保解析的正确性。

（4）训练算法。

（5）测试算法。

（6）使用算法。

下面的 Python 源码实现词表到向量的转换：

```
def createVocabList(dataSet):
    vocabSet=set([])
    for document in dataSet:
        vocabSet=vocabSet|set(document) # 创建两个集合的并集
    return list(vocabSet)
# 判断某个词条在文档中是否出现
def setOfWords2Vec(vocabList, inputSet):# 参数为词汇表和某个文档
    returnVec = [0]*len(vocabList)
    for word in inputSet:
        if word in vocabList:
            returnVec[vocabList.index(word)] = 1
        else:
            print(" 单词 : %s 不在我的词汇里面 !" % word)
    return returnVec
```

函数 createVocabList() 创建一个包含所有文档中出现的不重复词的列表。函数 setOfWords2Vic() 使用词汇表或想要检查的所有单词作为输入，然后为其中每一个单词构建一个特征。一旦给定一篇文档，该文档就会转换为词向量。

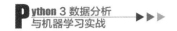
下面的 Python 源码实现朴素贝叶斯分类器训练函数：

```python
def trainNB0(trainMatrix,trainCategory):
    numTrainDocs=len(trainMatrix)
    numWords=len(trainMatrix[0])
    pAbusive=sum(trainCategory)/float(numTrainDocs)
    p0Num = ones(numWords)
    p1Num = ones(numWords)
    p0Denom = 2.0
    p1Denom = 2.0
    for i in range(numTrainDocs):# 遍历每个文档
        if trainCategory[i]==1:
            p1Num+=trainMatrix[i]
            p1Denom+=sum(trainMatrix[i])
        else:
            p0Num+=trainMatrix[i]
            p0Denom+=sum(trainMatrix[i])

    p1Vect = log(p1Num / p1Denom)
    p0Vect = log(p0Num / p0Denom)
    return p0Vect, p1Vect, pAbusive
```

下面的 Python 源码实现垃圾邮件测试函数：

```python
def spamTest():
    docList=[]; classList=[]; fullText=[]
    for i in range(1,26):
        wordList = textParse(open('email/spam/%d.txt' % i, "rb").read().decode('GBK', 'ignore'))
        docList.append(wordList)
        fullText.extend(wordList)
        classList.append(1)
        wordList = textParse(open('email/ham/%d.txt' % i, "rb").read().decode('GBK', 'ignore'))
        docList.append(wordList)
        fullText.extend(wordList)
        classList.append(0)
    vocabList=createVocabList(docList)
    trainingSet = list(range(50))
    testSet=[]
```

```
for i in range(10):
    randIndex=int(random.uniform(0,len(trainingSet)))
    testSet.append(trainingSet[randIndex])
    del(trainingSet[randIndex])
trainMat=[]; trainClasses=[]
for docIndex in trainingSet:
    trainMat.append(setOfWords2Vec(vocabList,docList[docIndex]))
    trainClasses.append(classList[docIndex])
p0V,p1V,pSpam=trainNB0(array(trainMat),array(trainClasses))
errorCount=0
for docIndex in testSet:
    wordVector=setOfWords2Vec(vocabList,docList[docIndex])
    if classifyNB(array(wordVector),p0V,p1V,pSpam)!=classList[docIndex]:
        errorCount+=1
print(' 错误率是 :',float(errorCount)/len(testSet))
```

函数 spamTest() 对贝叶斯垃圾邮件分类器进行了自动化处理。导入文件夹 spam 和 ham 下的文本文件，并将它们解析成词列表。案例中共有 50 封电子邮件，其中的 10 封邮件被随机选择为测试集。分类器所需要的概率计算只利用训练集中的文档完成。这种随机选择一部分作为训练集，而剩余部分作为测试集的过程称为留存交叉验证。

测试函数运行结果如下图所示。

```
分类错误的是:   (3-5 days delivery) for over $200 order
major credit cards + e-check
错误率是: 0.1
```

电子邮件是随机抽取的，所以每次运行的结果可能有些差别。如果发现错误，函数会输出错分文档的词表。这里频繁出现的错误是把垃圾邮件误判为正常邮件，相比之下，将垃圾邮件判定为正常邮件要比将正常邮件判定为垃圾邮件要好得多。

备 注

由于程序中需要使用第三方库 feedparser，因此需要事先在命令行下使用命令 pip install feedparser 安装该函数。

8.3.3 实例 3：SVM 实现手写识别系统

为了简单起见，这里实现的手写识别只针对 0 到 9 的数字，为了方便，这里将图像转化为文本格式。目录 trainingDigits 中包含大约 2000 个例子，可以训练分类器。目录 testDigits 中包含大约 900 个测试数据，可以用来测试设计的分类器。

虽然手写识别系统可以使用 kNN 实现而且效果还不错，但是使用 kNN 占用的内存太大，而且必须在保持性能不变的同时使用较少的内存。而对于支持向量机而言，只需要保留很少的支持向量就可以实现此效果。

使用 SVM 实现手写识别的系统流程如下。

（1）准备数据。

（2）分析数据。

（3）使用 SMO 算法求出 α 和 b。

（4）训练算法。

（5）测试算法。

（6）使用算法。

首先为了方便处理，将一个 32×32 的二进制图像矩阵转换为 1×1024 的向量。

下面的 Python 源码实现图像转换为向量的功能：

```python
def img2vector(filename):
    returnVect = zeros((1,1024))
    fr = open(filename)
    for i in range(32):
        lineStr = fr.readline()
        for j in range(32):
            returnVect[0,32*i+j] = int(lineStr[j])
    return returnVect
```

该函数创建 1×1024 的 NumPy 数组，然后循环处理文件的前 32 行，并将每行的前 32 个字符值存储在 NumPy 数组中。

首先创建一个对象来保存所有重要的值，将值传递给函数时，可以通过将所有数据移动到一个结构中来实现。对于给定的 α，函数 calcEk() 能够计算出 E 值并返回。函数 selectJ() 可以选择第二个 α 的值。函数 update() 可以计算误差值并存入缓存中，用于以后优化 α 值。

下面的 Python 源码实现 Platt SMO 算法：

```python
def smoP(dataMatIn, classLabels, C, toler, maxIter,kTup=('lin', 0)):
    oS = optStruct(mat(dataMatIn),mat(classLabels).transpose(),C,toler, kTup)
    iter = 0
    entireSet = True; alphaPairsChanged = 0
```

```
    while (iter < maxIter) and ((alphaPairsChanged > 0)
                    or (entireSet)):
        alphaPairsChanged = 0
        if entireSet:  #go over all
            for i in range(oS.m):
                alphaPairsChanged += innerL(i,oS)
                print ("fullSet, iter: %d i:%d, pairs changed %d"
                    % (iter,i,alphaPairsChanged))
            iter += 1
        else:
            nonBoundIs = nonzero((oS.alphas.A > 0) *
                    (oS.alphas.A < C))[0]
            for i in nonBoundIs:
                alphaPairsChanged += innerL(i,oS)
                print ("non-bound, iter: %d i:%d, pairs changed %d"
                    % (iter,i,alphaPairsChanged))
            iter += 1
        if entireSet: entireSet = False
        elif (alphaPairsChanged == 0): entireSet = True
        print (" 迭代次数 : %d" % iter)
    return oS.b,oS.alphas
```

函数 smoP() 一开始构建一个数据结构来容纳所有的数据，然后需要对控制函数退出的一些变量进行初始化。代码的主体是 while 循环，当迭代次数超过指定的最大值，或者遍历整个集合都没有对任意 α 进行修改时，则退出循环。通过调用函数 innerL() 来选择第二个 α ，如果有任意一对 α 值发生改变，那么会返回 1。

观察上述代码的执行效果，写一些测试代码，运行 Python 代码的结果如下所示。

下面的 Python 源码完成测试功能：

```
def loadDataSet(filename):
    dataMat=[];labelMat=[]
    fr=open(filename)
    for line in fr.readlines():
        lineArr=line.strip().split('\t')
        dataMat.append([float(lineArr[0]),float(lineArr[1])])
        labelMat.append(float(lineArr[2]))
    return dataMat,labelMat
```

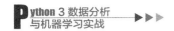

```
dataArr,labelArr=loadDataSet('testSet.txt')
```

```
b,alphas=smoP(dataArr,labelArr,0.6,0.001,40)
```

```
fullSet, iter: 2 i:97, pairs changed 0
fullSet, iter: 2 i:98, pairs changed 0
fullSet, iter: 2 i:99, pairs changed 0
迭代次数: 3
```

也可以多测试几个 α 值，观察结果有什么变化。

下面的 Python 源码实现基于 SVM 的手写数字识别：

```python
def testDigits(kTup=('rbf', 10)):
    dataArr,labelArr = loadImages('trainingDigits')
    b,alphas = smoP(dataArr, labelArr, 200, 0.0001, 10000, kTup)
    datMat=mat(dataArr); labelMat = mat(labelArr).transpose()
    svInd=nonzero(alphas.A>0)[0]
    sVs=datMat[svInd]
    labelSV = labelMat[svInd];
    print (" 有 %d 支持向量 " % shape(sVs)[0])
    m,n = shape(datMat)
    errorCount = 0
    for i in range(m):
        kernelEval = kernelTrans(sVs,datMat[i,:],kTup)
        predict=kernelEval.T * multiply(labelSV,alphas[svInd]) + b
        if sign(predict)!=sign(labelArr[i]): errorCount += 1
    print (" 训练数据错误率是 : %f" % (float(errorCount)/m))
    dataArr,labelArr = loadImages('testDigits')
    errorCount = 0
    datMat=mat(dataArr); labelMat = mat(labelArr).transpose()
    m,n = shape(datMat)
    for i in range(m):
        kernelEval = kernelTrans(sVs,datMat[i,:],kTup)
        predict=kernelEval.T * multiply(labelSV,alphas[svInd]) + b
        if sign(predict)!=sign(labelArr[i]): errorCount += 1
    print (" 测试数据错误率是 : %f" % (float(errorCount)/m) )
```

函数 testDigits() 的运行结果如下图所示。

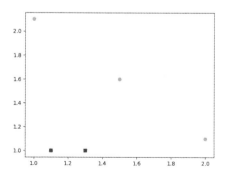

支持向量机的泛化错误率较低,具有良好的学习能力,这些优点使支持向量机十分流行。而且几乎所有分类问题都可以使用支持向量机解决。

8.3.4 实例 4:基于单层决策树构建分类算法

单层决策树是一种简单的决策树。首先要构造一个简单数据集:

```
def loadSimpData():
    datMat = matrix([[ 1. , 2.1],
        [ 2. , 1.1],
        [ 1.3, 1. ],
        [ 1. , 1. ],
        [ 2. , 1. ]])
    classLabels = [1.0, 1.0, − 1.0, − 1.0, 1.0]
    return datMat,classLabels
```

如下图所示,给出了单层决策树数据集的示意图。如果画一条与坐标轴平行的线把所有的圆圈与三角形分开是不可能的。这就是单层决策树难以处理的一个著名问题。通过使用多个单层决策树,就可以构建一个能够解决该数据集的分类器。

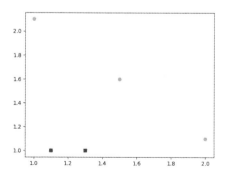

下面的 Python 源码构建单层决策树生成函数:

```
def stumpClassify(dataMatrix,dimen,threshVal,threshIneq):
    retArray = ones((shape(dataMatrix)[0],1))
    if threshIneq == 'lt':
```

```
            retArray[dataMatrix[:,dimen] <= threshVal] = − 1.0
        else:
            retArray[dataMatrix[:,dimen] > threshVal] = − 1.0
        return retArray
    # 找到最佳决策树
    def buildStump(dataArr,classLabels,D):
        dataMatrix = mat(dataArr); labelMat = mat(classLabels).T
        m,n = shape(dataMatrix)
        numSteps = 10.0
        bestStump = {}
        bestClasEst = mat(zeros((m,1)))
        minError = inf
        for i in range(n):
            rangeMin = dataMatrix[:,i].min()
            rangeMax = dataMatrix[:,i].max()
            stepSize = (rangeMax-rangeMin)/numSteps
            for j in range( − 1, int(numSteps) + 1):
                for inequal in ['lt', 'gt']:
                    threshVal = (rangeMin + float(j) * stepSize)
                    predictedVals = stumpClassify(dataMatrix,
    i, threshVal,inequal)
                    errArr = mat(ones((m, 1)))
                    errArr[predictedVals == labelMat] = 0
                    weightedError = D.T * errArr
                    if weightedError < minError:
                        minError = weightedError
                        bestClasEst = predictedVals.copy()
                        bestStump['dim'] = i
                        bestStump['thresh'] = threshVal
                        bestStump['ineq'] = inequal
        return bestStump, minError, bestClasEst
```

其中，函数 stupmClassify() 是通过阈值比对将数据进行分类的。所有在阈值一边的数据会分到类别 1 中，而在另一边的数据会分到类别 −1 中。

第二个函数 buildStump() 遍历 stumpClassify() 函数所有的可能输入值，并找到基于数据权重向量 D 的单层决策树。变量 numStips 用于在特征空间的所有可能值上进行遍历。

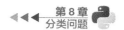
变量 minError 在一开始的初始化成正无穷大，之后寻找可能的最小错误率，数据构建一个 bestStump 的空字典，这个字典存储给定权重向量 D 时所得到的单层决策树信息。

在三层循环内，3 个循环变量上调用 stumpClassify() 函数。基于这些循环变量，该函数将会返回分类预测结果。如果 predictedVals 中的值不等于 labelMat 中的真正类别标签值，那么 errArr 的相应位置为 1。错误向量 errArr 和权重向量 D 的相应元素相乘并求和，得到数值 weightedError。这就是分类器 AdaBoost 和分类器交互的地方。

函数 buildStump() 的运行结果如下图所示。

```
split: dim 1,thresh 1.88,thresh ineqal:gt,the weighted error is 0.600
split: dim 1,thresh 1.99,thresh ineqal:lt,the weighted error is 0.400
split: dim 1,thresh 1.99,thresh ineqal:gt,the weighted error is 0.600
split: dim 1,thresh 2.10,thresh ineqal:lt,the weighted error is 0.600
split: dim 1,thresh 2.10,thresh ineqal:gt,the weighted error is 0.400
[[-1.]
 [ 1.]
 [-1.]
 [-1.]
 [ 1.]]
[[ 0.2]]
{'dim': 0, 'thresh': 1.3, 'ineq': 'lt'}
```

上述代码构建了一个基于加权输入值进行决策的分类器，下面将实现一个完整的 AdaBoost 算法。

代码流程如下。

（1）利用 buildStump() 函数找到最佳的单层决策树。

（2）将最佳单层决策树加入单层决策树数组。

（3）计算 α。

（4）计算新的权重向量 D。

（5）更新累计类别估计值。

（6）如果错误率等于 0.0，则退出循环。

下面 Python 源码实现基于单层决策树的 AdaBoost 训练过程：

```
def adaBoostTrainDS(dataArr,classLabels,numIt=40):

    weakClassArr = []

    m = shape(dataArr)[0]

    D = mat(ones((m,1))/m)

    aggClassEst = mat(zeros((m,1)))

    for i in range(numIt):

        bestStump,error,classEst = \
            buildStump(dataArr,classLabels,D)

        print ("D:",D.T)

        alpha = float(0.5*log((1.0-error)/max(error,1e-16)))
```

```
        bestStump['alpha'] = alpha
        weakClassArr.append(bestStump)
        print ("classEst: ",classEst.T)
        # 计算下次迭代的新权重 D
        expon = multiply( − 1*alpha*mat(classLabels).T,classEst)
        D = multiply(D,exp(expon))
        D = D/D.sum()
        # 计算累加错误率
        aggClassEst += alpha*classEst
        print ("aggClassEst: ",aggClassEst.T)
        aggErrors = multiply(sign(aggClassEst)
                    != mat(classLabels).T,ones((m,1)))
        errorRate = aggErrors.sum()/m
        print ("total error: ",errorRate)
        if errorRate == 0.0:
            break
    return weakClassArr,aggClassEst
```

其中 D 是一个概率分布向量，因此所有的元素之和为 1.0。向量 D 非常重要，它包含了每个数据点的权重。一开始权重的值都相等，在后续的迭代中，AdaBoost 算法会在增长错误分类的权重的同时，降低正确分类数据的权重。

AdaBoost 算法的核心在于 for 循环，该循环运行 numIt 次或者直到训练错误率为 0。循环中第一件事就是建立一个单层决策树。返回的是利用 D 而得到的具体有最小错误率的单层决策树，同时返回的还有最小的错误率及估计的类别向量。

我们假定迭代次数为 9 次，如果算法在第三次迭代之后错误率为 0，那么就会退出迭代过程。

bestStump 字典包含了接下来计算 α 的值，该值会告诉分类器本次单层决策树输出结果的权重。而后，α 值加入 bestStump 字典中，该字典又添加到列表中。

一旦拥有了多个弱分类器及 α 值，进行测试就很容易，只需要将弱分类器的训练过程从程序中抽出来，然后应用到某个具体的实例上去。每个弱分类器的结果及 α 的值作为权重。所有这些弱分类器的结果加权求和就得到了最后的结果。

下面的 Python 源码实现 AdaBoost 分类函数：

```
def adaClassify(datToClass,classifierArr):
    dataMatrix = mat(datToClass)
    m = shape(dataMatrix)[0]
    aggClassEst = mat(zeros((m,1)))
```

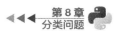
```
        for i in range(len(classifierArr)):
            classEst = stumpClassify(dataMatrix,\
                classifierArr[0][i]['dim'],\
                classifierArr[0][i]['thresh'],\
                classifierArr[0][i]['ineq'])
            aggClassEst += \
            classifierArr[0][i]['alpha']*classEst
            print (aggClassEst)
    return sign(aggClassEst)
```

AdaBoost 分类函数的运行结果如下图所示。

```
D: [[ 0.5      0.125  0.125  0.125  0.125]]
classEst: [[ 1.  1. -1. -1.  1.]]
aggClassEst: [[ 0.27980789  1.66610226 -1.66610226 -1.66610226 -0.27980789]]
total error:  0.2
D: [[ 0.28571429  0.07142857  0.07142857  0.07142857  0.5      ]]
classEst: [[ 1.  1.  1.  1.  1.]]
aggClassEst: [[ 1.17568763  2.56198199 -0.77022252 -0.77022252  0.61607184]]
total error:  0.0
[[-0.69314718]]
[[-1.66610226]]
```

根据运行结果可以发现，随着迭代的进行，数据点 [0,0] 的分类结果越来越强。

8.3.5 实例 5：使用决策树对 iris 数据集分类

前面已经介绍过决策树的基本概念和 Scikit-learn 决策树算法的基本使用方法，下面通过一个基本实例介绍其应用，并绘出决策树图形。

在这个实例中，使用 Scikit-learn 自带的 Isis 数据集进行二进制分类。

分析：由于本例使用 Scikit-learn 决策树库，因此需要在程序中给出取出 iris 的数据，并将输入数和对应类别输入 DecisionTreeClassifier 所创建的模型，再使用 fit() 方法训练模型，训练完成后，随机从 iris 数据集中选择一个测试样本作为测试数据，使用 predict() 方法进行预测类别，程序代码为：

```
from sklearn.datasets import load_iris
from sklearn import tree
iris = load_iris()
clf = tree.DecisionTreeClassifier()
clf = clf.fit(iris.data, iris.target)
# predict the class of samples
result=clf.predict(iris.data[:1, :])
# the probability of each class
```

```
result_prob=clf.predict_proba(iris.data[:1, :])
print (result)
print (result_prob)
```

可以看出程序与前面介绍的很类似，只需分别将输入数据特征和类别输入预测模型 fit(iris.data, iris.target) 中进行预测，其结果为：

```
预测类别为： [0]
预测类别对应的概率为： [[ 1. 0. 0.]]
```

可以看出，当测试数据的时候，如果是第一条数据，那么测试的结果表明它属于第一类，因为第一类的概率为 100%。

下面看一下如何将预测结果使用决策树形式展示出来。首先将结果输出到一个决策树模型文件中，如下图所示。

上面程序中首先判断是否存在 iris.dot 文件，如果存在就打开，如果不存在就创建一个，然后使用 Graphviz 库将决策树格式输出到该文件中。

这个 iris.dot 文件可以使用文本记事本打开，如下图所示。

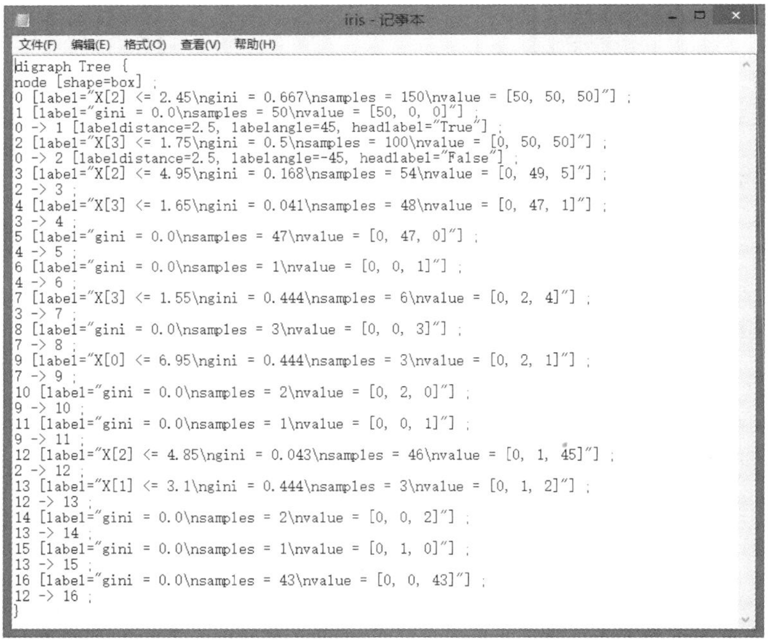


```
digraph Tree {
node [shape=box] ;
0 [label="X[2] <= 2.45\ngini = 0.667\nsamples = 150\nvalue = [50, 50, 50]"] ;
1 [label="gini = 0.0\nsamples = 50\nvalue = [50, 0, 0]"] ;
0 -> 1 [labeldistance=2.5, labelangle=45, headlabel="True"] ;
2 [label="X[3] <= 1.75\ngini = 0.5\nsamples = 100\nvalue = [0, 50, 50]"] ;
0 -> 2 [labeldistance=2.5, labelangle=-45, headlabel="False"] ;
3 [label="X[2] <= 4.95\ngini = 0.168\nsamples = 54\nvalue = [0, 49, 5]"] ;
2 -> 3 ;
4 [label="X[3] <= 1.65\ngini = 0.041\nsamples = 48\nvalue = [0, 47, 1]"] ;
3 -> 4 ;
5 [label="gini = 0.0\nsamples = 47\nvalue = [0, 47, 0]"] ;
4 -> 5 ;
6 [label="gini = 0.0\nsamples = 1\nvalue = [0, 0, 1]"] ;
4 -> 6 ;
7 [label="X[3] <= 1.55\ngini = 0.444\nsamples = 6\nvalue = [0, 2, 4]"] ;
3 -> 7 ;
8 [label="gini = 0.0\nsamples = 3\nvalue = [0, 0, 3]"] ;
7 -> 8 ;
9 [label="X[0] <= 6.95\ngini = 0.444\nsamples = 3\nvalue = [0, 2, 1]"] ;
7 -> 9 ;
10 [label="gini = 0.0\nsamples = 2\nvalue = [0, 2, 0]"] ;
9 -> 10 ;
11 [label="gini = 0.0\nsamples = 1\nvalue = [0, 0, 1]"] ;
9 -> 11 ;
12 [label="X[2] <= 4.85\ngini = 0.043\nsamples = 46\nvalue = [0, 1, 45]"] ;
2 -> 12 ;
13 [label="X[1] <= 3.1\ngini = 0.444\nsamples = 3\nvalue = [0, 1, 2]"] ;
12 -> 13 ;
14 [label="gini = 0.0\nsamples = 2\nvalue = [0, 0, 2]"] ;
13 -> 14 ;
15 [label="gini = 0.0\nsamples = 1\nvalue = [0, 1, 0]"] ;
13 -> 15 ;
16 [label="gini = 0.0\nsamples = 43\nvalue = [0, 0, 43]"] ;
12 -> 16 ;
}
```

切换到命令行状态下，输入以下命令：

```
dot -Tpdf iris.dot -o iris.pdf
```

然后在当前目录下找到 iris.pdf 文件，打开该文件，即可看到这个决策树，如下图所示。

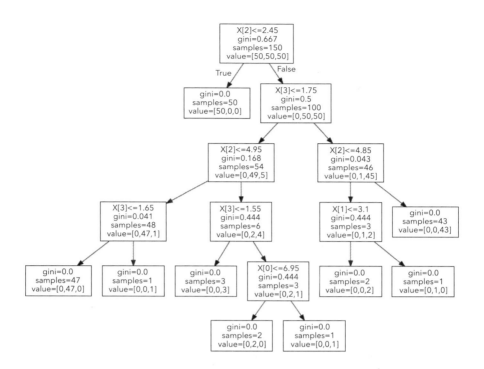

当然还可以使用 pydotplus，或在 Python 中直接生成，程序为：

```
import pydotplus
```

```
dot_data = tree.export_graphviz(clf, out_file=None)
```

```
graph = pydotplus.graph_from_dot_data(dot_data)
```

```
graph.write_pdf("iris.pdf")
```

8.3.6　实例 6：使用决策树对身高体重数据进行分类

这个数据一共有 10 个样本，每个样本有两个属性，分别为身高和体重，第三列为类别标签，表示"胖"或"瘦"。该数据保存在 1.txt 中，如下图所示。

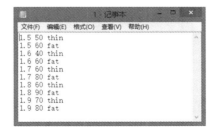

下面的任务就是训练一个决策树分类器，输入身高和体重，分类器能给出这个人是胖

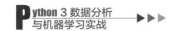

还是瘦。

分析：首先这次的训练数据是在一个文本文件中，因此需要把该数据集读入，特征和
类标签存放在不同变量中。此外，由于类标签是文本，需要转换为数字。其他的过程和前
面的例题完全类似，下面就看一下该过程。

本例需要使用下面的第三方库：

```
import numpy as np

import scipy as sp

from sklearn import tree

from sklearn.metrics import precision_recall_curve

from sklearn.metrics import classification_report

from sklearn.model_selection import train_test_split
```

下面这段代码是从文本文件中读入数据：

```
data = []

labels = []

with open("1.txt") as ifile:

    for line in ifile:

        tokens = line.strip().split(' ')

        data.append([float(tk) for tk in tokens[: − 1]])

        labels.append(tokens[ − 1])

x = np.array(data)

labels = np.array(labels)

y = np.zeros(labels.shape)
```

可以看出，程序每次从文本中读取一行，然后使用空格作为分隔符，将数据放到 data
矩阵中，然后分别将特征和类标签放到 labels 和 y 中。

由于类标签是文本，需要转换为数字，可以使用下面代码进行转换：

```
y[labels=='fat']=1
```

然后将数据随机拆分，训练数据占 80%，测试数据占 20%：

```
x_train, x_test, y_train, y_test = train_test_split(x, y, test_size = 0.2,random_state=0)
```

下面就可以使用 DecisionTreeClassifier 建立模型，并进行训练，其代码为：

```
clf = tree.DecisionTreeClassifier(criterion='entropy')

clf.fit(x_train, y_train)
```

测试结果可以使用下面代码实现：

```
answer = clf.predict(x_train)

print(x_train)

print(answer)
```

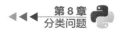
```
print(y_train)
```

```
print(np.mean( answer == y_train))
```

可以使用下面代码测试不同特征对分类的影响权重：

```
print(clf.feature_importances_)
```

程序运行结果如下图所示。

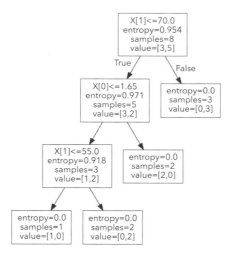

同样，可以将决策树模型输出到模型文件中，代码为：

```
with open("tree.dot", 'w') as f:
    f = tree.export_graphviz(clf, out_file=f)
```

切换到命令行状态下，输入以下命令：

```
dot -Tpdf tree.dot -o tree.pdf
```

然后在当前目录下找到 tree.pdf 文件，打开该文件，即可看到这个决策树，如下图所示。

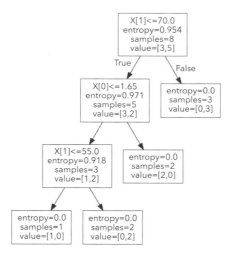

同样还可以使用 pydotplus，或在 Python 中直接生成，程序为：

```
import pydotplus
```

```
dot_data = tree.export_graphviz(clf, out_file=None)
```

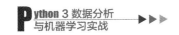

```
graph = pydotplus.graph_from_dot_data(dot_data)
```

```
graph.write_pdf("tree.pdf")
```

8.3.7 实例 7：使用 k- 近邻算法对鸢尾花数据进行交叉验证

前面已经介绍过在实际的模型训练过程中，一般会把数据分为训练集、测试集和验证集，本节就通过一个完整的实例介绍如何使用交叉验证，所处理的数据是机器学习常用到的鸢尾花数据。所使用的算法是 k- 近邻算法。前面实例中已经使用过 k- 近邻算法，不过这次使用的是 sklearn 机器学习库函数自带的 k- 近邻算法 KNeighborsClassifier。

k- 近邻算法和其他的 sklearn 机器学习库函数自带算法库的使用方法基本上都是使用两个常用方法：一个是 fit() 方法，另一个是 predict() 方法，其中 fit() 方法用于使用训练集拟合模型，求出最佳参数，而 predict() 方法用于使用测试集估计预测结果。除此之外，还有一些参数可选，其中常用的有以下几个。

① n_neighbors： int 型参数，kNN 算法中指定以最近的几个最近邻样本具有投票权，默认参数为 5。

② Weights： str 参数，即每个拥有投票权的样本是按什么比重投票的，'uniform' 表示等比重投票，'distance' 表示按距离反比投票，[callable] 表示自己定义的一个函数，这个函数接收一个距离数组，返回一个权值数组。默认参数为 'uniform'。

③ Algrithm： str 参数，即内部采用什么算法实现。有几种参数可供选择，如 'ball_tree': 球树、'kd_tree':kd 树、'brute': 暴力搜索、'auto': 自动根据数据的类型和结构选择合适的算法。默认情况下是 'auto'。

④ Matric： str 或距离度量对象，即怎样度量距离。默认是闵氏距离 'minkowski'。

⑤ predict_prob()： 基于概率的软判决，也是预测函数，只是并不是给出某一个样本的输出是哪一个值，而是给出该输出是各种可能值的概率是多少。接收参数和上面一样，返回参数和上面类似，只是上面该数值的地方全部替换为概率，如输出结果有两种选择（0 或 1），上面的预测函数给出的是长为 n 的一维数组，代表各样本一次的输出是 0 还是 1；而如果用概率预测函数，返回的是 $n \times 2$ 的二维数组，每一行代表一个样本，每一行有两个数，分别是该样本输出 0 的概率为多少，输出 1 的概率为多少。而各种可能的顺序按字典顺序排列，如先 0 后 1，或者其他情况等都是按字典顺序排列。

首先输入数据集，鸢尾花数据特征有四维，共有 150 个数据，3 类标签，每类有 50 个样本，为了可视化的方便，这里只使用二维数据，代码为：

```
import numpy as np
```

```
from sklearn.datasets import load_iris
```

```
import matplotlib.pyplot as plt
```

```

```

```
#load datasets
```

```
iris = load_iris()

data = iris.data[:,:2]

target = iris.target

print (data.shape)#(150,2)

print (data[:10])

print (target[:10])


label = np.array(target)

index_0 = np.where(label==0)

plt.scatter(data[index_0,0],data[index_0,1],marker='x',color = 'b',label = '0',s = 15)

index_1 =np.where(label==1)

plt.scatter(data[index_1,0],data[index_1,1],marker='o',color = 'r',label = '1',s = 15)

index_2 =np.where(label==2)

plt.scatter(data[index_2,0],data[index_2,1],marker='s',color = 'g',label = '2',s = 15)

plt.xlabel('X1')

plt.ylabel('X2')

plt.legend(loc = 'upper left')

plt.show()
```

结果如下图所示。

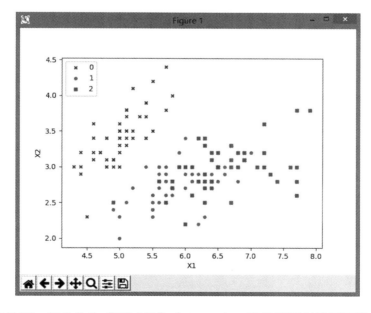

接着随机抽取一部分作为"测试集"（X_test），留着最后做模型评估。然后再用交叉验证验证正确率，代码为：

```
from sklearn.neighbors import KNeighborsClassifier
from sklearn.model_selection import train_test_split
X,X_test,y,y_test = train_test_split(data,target,test_size=0.2,random_state=1)
```

其中测试集占原数据集总数的 20%。为了确定 k- 近邻算法中最优的 k 的数值，使用 4 折交叉验证方法，k 的数值范围从 1 到 25 逐渐增加，每次增加 2，最后统计每个 k 值下的误差率，代码为：

```
folds = 4
k_choices = [1,3,5,7,9,13,15,20,25]
X_folds = []
y_folds = []
X_folds = np.vsplit(X,folds)
y_folds = np.hsplit(y,folds)


accuracy_of_k = {}
for k in k_choices:
    accuracy_of_k[k] = []
#split the train sets and validation sets
for i in range(folds):
    X_train =np.vstack(X_folds[:i] + X_folds[i+1:])
    X_val = X_folds[i]
    y_train = np.hstack(y_folds[:i] + y_folds[i+1:])
    y_val = y_folds[i]
    print (X_train.shape,X_val.shape,y_train.shape,y_val.shape)
    for k in k_choices:
        knn = KNeighborsClassifier(n_neighbors=k)
        knn.fit(X_train,y_train)
        y_val_pred = knn.predict(X_val)
        accuracy = np.mean(y_val_pred == y_val)
        accuracy_of_k[k].append(accuracy)
for k in sorted(k_choices):
    for accuracy in accuracy_of_k[k]:
        print ('k = %d,accuracy = %f' %(k,accuracy))
```

运行结果如下图所示。

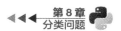

```
*Python 3.6.2 Shell*                                    _  □  ×
File  Edit  Shell  Debug  Options  Window  Help
k = 1, accuracy = 0.700000
k = 1, accuracy = 0.766667
k = 1, accuracy = 0.666667
k = 1, accuracy = 0.800000
k = 3, accuracy = 0.600000
k = 3, accuracy = 0.766667
k = 3, accuracy = 0.766667
k = 3, accuracy = 0.733333
k = 5, accuracy = 0.600000
k = 5, accuracy = 0.766667
k = 5, accuracy = 0.733333
k = 5, accuracy = 0.800000
k = 7, accuracy = 0.666667
k = 7, accuracy = 0.766667
k = 7, accuracy = 0.800000
k = 7, accuracy = 0.666667
k = 9, accuracy = 0.766667
k = 9, accuracy = 0.766667
k = 9, accuracy = 0.766667
k = 9, accuracy = 0.766667
k = 13, accuracy = 0.800000
k = 13, accuracy = 0.833333
k = 13, accuracy = 0.766667
k = 13, accuracy = 0.733333
k = 15, accuracy = 0.800000
k = 15, accuracy = 0.766667
k = 15, accuracy = 0.766667
k = 15, accuracy = 0.733333
k = 20, accuracy = 0.766667
k = 20, accuracy = 0.800000
k = 20, accuracy = 0.766667
k = 20, accuracy = 0.733333
k = 25, accuracy = 0.800000
k = 25, accuracy = 0.833333
k = 25, accuracy = 0.733333
k = 25, accuracy = 0.733333
                                              Ln: 626  Col: 0
```

使用下面代码可以对交叉验证过程中的精度进行可视化：

```
for k in k_choices:
    plt.scatter([k]*len(accuracy_of_k[k]), accuracy_of_k[k])
accuracies_mean = np.array([np.mean(v) for k,v in sorted(accuracy_of_k.items())])
accuracies_std = np.array([np.std(v) for k,v in sorted(accuracy_of_k.items())])
plt.errorbar(k_choices, accuracies_mean, yerr=accuracies_std)
plt.title('Cross-validation on k')
plt.xlabel('k')
plt.ylabel('Cross-validation accuracy')
plt.show()
```

运行结果如下图所示。

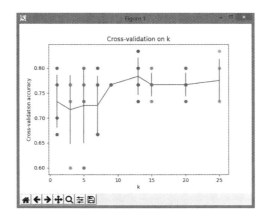

在这个交叉验证中，可以发现最优的 k 值为 13，因此选择 13 作为 k- 近邻算法中最优

的 k 值，并做最终的测试，代码为：

```
best_k = 13
knn = KNeighborsClassifier(n_neighbors=k)
knn.fit(X_train,y_train)
y_test_pred = knn.predict(X_test)
num_correct = np.sum(y_test==y_test_pred)
accuracy_test = np.mean(y_test==y_test_pred)
print ('test accuracy is %d/%d = %f' %(num_correct,X_test.shape[0],accuracy_test))
```

结果为：

```
test accuracy is 23/30 = 0.766667
```

8.3.8　使用多层感知器分析，根据葡萄酒的各项化学特征来判断葡萄酒的优劣

首先看一下如何使用多层感知器进行分类学习，看下面的代码：

```
from sklearn.neural_network import MLPClassifier
X=[[0.,0.],[1.,1.]]
y=[0,1]
clf= MLPClassifier(solver='lbfgs',alpha=1e-5,hidden_layer_sizes=(5,2),random_state=1)
clf.fit(X,y)
clf.predict([[2.,2.],[-1.,-2.]])
clf.predict_proba([[2.,2.],[-1.,-2.]])
```

在这个代码中，首先导入机器学习库函数 sklearn 中的多层感知分类器，然后模拟输入两个数据 [0.,0.],[1.,1.]，其对应的类别分别是 0 和 1，在使用 MLPClassifier 构建模型的时候，需要给出一些基本参数，由于该模型参数很多，并不需要所有参数都设置，可以根据自身需要而进行设置。例如，上面这个模型中 solver='lbfgs' 表示 MLP 的求解方法是 'lbfgs'，该参数一般有 3 个取值：{'lbfgs', 'sgd', 'adam'}, 默认是 'adam'，其中：

① lbfgs：使用 quasi-Newton 方法的优化器。

② sgd：使用随机梯度下降。

③ adam：使用 Kingma、Diederik 和 Jimmy Ba 提出的机遇随机梯度的优化器 。

> **注　意**
>
> 　　默认 solver 'adam' 在相对较大的数据集上效果比较好（几千个样本或更多），对小数据集来说，lbfgs 收敛更快，效果也更好。

Alpha 是 L2 的参数，MLP 是可以支持正则化的，默认为 L2；hidden_layer_sizes=(5, 2) 表示隐藏层有两层，第一层 5 个神经元，第二层 2 个神经元。

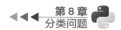

当模型建立完成后，就可以使用 fit() 方法进行模型拟合，求出最佳参数，当模型训练完成后，就可以使用 predict() 方法进行预测。

上面代码的运行结果为：

>>> clf.predict([[2.,2.],[−1.,−2.]])
array([1, 0])
>>> clf.predict_proba([[2.,2.],[−1.,−2.]])
array([[1.96718015e−004, 9.99803282e−001],
[1.00000000e+000, 4.67017947e−144]])

可以发现，预测的时候，两个数据 [2.,2.],[−1.,−2.] 对应的类别分别是 1 和 0，因为它们对应的概率以大的为准来确定类别。

已经了解了使用多层感知器分析的方法，下面就使用葡萄酒的各项化学特征来判断葡萄酒的优劣。

在这个实例中使用 UCI 机器学习库中的葡萄酒数据集。它具有不同葡萄酒的 14 种化学特征，但数据标签分类为 3 个品种。下面将尝试建立一个可以根据其化学特征对葡萄酒品种进行分类的神经网络模型。

该数据集共有 12 种特征，分别是 "Cultivator" "Alchol" "Malic_Acid" "Ash" "Alcalinity_of_Ash" "Magnesium" "Total_phenols" "Falvanoids" "Nonflavanoid_phenols" "Proanthocyanins" "Color_intensity" "Hue" "OD280" "Proline"，部分数据如下图所示。

1	14.23	1.71	2.43	15.6	127	2.8	3.06	0.28	2.29	5.64	1.04	3.92	1065
1	13.2	1.78	2.14	11.2	100	2.65	2.76	0.26	1.28	4.38	1.05	3.4	1050
1	13.16	2.36	2.67	18.6	101	2.8	3.24	0.3	2.81	5.68	1.03	3.17	1185
1	14.37	1.95	2.5	16.8	113	3.85	3.49	0.24	2.18	7.8	0.86	3.45	1480
1	13.24	2.59	2.87	21	118	2.8	2.69	0.39	1.82	4.32	1.04	2.93	735
1	14.2	1.76	2.45	15.2	112	3.27	3.39	0.34	1.97	6.75	1.05	2.85	1450
1	14.39	1.87	2.45	14.6	96	2.5	2.52	0.3	1.98	5.25	1.02	3.58	1290
1	14.06	2.15	2.61	17.6	121	2.6	2.51	0.31	1.25	5.05	1.06	3.58	1295
1	14.83	1.64	2.17	14	97	2.8	2.98	0.29	1.98	5.2	1.08	2.85	1045
1	13.86	1.35	2.27	16	98	2.98	3.15	0.22	1.85	7.22	1.01	3.55	1045
1	14.1	2.16	2.3	18	105	2.95	3.32	0.22	2.38	5.75	1.25	3.17	1510
1	14.12	1.48	2.32	16.8	95	2.2	2.43	0.26	1.57	5	1.17	2.82	1280
1	13.75	1.73	2.41	16	89	2.6	2.76	0.29	1.81	5.6	1.15	2.9	1320
1	14.75	1.73	2.39	11.4	91	3.1	3.69	0.43	2.81	5.4	1.25	2.73	1150
1	14.38	1.87	2.38	12	102	3.3	3.64	0.29	2.96	7.5	1.2	3	1547
1	13.63	1.81	2.7	17.2	112	2.85	2.91	0.3	1.46	7.3	1.28	2.88	1310

由于这些数据存放在一个 csv 文件中，因此需要将其导入 Python 中，如下所示：

```
import pandas as pd
wine = pd.read_csv('wine.csv', names = ["Cultivator", "Alchol", "Malic_Acid", "Ash", "Alcalinity_of_Ash", "Magnesium", "Total_phenols", "Falvanoids", "Nonflavanoid_phenols", "Proanthocyanins", "Color_intensity", "Hue", "OD280", "Proline"])
```

可以使用 wine.head() 命令查看导入的数据，如下图所示。

在导入的数据中，其中第一列是数据标签，其他 13 列是数据特征，因此把数据特征和标签分别放到 X 和 y 变量中，如下所示：

```
X = wine.drop('Cultivator',axis=1)
```

```
y = wine['Cultivator']
```

下面就可以在这些特征变量中生成训练集和测试集，生成的代码为：

```
from sklearn.model_selection import train_test_split
```

```
X_train, X_test, y_train, y_test = train_test_split(X, y)
```

从上面的数据中可以观察到，有的特征数据很大，如最后一个特征 proline 中数据大多超过 1000；而有的特征数据很小，如特征 Nonflavanoid_phenols 中数据很多都小于 1。如果这些数据没有经过标准化，则神经网络可能在达到允许的最大迭代次数时仍未收敛。多层感知器对特征尺度（scale）敏感，因此强烈建议归一化数据。有很多不同的数据标准化方法，本例将使用 sklearn 内置的 StandardScaler 进行标准化。

请注意，测试集应采用与训练集相同的尺度变换才有意义。

数据标准化的代码为：

```
from sklearn.preprocessing import StandardScaler
```

```
scaler = StandardScaler()
```

```
scaler.fit(X_train)
```

```
X_train = scaler.transform(X_train)
```

```
X_test = scaler.transform(X_test)
```

上面代码中使用 StandardScaler 的 fit() 方法对训练集进行数据标准化的参数计算，然后使用 transform() 方法利用这些参数分别对训练集和测试集进行转化。

下面就可以来训练模型。本例从 Scikit-learn 的 neural_network 库导入多层感知器分类器模型，如下所示：

```
from sklearn.neural_network import MLPClassifier
```

```
mlp = MLPClassifier(hidden_layer_sizes=(13,13,13),max_iter=500)
```

```
mlp.fit(X_train,y_train)
```

```
predictions = mlp.predict(X_test)
```

如上所示，使用 MLPClassifier() 创建一个模型的实例，其中可以自定义很多参数，这里将只定义 hidden_layer_sizes 参数。此参数传入的是一个元组，表示在每个层的神经元数量，其中元组中的第 *n* 个元素表示 MLP 模型第 *n* 层中的神经元数量。有很多参数可供选择，但是为了简单起见，这个实例中选择具有相同数量神经元的 3 层神经网络，每层的神经元数量与数据的特征数相同（13），并将最大迭代次数设置为 500 次。

模型创建后，先使用 fit() 方法进行预测，再使用 predict() 方法进行预测，下图所示为预测结果。

下面是用 Scikit-learn 自带的评价指标，如分类报告（classification report）和混淆矩阵（confusion matrix）来评估模型的性能，其代码为：

```
from sklearn.metrics import classification_report,confusion_matrix
```

```
print(confusion_matrix(y_test,predictions))
```

```
print(classification_report(y_test,predictions))
```

运行结果如下图所示。

通过结果可以看出，测试集全部被分类正确，说明测试效果很好。

8.4 自测练习

1. kNN 实现手写识别系统

使用 k- 近邻算法实现手写识别系统，为了简单起见，这里实现的手写识别只针对 0 到 9 的数字，为了方便这里将图像转化为文本格式，如下图所示。（注：数据在 ch08/practice1/）目录 trainingDigits 中包含大约 2000 个例子，可以训练分类器。目录 testDigits 中包含大约 900 个测试数据，可以用来测试设计的分类器。

尝试使用 k- 近邻算法实现手写识别系统。后面将会用支持向量机（SVM）改进该系统。

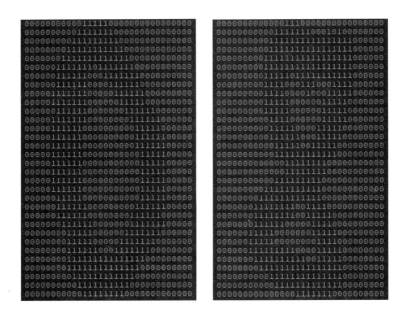

提 示

可以把 32×32 的二进制图像矩阵转换为 1×1024 的向量，这样更方便处理图像信息。（注：源码在 /ch08/pratice1）

2. 词汇屏蔽系统

为了不影响贴吧的发展，必须屏蔽带有侮辱性和敏感性的言论，所以要构建一个快速过滤器，如果某个帖子有负面的或侮辱性言论，那么就应该把该帖子标识为内容不当。对此问题建立两个类别：侮辱类和非侮辱类。用朴素贝叶斯实现该系统。（注：源码在 /ch08/practice2/）

3. 支持向量机练习

根据 ch08/practice3/testSet.txt 中的数据，使用 SVM 算法实现对数据的分类，并尝试使用 matplotlib 画出数据的分隔超平面。

4. 根据疝气病征预测病马死亡率

马疝病是描述马肠胃痛的术语，然而这种病不一定源自马的肠胃问题，其他问题也可能引发马疝病。/ch08/test/ .txt 数据集中包含了医院检测马疝病的一些指标，有的指标比较主观，有的指标难以测量，如马的疼痛级别。另外，除了部分指标主观和难以测量外，该数据集中有 30% 的值是缺失的。利用 AdaBoost 算法预测马的死亡率。（注：代码在 /ch08/practice4/）

第 9 章
预测分析

第 8 章已经介绍了分类学习，在人类的日常学习中，也引申出一种新的学习方法，即预测，预测是指在掌握现有信息的基础上，依照一定的方法和规律对未来的事情进行测算，以预先了解事情发展的过程与结果。本章将介绍预测分析，主要介绍时间序列预测模型和 BP 神经网络预测模型两种分析方法。

本章将介绍以下内容：

- 时间序列预测模型
- BP 神经网络预测模型

9.1　预测概述

预测是人们根据事物的发展规律、历史和现状，分析影响其变化的因素，对其发展前景和趋势进行的一种推测。

预测的方法和形式多种多样，根据方法本身的性质特点将预测方法分为定性预测方法、时间序列分析、因果关系预测。

（1）　定性预测方法是根据人们对系统过去和现在的经验、判断和直觉进行预测，其中以人的逻辑判断为主，仅要求提供系统发展的方向、状态、形势等定性结果。该方法适用于缺乏历史统计数据的系统对象。

（2）　时间序列分析是根据系统对象随时间变化的历史资料，只考虑系统变量随时间的变化规律，对系统未来的表现时间进行定量预测，主要包括移动平均法、指数平滑法、趋势外推法等。该方法适用于利用简单统计数据预测研究对象随时间变化的趋势等。

（3）　因果关系预测是系统变量之间存在某种前因后果关系，找出影响某种结果的几个因素，建立因果之间的数学模型，根据因素变量的变化预测结果变量的变化，既预测系统发展的方向又确定具体的数值变化规律，如 BP 神经网络预测模型。

9.2　常用方法

9.2.1　时间序列分析预测法

时间序列预测法是一种定性分析方法，它是在时间序列变量分析的基础上，运用一定的数学方法建立预测模型，使时间趋势向外延伸，从而预测市场的发展变化趋势，确定变量预测值，也称为时间序列分析法、历史延伸法和外推法。

时间序列分析预测法可分为以下两类。

确定性时间序列分析预测法：这种预测方法使用的数学模型，是不考虑随机项的非统计模型，是利用反映事物具有确定性的时间序列进行预测的方法，包括平均法、指数平滑法、趋势外推法、季节指数预测法等。

随机性时间序列分析预测法：这种方法是利用反映事物具有随机性的时间序列进行预测的方法。它的基本思想是假定预测对象是一个随机时间序列，然后利用统计数据估计该随机过程的模型，根据最终的模型做出最佳的预测。由于这种方法考虑的因素比较多，计算过程复杂，计算量大，因此发展比较缓慢。在一般的市场预测中常用的是确定性时间序列分析预测法。

时间序列分析通常是把各种可能发生作用的因素进行分类，传统的分类方法是按各种因素的特点或影响效果分为四大类：长期趋势（T）、季节变动（S）、循环变动（C）和不规则变动（I）。

1. 时间序列预测法的原理

时间序列是指同一变量按时间发生的先后顺序排列起来的一组观察值或记录值。时间序列分析预测法依据的是惯性原理，所以它建立在某经济变量过去的发展变化趋势的基础上，也就是该经济变量未来的发展变化趋势是假设的。然而从事物发展变化的普遍规律来看，同一经济变量的发展变化趋势在不同的时期是不可能完全相同的。这样只有将定性预测和时间序列分析预测有机结合在一起，才能收到最佳效果。即首先通过定性预测，在保证惯性原理成立的前提下，再运用时间序列分析预测法进行定量预测。

2. 时间序列预测法的步骤

（1）收集历史资料，并加以整理，编成时间序列，并根据时间序列绘成统计图。

（2）分析时间序列。时间序列中的每一时期的数值都是由许许多多不同的因素同时发生作用后的综合结果。

（3）求时间序列的长期趋势、季节变动和不规则变动的值，并选定近似的数学模式来代表它们。对于数学模式中的未知参数，使用合适的技术方法求出其值。

（4）利用时间序列资料求出长期趋势、季节变动和不规则变动的数学模型后，就可以利用它来预测未来的长期趋势值 T 和季节变动值 S，在可能的情况下预测不规则变动值 I。然后用以下模式计算出未来的时间序列的预测值 Y：

$$加法模式\ T+S+I=Y$$
$$乘法模式\ T \times S \times I=Y$$

如果不规则变动的预测值难以求得，就只求长期趋势和季节变动的预测值，以两者相乘的积或相加的和为时间序列的预测值。如果经济现象本身没有季节变动或不需要预测分季、分月的资料，则长期趋势的预测值就是时间序列的预测值，即 $T=Y$。但要注意这个预测值只反映未来的发展趋势，即使很准确的趋势线在按时间顺序的观察方面所起的作用，本质上也只是一个平均数的作用，实际值将围绕着它上下波动。

3. 时间序列预测法的特点

（1）时间序列预测法是撇开了事物发展的因果关系去分析事物的过去和未来的联系。

（2）假设事物的过去趋势会延伸到未来。

（3）时间序列数据变动存在着规律性与不规律性。时间序列中的每个观察值大小，是影响变化的各种不同因素在同一时刻发生作用的综合结果。从这些影响因素发生作用的大小和方向变化的时间特性来看，这些因素造成的时间序列数据的变动分为以下 4 种类型。

① 趋势性：某个变量随着时间进展或自变量变化，呈现一种比较缓慢而长期的持续上升、下降、停留的同性质变动趋向，但变动幅度可能不相等。

② 周期性：某因素由于外部影响随着自然季节的交替出现高峰与低谷的规律。

③ 随机性：个别为随机变动，整体呈统计规律。

④ 综合性：实际变化情况是几种变动的叠加或组合。预测时设法过滤除去不规则变动，突出反映趋势性和周期性变动。

4．时间序列预测法的分类

时间序列预测法可用于短期预测、中期预测和长期预测。根据分析方法的不同，又可分为简单序时平均数法、加权序时平均数法、简单移动平均法、加权移动平均法、指数平滑法、趋势预测法、季节性趋势预测法、市场寿命周期预测法等。常用的且准确度较高的时间序列预测法有以下 3 种。

（1）指数平滑法：即根据历史资料的上期实际数和预测值，用指数加权的办法进行预测。此法实质是由内加权移动平均法演变而来的一种方法，优点是只要有上期实际数和上期预测值就可计算下期的预测值。这样可以节省很多数据和处理数据的时间，减少数据的存储量，方法简便，这也是国外广泛使用的一种短期预测方法。

（2）季节性趋势预测法：根据经济事物每年重复出现的周期性季节变动指数，预测其季节性变动趋势。推算季节性指数可采用不同的方法，常用的方法有季（月）别平均法和移动平均法两种。

① 季（月）别平均法：就是把各年度的数值分季（月）加以平均，除以各年季（月）的总平均数，得出各季（月）指数。这种方法可以用来分析生产、销售、原材料储备、预计资金周转需要量等方面的经济事物的季节性变动。

② 移动平均法：即应用移动平均数计算比例求典型季节指数。

（3）市场寿命周期预测法：即对产品市场寿命周期的分析研究。例如，对处于成长期的产品预测其销售量，最常用的一种方法就是根据统计资料，按时间序列画成曲线图，再将曲线外延，即得到未来销售发展趋势。最简单的外延方法是直线外延法，适用于对耐用消费品的预测。这种方法简单、直观且易于掌握。

9.2.2 BP 神经网络模型

BP 网络（Back-Propagation Network）是 1986 年由以 Rumelhart 和 McCelland 为首的科学家小组提出的，是一种按误差逆向传播算法训练的多层前馈网络，是目前应用最广泛的神经网络模型之一，用于函数逼近、模型识别分类、数据压缩和时间序列预测等。

BP 网络又称反向传播神经网络，它是一种有监督的学习算法，具有很强的自适应、自学习、非线性映射能力，能较好地解决数据少、信息贫、不确定性问题，且不受非线性模型的限制。一个典型的 BP 神经网络应包括三层：输入层、隐含层和输出层。各层之间全连接，同层之间无连接。隐含层可以有一层或多层，对于一般的网络而言，单层的隐含层就够用了。下图所示为一个典型的三层 BP 神经网络结构图（只含有一个隐含层）。x 是神经元的输入，z 是隐含层的输出，y 是输出层的输出。

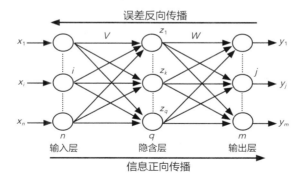

BP 神经网络的学习过程包括信号正向传播和误差反向传播两个阶段。

（1）正向传播时，输入信号从输入层经各个隐含层向输出层传播，在输出层得到实际响应值，若实际值与期望值误差较大，就会转入误差反向传播阶段。

（2）反向传播时，会按照误差梯度下降的方法从输出层经各个隐含层并逐层不断地调整各神经元的连接权值和阈值，反复迭代，直到网络输出的误差减少到可以接受的程度，或者进行到预先设定的学习次数。

BP 神经网络通过有指导的学习方式进行训练和学习。标准的 BP 学习算法采用误差函数按梯度下降的方法学习，使网络的实际输出值和期望输出值之间的均方误差最小。BP 神经网络的传输函数常常采用 sigmoid 函数，而输入输出层则采用线性传输函数。其算法流程如下图所示。

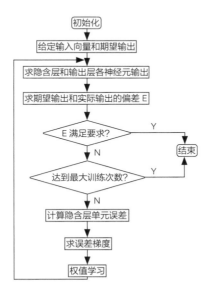

1. 网络结构设计

（1）输入输出层的设计。

输入层：输入层各神经元负责接收来自外界的输入信息，并传递给中间层各神经元。

| 169

它的节点数为输入变量的个数。

输出层：输出层向外界输出信息处理结果。它的节点数为输出变量的个数。

（2）隐含层设计。

隐含层：中间层是内部信息处理层，负责信息变换，根据信息变换能力的需求，中间层可以设计为单隐层或多隐层结构；最后一个隐含层传递信息到输出层各神经元，经过进一步处理后，完成一次学习的正向传播处理过程。

有关研究表明，一个隐含层的神经网络，只要隐节点足够多，就可以以任意精度逼近一个非线性函数。因此，通常采用含有一个隐层的三层多输入单输出的 BP 网络建立预测模型。在网络设计过程中，隐层神经元数的确定十分重要。隐层神经元个数过多，会加大网络计算量并容易产生过度拟合问题；神经元个数过少，则会影响网络性能，达不到预期效果。网络中隐层神经元的数目与实际问题的复杂程度、输入和输出层的神经元数及对期望误差的设定有着直接的联系。目前，对于隐层中神经元数目的确定并没有明确的公式，只有一些经验公式，神经元个数最终需要根据经验和多次实验来确定的。常采用的经验公式为：

$$L=\sqrt{n+m}+a$$

其中，n 为输入层神经元个数，m 为输出层神经元个数，a 为 [1,10] 之间的常数。

2. BP 算法的改进

虽然 BP 网络具有高度非线性和较强的泛化能力，但也存在收敛速度慢、迭代步数多、易陷入局部极小和全局搜索能力差等缺点。可以采用增加动量项、自适应调节学习率、引入陡度因子等方法进行改进。

（1）增加动量项。

引入动量项是为了加速算法收敛，即如下公式：

$$w_{ij}=w_{ij}-\eta_1 \cdot \delta_{ij} \cdot x_i + \alpha \Delta w_{ij}$$

其中，动量因子 α 一般为 0.1~0.8。

（2）自适应调节学习率。

（3）引入陡度因子。

通常 BP 神经网络在训练之前会对数据归一化处理，即将数据映射到更小的区间内，如 [0,1] 或 [-1,1]。

9.3 项目实战

9.3.1 实例 1：根据一年的历史数据预测后十年的数据趋势

下面选取一些具有周期性（一年）的测试数据，通过时间序列分析方法预测后十年的数据（本实例使用的数据可以在随书附赠资源中 /ch09/

example/ 目录下找到，文件名称为 data.txt）。

前面已经介绍过时间序列预测，使用时间序列建模的基本步骤如下。

（1）获取观测系统时间序列数据。

（2）对数据绘图，观测是否为平稳时间序列；对于非平稳时间序列要先进行 d 阶差分运算，化为平稳时间序列。

（3）经过第二步处理，已经得到平稳时间序列。要对平稳时间序列分别求得其自相关系数 ACF 和偏自相关系数 PACF，通过对自相关图和偏自相关图的分析，得到最佳的阶层 p 和阶数 q。

（4）由以上得到的 d、q、p，得到 ARIMA 模型。然后开始对得到的模型进行模型检验。

下面就按照以上步骤来实现预测。

1. 首先读取数据，其代码如下

```
dta=[10930,10318,10595,10972,7706,6756,9092,10551,9722,10913,11151,8186,6422,6337,11649,11652,10310,12043,7937,6476,9662,9570,9981,9331,9449,6773,6304,9355,10477,10148,10395,11261,8713,7299,10424,10795,11069,11602,11427,9095,7707,10767,12136,12812,12006,12528,10329,7818,11719,11683,12603,11495,13670,11337,10232,13261,13230,15535,16837,19598,14823,11622,19391,18177,19994,14723,15694,13248,9543,12872,13101,15053,12619,13749,10228,9725,14729,12518,14564,15085,14722,11999,9390,13481,14795,15845,15271,14686,11054,10395]
dta=np.array(dta,dtype=np.float)
dta=pd.Series(dta)
```

2. 对数据绘图，观测是否为平稳时间序列

```
dta.index=pd.Index(sm.tsa.datetools.dates_from_range('1927','2016'))
dta.plot(figsize=(12,8))
plt.show()
```

程序运行结果如下图所示。

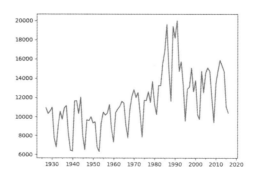

时间序列的差分：ARIMA 模型对时间序列的要求是平稳型。如上图所示，这个数据并不是一个非平稳的时间序列，因此需要做时间序列的差分，直到得到一个平稳时间序列。如果对时间序列做 d 次差分才能得到一个平稳序列，那么可以使用 ARIMA(p,d,q) 模型，其中 d 是差分次数。代码为：

```
fig = plt.figure(figsize=(12,8))
ax1= fig.add_subplot(111)
diff1 = dta.diff(1)
diff1.plot(ax=ax1)
plt.show()
```

程序运行结果如下图所示。

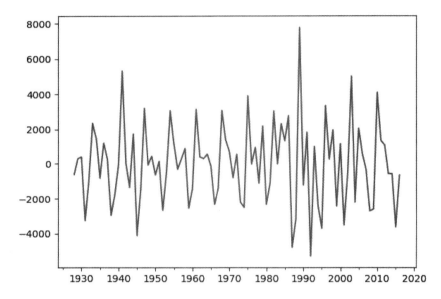

一阶差分时间序列的均值和方差已经基本平稳，不过还是可以比较一下二阶差分的效果，其代码为：

```
fig = plt.figure(figsize=(12,8))
ax2= fig.add_subplot(111)
diff2 = dta.diff(2)
diff2.plot(ax=ax2)
plt.show()
```

程序运行结果如下图所示。

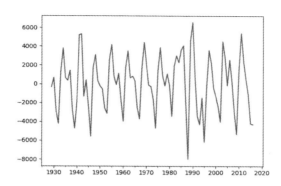

可以看出二阶差分后的时间序列与一阶差分相差不大，并且二者随着时间推移，时间序列的均值和方差保持不变。因此可以将差分次数 d 设置为 1。

3. 选择合适的 p、q

现在已经得到一个平稳的时间序列，接来下就是选择合适的 ARIMA 模型，即 ARIMA 模型中合适的 p、q。

第一步要先检查平稳时间序列的自相关图和偏自相关图，其代码为：

```
diff1= dta.diff(1)
fig = plt.figure(figsize=(12,8))
ax1=fig.add_subplot(211)
fig = sm.graphics.tsa.plot_acf(dta,lags=40,ax=ax1)
ax2 = fig.add_subplot(212)
fig = sm.graphics.tsa.plot_pacf(dta,lags=40,ax=ax2)
plt.show()
```

其中，lags 表示滞后的阶数，以上程序运行结果分别得到 acf 图和 pacf 图，如下图所示。

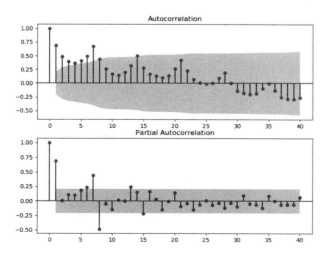

通过观察两图得到，自相关图显示滞后有 3 个阶超出了置信边界，偏相关图显示在滞后 1~7 阶（lags 1,2,…,7）时的偏自相关系数超出了置信边界，从 lags 7 之后偏自相关系数值缩小至 0。

则有以下模型可供选择。

① ARMA(0,1) 模型：即自相关图在滞后 1 阶之后缩小为 0，且偏自相关系数值缩小至 0，则是一个阶数 $q=1$ 的移动平均模型。

② ARMA(7,0) 模型：即偏自相关图在滞后 7 阶之后缩小为 0，且自相关系数值缩小至 0，则是一个阶层 $p=7$ 的自回归模型。

③ ARMA(7,1) 模型：使自相关和偏自相关系数值都缩小至零，则是一个混合模型。

现在有以上可供选择的模型，通常采用 ARMA 模型的赤池信息准则（Akaike Information Criterion, AIC）。为增加自由参数的数目提高了拟合的优良性，AIC 鼓励数据拟合的优良性。但是要尽量避免出现过度拟合的情况，所以优先考虑的模型应是 AIC 值最小的那一个。AIC 法则是寻找可以最好地解释数据但包含最少自由参数的模型。不仅仅包括 AIC 准则，目前选择模型常用如下准则。

（1） AIC 法则信息量 $AIC=-2\ln(L)+2k$。

（2） 贝叶斯信息量 $BIC=-2\ln(L)+\ln(n)\times k$。

（3） $HQIC=-2\ln(L)+\ln(\ln(n))\times k$。

构造这些统计量所遵循的统计思想是一致的，就是在考虑拟合残差的同时，依自变量个数施加"惩罚"。但要注意的是，这些准则不能说明某一个模型的精确度，也就是说，对于 3 个模型 A、B、C，我们能够判断出 C 模型是最好的，但不能保证 C 模型能够很好地刻画数据，因为有可能 3 个模型都是糟糕的。

代码为：

```
arma_mod70 = sm.tsa.ARMA(dta,(7,0)).fit()
print(arma_mod70.aic,arma_mod70.bic,arma_mod70.hqic)
arma_mod30 = sm.tsa.ARMA(dta,(0,1)).fit()
print(arma_mod30.aic,arma_mod30.bic,arma_mod30.hqic)
arma_mod71 = sm.tsa.ARMA(dta,(7,1)).fit()
print(arma_mod71.aic,arma_mod71.bic,arma_mod71.hqic)
arma_mod80 = sm.tsa.ARMA(dta,(8,0)).fit()
print(arma_mod80.aic,arma_mod80.bic,arma_mod80.hqic)
```

运行结果如下图所示。

```
1597.9359957068928 1622.93409241 1608.01669771
1619.19185018 1641.69013721 1628.26448199
1657.21729729 1664.71672631 1660.2415079
1605.68656094 1630.68465765 1615.76726295
1597.93598102 1622.93407772 1608.01668303
```

从运行结果可以看出 ARMA(8,0) 的 AIC、BIC、HQIC 均值最小，因此是最佳模型。

4．模型检验

在指数平滑模型下，观察 ARIMA 模型的残差是否平均值为 0 且方差为常数的正态分布（服从零均值、方差不变的正态分布），同时也要观察连续残差是否（自）相关。

对 ARMA(7,0) 模型所产生的残差做自相关图，代码为：

```
resid=arma_mod80.resid

fig = plt.figure(figsize=(12,8))

ax1 = fig.add_subplot(211)

fig = sm.graphics.tsa.plot_acf(resid.values.squeeze(), lags=40, ax=ax1)

ax2 = fig.add_subplot(212)

fig = sm.graphics.tsa.plot_pacf(resid, lags=40, ax=ax2)

plt.show()
```

运行结果如下图所示。

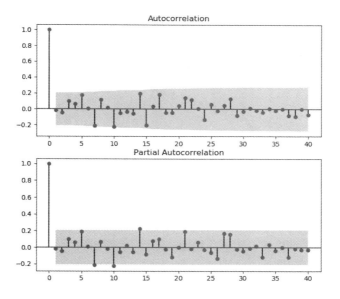

做 D-W 检验：德宾 - 沃森（Durbin-Watson）检验。D-W 检验是目前检验自相关性最常用的方法，但它只适用于检验一阶自相关性。因为自相关系数 ρ 的值介于 − 1 和 1 之间，所以 $0 \leqslant DW \leqslant 4$。

且当 DW = 0 $\Longleftrightarrow$ ρ = 1 时，即存在正自相关性；

当 DW = 4 $\Longleftrightarrow$ ρ = − 1 时，即存在负自相关性；

当 DW = 2 $\Longleftrightarrow$ ρ = 0 时，即不存在（一阶）自相关性。

因此，当 DW 值显著地接近于 0 或 4 时，则存在自相关性，而接近于 2 时，则不存在（一阶）自相关性。这样只要知道 DW 统计量的概率分布，在给定的显著水平下，根据临界值的位置就可以对原假设进行检验。

```
print(sm.stats.durbin_watson(arma_mod80.resid.values))
```

检验结果是 2.02424743723，说明不存在自相关性。

观察是否符合正态分布。使用 QQ 图，它用于直观验证一组数据是否来自某个分布，或者验证某两组数据是否来自同一（族）分布。

代码为：

```
fig = plt.figure(figsize=(12,8))
```

```
ax = fig.add_subplot(111)
```

```
fig = qqplot(resid, line='q', ax=ax, fit=True)
```

```
plt.show()
```

运行结果如下图所示。

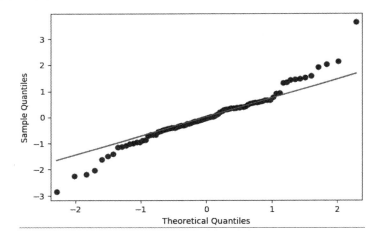

Ljung-Box 检验：Ljung-Box test 是对 randomness 的检验，或者说是对时间序列是否存在滞后相关的一种统计检验。对于滞后相关的检验，常常采用的方法还包括计算 ACF 和 PCAF 并观察其图像，但是无论是 ACF 还是 PACF 都仅仅考虑是否存在某一特定滞后阶数的相关性。LB 检验则是基于一系列滞后阶数，判断序列总体的相关性或随机性是否存在。

时间序列中一个最基本的模型就是高斯白噪声序列。而对于 ARIMA 模型，其残差被假定为高斯白噪声序列，所以当用 ARIMA 模型去拟合数据时，拟合后要对残差的估计序列进行 LB 检验，判断其是否为高斯白噪声，如果不是，那么就说明 ARIMA 模型也许并不是一个适合样本的模型。

代码为：

```
r,q,p = sm.tsa.acf(resid.values.squeeze(), qstat=True)
```

```
data = np.c_[range(1,41), r[1:], q, p]
```

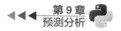

```
table = pd.DataFrame(data, columns=['lag', "AC", "Q", "Prob(>Q)"])
print(table.set_index('lag'))
```

程序运行结果如下图所示。

```
21.0  0.141928  31.822630  0.061015
22.0  0.118229  33.524660  0.054865
23.0  0.004526  33.527192  0.072311
24.0 -0.133659  35.768417  0.057791
25.0  0.061771  36.254475  0.067826
26.0 -0.021817  36.316053  0.086008
27.0  0.047337  36.610563  0.102569
28.0  0.131276  38.912049  0.082348
29.0 -0.080921  39.800885  0.087245
30.0 -0.026174  39.895425  0.106906
31.0  0.011426  39.913747  0.130997
32.0 -0.015266  39.947017  0.157886
33.0 -0.042640  40.211126  0.181168
34.0  0.006103  40.216632  0.214157
35.0 -0.015979  40.255072  0.248885
36.0  0.000443  40.255102  0.287434
37.0 -0.083780  41.351661  0.286321
38.0 -0.091983  42.698897  0.276232
39.0  0.002424  42.699851  0.315128
40.0 -0.071602  43.548853  0.322865
```

检验的结果就是看最后一列前十二行的检验概率（一般观察滞后 1~12 阶），如果检验概率小于给定的显著性水平，如 0.05、0.10 等就拒绝原假设，其原假设是相关系数为零。就结果来看，如果取显著性水平为 0.05，那么相关系数与零没有显著差异，即为白噪声序列。

5. 模型预测

模型确定之后，就可以开始进行预测了，下面对未来十年的数据进行预测，其代码为：

```
predict_sunspots = arma_mod80.predict('2016', '2026', dynamic=True)
print(predict_sunspots)
fig, ax = plt.subplots(figsize=(12, 8))
ax = dta.ix['1927':].plot(ax=ax)
fig = arma_mod80.plot_predict('2016', '2026', dynamic=True, ax=ax, plot_insample=False)
plt.show()
```

程序运行结果如下图所示。

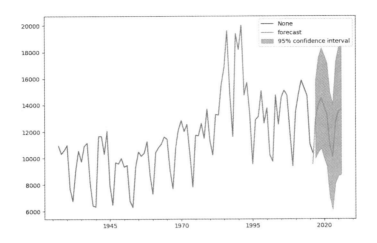

```
2016-12-31      9541.678637
2017-12-31     12906.069344
2018-12-31     13979.072379
2019-12-31     14498.869907
2020-12-31     13892.088452
2021-12-31     13248.622005
2022-12-31     10960.464650
2023-12-31     10070.946498
2024-12-31     12680.517279
2025-12-31     13472.969629
2026-12-31     13611.842388
Freq: A-DEC, dtype: float64
```

前面 90 个数据为测试数据，最后 10 个为预测数据。观察图形，可以发现预测结果较为合理。

9.3.2 实例 2：使用神经网络预测公路运量

根据前面所介绍的 BP 网络知识，首先需要把样本分为训练样本和检验样本，然后使用训练样本进行训练、建立模型，最后用训练好的模型测试检验样本。下面来看如何解决实际中的问题。

1. 先看下表所示的简单神经网络

表 9-1　简单神经网络

Inputs			Outputs
0	0	1	0
1	1	1	1
1	0	1	1
0	1	1	0

考虑以上情形：给定三列输入，试着去预测对应的一列输出。下面可以通过简单测量输入与输出值的数据来解决这一问题。这样一来，可以发现最左边的一列输入值和输出值

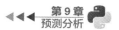
是完美匹配／完全相关的。从直观意义上来讲，反向传播算法便是通过这种方式来衡量数据间统计关系进而得到模型的。

代码为：

```python
import numpy as np
def nonlin(x,deriv=False):
    if(deriv==True):
        return x*(1-x)
    return 1/(1+np.exp(-x))
X = np.array([[0,0,1],[0,1,1],[1,0,1],[1,1,1] ])
y = np.array([[0,0,1,1]]).T
np.random.seed(1)
syn0 = 2*np.random.random((3,1)) - 1
for iter in range(10000):
    l0 = X
    l1 = nonlin(np.dot(l0,syn0))
    l1_error = y - l1
    l1_delta = l1_error * nonlin(l1,True)
    syn0 += np.dot(l0.T,l1_delta)
print ("Output After Training:")
print（l1）
```

运行结果如下图所示。

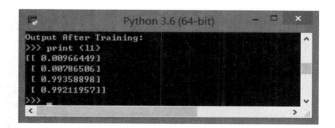

从运行结果来看，预测的准确性还是比较高的。这是两层的 BP 网络。下面再使用复杂一些的三层 BP 网络进行公路运量预测。

2. 公路运量预测

下表中的数据是某地区 20 年来的公路运量数据。其中属性"人口数量""机动车数量"和"公路面积"作为神经网络的 3 个输入，属性"公路客运量"和"公路货运量"作为神经网络的 2 个输出。

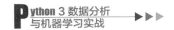

表 9-2　某地区 20 年来的公路运量数据

年份	人口数量 / 万人	机动车数量 / 万辆	公路面积 / 万平方千米	公路客运量 / 万人	公路货运量 / 万吨
1990	20.55	0.6	0.09	5126	1237
1991	22.44	0.75	0.11	6217	1379
1992	25.37	0.85	0.11	7730	1385
1993	27.13	0.90	0.14	9145	1399
1994	29.45	1.05	0.20	10460	1663
1995	30.1	1.35	0.23	11387	1714
1996	30.96	1.45	0.23	12353	1834
1997	34.06	1.60	0.32	15750	4322
1998	36.42	1.70	0.32	18304	8132
1999	38.09	1.85	0.34	19836	8936
2000	39.13	2.15	0.36	21024	11099
2001	39.99	2.20	0.36	19490	11203
2002	41.93	2.25	0.38	20433	10524
2003	44.59	2.35	0.49	22598	11115
2004	47.30	2.50	0.56	25107	13320
2005	52.89	2.60	0.59	33442	16762
2006	55.73	2.70	0.59	36836	18673
2007	56.76	2.85	0.67	40548	20724
2008	59.17	2.95	0.69	42927	20803
2009	60.63	3.10	0.79	43462	21804

下面就介绍如何实现公路运量预测。

（1）导入需要使用的库函数。

```
import numpy as np

import matplotlib.pyplot as plt
```

定义学习函数：

```
def logsig(x):

    return 1/(1+np.exp(-x))
```

（2）首先读入数据。

```
population=[20.55,22.44,25.37,27.13,29.45,30.10,30.96,34.06,36.42,38.09,39.13,39.99,
41.93,44.59,47.30,52.89,55.73,56.76,59.17,60.63]

vehicle=[0.6,0.75,0.85,0.9,1.05,1.35,1.45,1.6,1.7,1.85,2.15,2.2,2.25,2.35,2.5,2.6,2.7,2.85,
2.95,3.1]

roadarea=[0.09,0.11,0.11,0.14,0.20,0.23,0.23,0.32,0.32,0.34,0.36,0.36,0.38,0.49,0.56,0.59,
```

0.59,0.67,0.69,0.79]

 passengertraffic=[5126,6217,7730,9145,10460,11387,12353,15750,18304,19836,21024,
19490,20433,22598,25107,33442,36836,40548,42927,43462]

 freighttraffic=[1237,1379,1385,1399,1663,1714,1834,4322,8132,8936,11099,11203,10524,
11115,13320,16762,18673,20724,20803,21804]

（3）将数据转换为矩阵，并使用最大最小法归一数据。

 samplein = np.mat([population,vehicle,roadarea])

 sampleinminmax= np.array([samplein.min(axis=1).T.tolist()[0],samplein.max(axis=1).T.tolist()
[0]]).transpose() #3*2 矩阵，对应最大值最小值

 sampleout = np.mat([passengertraffic,freighttraffic])

 sampleoutminmax = np.array([sampleout.min(axis=1).T.tolist()[0],sampleout.max(axis=1).T.
tolist()[0]]).transpose() #2*2 矩阵，对应最大值最小值

 sampleinnorm = (2*(np.array(samplein.T)-sampleinminmax.transpose()[0])/(sampleinminmax.
transpose()[1]-sampleinminmax.transpose()[0])-1).transpose()

 sampleoutnorm = (2*(np.array(sampleout.T).astype(float)-sampleoutminmax.transpose()[0])/
(sampleoutminmax.transpose()[1]-sampleoutminmax.transpose()[0])-1).transpose()

（4）给输出样本添加噪声。

 noise = 0.03*np.random.rand(sampleoutnorm.shape[0],sampleoutnorm.shape[1])

 sampleoutnorm += noise

（5）定义模型的参数。

 maxepochs = 60000

 learnrate = 0.035

 errorfinal = 0.65*10**(-3)

 samnum = 20

 indim = 3

 outdim = 2

 hiddenunitnum = 8

 w1 = 0.5*np.random.rand(hiddenunitnum,indim)-0.1

 b1 = 0.5*np.random.rand(hiddenunitnum,1)-0.1

 w2 = 0.5*np.random.rand(outdim,hiddenunitnum)-0.1

 b2 = 0.5*np.random.rand(outdim,1)-0.1

（6）开始训练模型。

 errhistory = []

 for i in range(maxepochs):

```
hiddenout = logsig((np.dot(w1,sampleinnorm).transpose()+b1.transpose())).transpose()

networkout = (np.dot(w2,hiddenout).transpose()+b2.transpose()).transpose()

err = sampleoutnorm - networkout

sse = sum(sum(err**2))

errhistory.append(sse)

if sse < errorfinal:

    break

delta2 = err

delta1 = np.dot(w2.transpose(),delta2)*hiddenout*(1-hiddenout)

dw2 = np.dot(delta2,hiddenout.transpose())

db2 = np.dot(delta2,np.ones((samnum,1)))

dw1 = np.dot(delta1,sampleinnorm.transpose())

db1 = np.dot(delta1,np.ones((samnum,1)))

w2 += learnrate*dw2

b2 += learnrate*db2

w1 += learnrate*dw1

b1 += learnrate*db1
```

（7）绘制误差曲线图。

```
errhistory10 = np.log10(errhistory)

minerr = min(errhistory10)

plt.plot(errhistory10)

plt.plot(range(0,i+1000,1000),[minerr]*len(range(0,i+1000,1000)))

ax=plt.gca()

ax.set_yticks([-2,-1,0,1,2,minerr])

ax.set_yticklabels([u'$10^{-2}$',u'$10^{-1}$',u'$1$',u'$10^{1}$',u'$10^{2}$',str(('%.4f'%np.
power(10,minerr)))])

ax.set_xlabel('iteration')

ax.set_ylabel('error')

ax.set_title('Error History')

plt.savefig('errorhistory.png',dpi=700)

plt.close()
```

误差曲线图如下图所示。

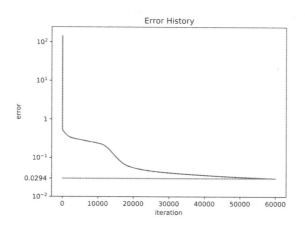

可以发现，误差开始迅速下降，随着训练的进行，逐渐稳定。

（8）模型训练完成后，就可以实现仿真输出和实际输出对比图。

```
hiddenout = logsig((np.dot(w1,sampleinnorm).transpose()+b1.transpose())).transpose()

networkout = (np.dot(w2,hiddenout).transpose()+b2.transpose()).transpose()

diff = sampleoutminmax[:,1]-sampleoutminmax[:,0]

networkout2 = (networkout+1)/2

networkout2[0] = networkout2[0]*diff[0]+sampleoutminmax[0][0]

networkout2[1] = networkout2[1]*diff[1]+sampleoutminmax[1][0]

sampleout = np.array(sampleout)


fig,axes = plt.subplots(nrows=2,ncols=1,figsize=(12,10))

line1, =axes[0].plot(networkout2[0],'k',marker = u'$\circ$')

line2, = axes[0].plot(sampleout[0],'r',markeredgecolor='b',marker = u'$\star$',
.markersize=9)

axes[0].legend((line1,line2),('simulation output','real output'),loc = 'upper left')

yticks = [0,20000,40000,60000]

ytickslabel = [u'$0$',u'$2$',u'$4$',u'$6$']

axes[0].set_yticks(yticks)

axes[0].set_yticklabels(ytickslabel)

axes[0].set_ylabel(u'passenger traffic$(10^4)$')

xticks = range(0,20,2)

xtickslabel = range(1990,2010,2)

axes[0].set_xticks(xticks)
```

```
axes[0].set_xticklabels(xtickslabel)

axes[0].set_xlabel(u'year')

axes[0].set_title('Passenger Traffic Simulation')

line3, = axes[1].plot(networkout2[1],'k',marker = u'$\circ$')

line4, = axes[1].plot(sampleout[1],'r',markeredgecolor='b',marker = u'$\
star$',markersize=9)

axes[1].legend((line3,line4),('simulation output','real output'),loc = 'upper left')

yticks = [0,10000,20000,30000]

ytickslabel = [u'$0$',u'$1$',u'$2$',u'$3$']

axes[1].set_yticks(yticks)

axes[1].set_yticklabels(ytickslabel)

axes[1].set_ylabel(u'freight traffic$(10^4)$')

xticks = range(0,20,2)

xtickslabel = range(1990,2010,2)

axes[1].set_xticks(xticks)

axes[1].set_xticklabels(xtickslabel)

axes[1].set_xlabel(u'year')

axes[1].set_title('Freight Traffic Simulation')

fig.savefig('simulation.png',dpi=500,bbox_inches='tight')
```

结果如下图所示。

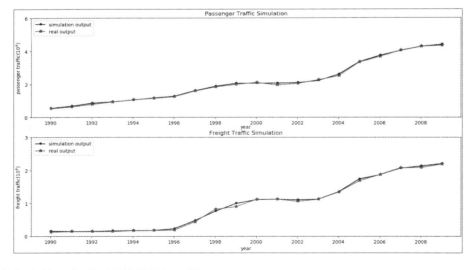

从运行结果来看，训练效果还不错。

另外，还可以运用库里面的函数对样本数据进行训练，然后再对预测数据进行验证。自测练习 2 将运用此种方法。

9.4 自测练习

1. 使用 ARIMA 模型对数据进行预测

数据在 data_test.xls 文件中，运用 ARIMA 进行时间序列预测。

（1）判断时间序列是否为平稳白噪声序列，若不是进行平稳化。

（2）本实例数据带有周期性，因此先进行一阶差分，再进行 144 步差分。

（3）看差分序列的自相关图和偏自相关图，差分后的序列为平稳序列。

（4）模型定阶，根据 AIC、BIC、HQIC 准则来选择模型。

（5）预测，确定模型后预测。

（6）还原，由于预测时用的差分序列，得到的预测值为差分序列的预测值，需要将其还原。

2. 神经网络模型预测整个数据网格上的数据

使用 Scikit-learn 中的函数，产生 200 个数据，其代码为：

```
def generate_data():
    np.random.seed(0)
    X, y = datasets.make_moons(200, noise=0.20)
    return X, y
X,y=generate_data()
plt.scatter(X[:,0],X[:,1],s=40,c=y,cmap=plt.cm.Spectral)
plt.show()
```

产生的数据效果如下图所示。

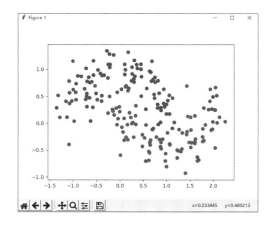

使用神经网络模型预测整个数据网格上的数据，代码运行结果如下图所示。

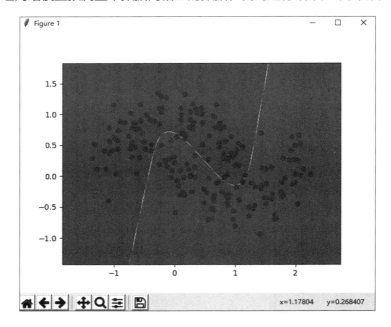

第 10 章
关联分析

关联分析是一种无监督机器学习方法，主要用于发现大规模数据集中事物之间的依存性和关联性。挖掘数据中隐藏的有价值的关系（如频繁项集、关联规则），有利于对相关事物进行预测，也能帮助系统制定合理的决策。

本章将介绍以下内容：

- 关联分析概述
- Apriori 算法
- FP-Growth 算法

10.1 关联分析概述

关联分析的典型例子是购物篮分析，通过发现顾客放入购物篮中不同商品之间的联系，分析顾客的购买习惯。通过了解哪些商品频繁地被顾客同时购买可以帮助零售商制定营销策略。另外，关联分析还能应用于餐饮企业的菜品搭配、搜索引擎的内容推荐、新闻流行趋势分析、发现毒蘑菇的相似特征等应用中。

为了更好地介绍关联分析，结合下表中的购物信息引入一些关联分析的基本概念。

表 10-1 超市购物交易信息

交易号码	商品
001	Cola, Egg, Ham
002	Cola, Diaper, Beer
003	Cola, Diaper, Beer, Ham
004	Diaper, Beer

① 事务：每一条交易称为一个事务，如上表中的数据集就包含 4 个事务。

② 项：交易的每一个物品称为一个项，如 Cola、Egg 等。

③ 项集：包含零个或多个项的集合称为项集，如 {Cola, Egg, Ham}。

④ 规则：从项集中找出各项之间的关系。例如，关联规则 {Diaper} → {Beer}。

⑤ 支持度计数：整个数据集中包含该项集的事物数。例如，{Diaper, Beer} 出现在事务 002、003 和 004 中，所以它的支持度计数是 3。

⑥ 支持度：支持度计数除以总的事务数。例如，上例中总的事务数为 4，{Diaper, Beer} 的支持度计数为 3，所以它的支持度是（3÷4）×100%=75%，说明有 75% 的人同时买了 Diaper 和 Beer。

⑦ 频繁项集：支持度大于或等于某个阈值的项集称为频繁项集。例如，阈值设为 50% 时，因为 {Diaper, Beer} 的支持度是 75%，所以它是频繁项集。

⑧ 前件和后件：对于规则 {Diaper} → {Beer}，{Diaper} 称为前件，{Beer} 称为后件。

⑨ 置信度：数据集中同时包含两项的百分比。对于规则 {Diaper} → {Beer}，{Diaper, Beer} 的支持度计数除以 {Diaper} 的支持度计数，即为这个规则的置信度。

⑩ 强关联规则：大于或等于最小支持度阈值和最小置信度阈值的规则称为强关联规则，关联分析的最终目标就是找出强关联规则。

10.2 基本方法

关联分析的目标包括两项：发现频繁项集和发现关联规则。首先需要找到频繁项集，然后才能获得关联规则。关联分析的主要目的是寻找频繁项集，如果通过暴力搜索，运算量会呈几何性增长。为了减少频繁项集的计算量，可以采用 Apriori 算法和 FP-Growth 算法，下面就这两种算法的实现过程进行详细说明。

10.2.1　Apriori 算法

Apriori 原理：如果某个项集是频繁的，那么它的所有子集也是频繁的。这个原理反过来看对实际操作更有作用，即如果一个项集是非频繁项集，那么它的所有超集也是非频繁的。

Apriori 算法的主要步骤如下。

（1）根据数据集生成候选项，首先生成单物品候选项集。

（2）设定最小支持度和最小置信度。

（3）过滤掉数据项集占比低于最小支持度的项，形成频繁项。

（4）根据步骤 3 形成的频繁项集结果，进行项集之间的组合形成新的项集集合。

（5）重复步骤 3、4，直到没有新的项集满足最小支持度。

（6）根据步骤 5 形成的最终频繁集合，计算频繁集合所含物品之间的置信度，过滤掉小于最小置信度的项集。

（7）根据步骤 6 的结果生成关联规则，并计算其置信度。

上述步骤体现了 Apriori 算法的两个重要过程：连接步和剪枝步。连接步的目的是找到 K 项集，从满足约束条件的 1 项候选项集，逐步连接并检测约束条件产生高一级候选项集，直至得到最大的频繁项集。剪枝步是在产生候选项 Ck 的过程中起到减小搜索空间的目的。根据 Apriori 原理，频繁项集的所有非空子集也是频繁的，反之，不满足该性质的项集不会存在于 Ck 中，因此这个过程称为剪枝。

Apriori 算法从单元素项集开始，通过组合满足最小支持度要求的项集来形成更大的集合。每次增加频繁项集的大小，Apriori 算法都会重新扫描整个数据集。当数据集很大时，会显著降低频繁项集发现的速度。比较来说，下面介绍的 FP-Growth 算法只需要对数据库进行两次遍历，就能够显著加快发现频繁项集的速度。

10.2.2　FP-Growth 算法

FP-Growth 算法是一种发现数据集中频繁模式的有效方法，它在 Apriori 原理的基础上，采用 FP（Frequent Pattern，频繁模式）树数据结构对原始数据进行压缩，大大加快了计算速度。FP-Growth 算法把数据集中的事务映射到一棵 FP-Tree 上，再根据这棵树找出频繁项集，FP-Tree 的构建过程只需要扫描两次数据集，特别是在大型数据集上具有很高的效率。

FP-Growth 算法的基本过程分为两个步骤：构建 FP 树和挖掘频繁项集。FP 树构建通过两次数据扫描，将原始数据中的事务压缩到一个 FP 树，该 FP 树类似于前缀树，相同前缀的路径可以共用，从而达到压缩数据的目的。接着通过 FP 树找出每个项的条件模式基、条件 FP 树，递归的挖掘条件 FP 树得到所有的频繁项集。算法的主要计算"瓶颈"在 FP-Tree 的递归挖掘上，下面详细介绍 FP-Growth 算法的主要步骤。

1. FP 树的数据结构

FP-Growth 算法将数据存储在一种称为 FP 树的紧凑数据结构中。一棵 FP 树看上去与计算机科学中的其他树结构类似，但是它通过链接来连接相似元素，被连起来的元素项可以看成一个链表。

与搜索树不同的是，一个元素项可以在一棵 FP 树中出现多次。FP 树会存储项集的出现频率，而每个项集会以路径的方式存储在数中。存在相似元素的集合会共享树的一部分，只有当集合之间完全不同时，树才会分叉。树节点上给出集合中的单个元素及其在序列中的出现次数，路径会给出该序列的出现次数。

2. 构建 FP 树

FP 通过链接来连接相似元素，被连起来的元素可以看成一个链表。将事务数据表中的各个事务对应的数据项按照支持度排序后，把每个事务中的数据项按降序依次插入一棵以 NULL 为根节点的树中，同时在每个节点处记录该节点出现的支持度。构建 FP 树时需要扫描两遍数据集，第一遍用来统计各元素项的出现频率，第二遍扫描只考虑频繁项集，FP 树的具体构建过程如下。

（1）遍历数据集，统计各元素项出现次数，创建头指针表。

（2）移除头指针表中不满足最小值尺度的元素项。

（3）第二次遍历数据集，创建 FP 树。对每个数据集中的项集进行如下操作。

　① 初始化空 FP 树。

　② 对每个项集进行过滤和重排序。

　③ 使用这个项集更新 FP 树，从 FP 树的根节点开始进行。

　　a. 如果当前项集的第一个元素项存在于 FP 树当前节点的子节点中，则更新这个子节点的计数值。

　　b. 否则，创建新的子节点，更新头指针表。

　　c. 对当前项集的其余元素项和当前元素项的对应子节点递归③的过程。

3. 从 FP 树中挖掘频繁项集

有了 FP 树之后，就可以抽取频繁项集了。这里的思路与 Apriori 算法大致类似，首先

从单元素项集合开始，然后在此基础上逐步构建更大的集合。从 FP 树中抽取频繁项集的基本步骤如下。

（1）从 FP 树中获得条件模式基。

从头指针表中最下面的频繁元素项开始，构造每个元素项的条件模式基。条件模式基是以所查找元素项为结尾的路径集合，这里每一条路径都是该元素项的前缀路径。条件模式基的频繁度为路径上该元素项的频繁度计数。

（2）利用条件模式基，构建一个条件 FP 树。

对于每一个频繁项，都需要创建一棵条件 FP 树。使用刚才创建的条件模式基作为输入，累加每个条件模式基上的元素项频繁度，过滤低于阈值的元素项，采用同样的建树代码构建 FP 树。递归发现频繁项、条件模式基和另外的条件树。

（3）迭代重复步骤（1）和步骤（2），直到树包含一个元素项，这样就获得了所有的频繁项集。

FP-Growth 算法提取频繁项集的伪代码为：

算法：FP-Growth(FP-Tree, α)；

输入：已经构造好的 FP-Tree，项集 α（初值为空），最小支持度 min_sup；

输出：事务数据集 D 中的频繁项集 L；

L 初值为空

if Tree 只包含单个路径 P then

for 路径 P 中节点的每个组合（记为 β）do

   产生项目集 α ∪ β，其支持度 support 等于 β 中节点的最小支持度数；

return L = L ∪ 支持度数大于 min_sup 的项目集 β ∪ α

   else   // 包含多个路径

      for Tree 的头表中的每个频繁项 αf do

      产生一个项目集 β = αf ∪ α，其支持度等于 αf 的支持度；

        构造 β 的条件模式基 B，并根据 B 构造 β 的条件 FP- 树 Tree β；

        if Tree β ≠ Φ then

          递归调用 FP-Growth(Tree β , β)；

        end if

      end for

   end if

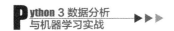

10.3　项目实战（解决目前流行的实际问题）

10.3.1　用 Apriori 进行关联分析的实例

【实例 10–1】假设有 1、2、3、4、5 五种商品，它们的交易记录如下表所示，使用 Apriori 算法找出所有频繁项集，并生成关联规则。关联分析过程及 Python 实现如下。

表 10-2　商品交易记录表

交易号	商品代码
T1	1, 3, 4
T2	2, 3, 5
T3	1, 2, 3, 5
T4	2, 5

1.　模拟生成示例数据

本示例共包含 4 个数据，分别是 [1, 3, 4], [2, 3, 5], [1, 2, 3, 5], [2, 5]，如下图所示。

```
Python 3.6 (64-bit)
>>> def loadDataSet():
...     return [[1, 3, 4], [2, 3, 5], [1, 2, 3, 5], [2, 5]]
...
>>>
```

2.　生成候选项

构建候选项集合，包含元素大小为 1 的所有候选项，分别是 [1], [2], [3], [4], [5]，如下图所示。

```
选择Python 3.6 (64-bit)
>>> def createC1(dataSet):
...     该函数的作用将构建集合C1，C1是元素大小为1的所有候选项集的集合
...     C1 = []
...     for transaction in dataSet:
...         for item in transaction:
...             if not [item] in C1:
...                 C1.append([item])
...
...     C1.sort()
...     return list(map(frozenset, C1))#use frozen set so we
...                                    #can use it as a key in a dict
```

3.　生成频繁项

定义函数 scanD(D, Ck, minSupport)，其中，D 表示数据集，Ck 为候选项集列表，minSupport 为最小支持度，本例中设定最小支持度为 0.5。该函数的作用是从候选项集中

生成频繁项集，函数还输出一个包含支持度值的字典，字典中的支持度在生成频繁项集和关联规则时都会用到，如下图所示。

```
def scanD(D, Ck, minSupport):
    ssCnt = {}
    for tid in D:
        for can in Ck:
            if can.issubset(tid):
                if can not in (ssCnt.keys()): ssCnt[can]=1
                else: ssCnt[can] += 1
    numItems = float(len(D))
    retList = []              #用来生成Lk的频繁项集列表并返回
    supportData = {}          #用来生成包含支持度值的字典并返回

    #计算字典中的key，即计算频繁集中的元素的支持度，用字典的key保
存该元素，对应的值保存该元素的支持度，如果该元素的支持度大于最小支持度
则添加到频繁项集列表
    for key in ssCnt:
        support = ssCnt[key]/numItems
        if support >= minSupport:
            retList.insert(0,key)
        supportData[key] = support
    return retList, supportData
```

4. 频繁项组合

在得到频繁项的基础上，需要进一步将频繁项组合并计算它们的支持度。这里定义的apriori() 函数是整个算法的核心，它的输入为数据集和最小支持度，返回一个包含整个频繁项集的列表和频繁项集列表中每个元素对应的支持度值的字典，如下图所示。

```
            L1 = list(Lk[i])[:k-2]; L2 = list(Lk[j])[:k-2]
            L1.sort(); L2.sort()
            if L1==L2: #if first k-2 elements are equal
                retList.append(Lk[i] | Lk[j]) #set union
    return retList
def apriori(dataSet, minSupport = 0.5):
    C1 = createC1(dataSet)
    D = list(map(set, dataSet))
    L1, supportData = scanD(D, C1, minSupport)
    L = [L1]
    k = 2            #前面已经生成了频繁项集L1，因此后面生成Ck的时候项集元素个数直接
从2开始，因此这里k=2

    #while循环的作用：通过L1往后找L2、L3...，它创建包含更大项集的更大列表，直到
下一个大的项集为空
    while (len(L[k-2]) > 0):
        Ck = aprioriGen(L[k-2], k)
        Lk, supK = scanD(D, Ck, minSupport)#scan DB to get Lk
        supportData.update(supK)#将字典supK的东西添加到supportData字典中（suppo
rtData中有对应的key则将其值覆盖，若没有对应的key值则添加之）
        L.append(Lk)
        k += 1
    return L, supportData
```

5. 生成关联规则

由于小于最小支持度阈值的项集已经剔除，剩余项集形成的规则中如果大于设定的最小置信度阈值，则认为它们是强关联规则，这里设定的最小置信度 minConf 为 0.7，如下图所示。

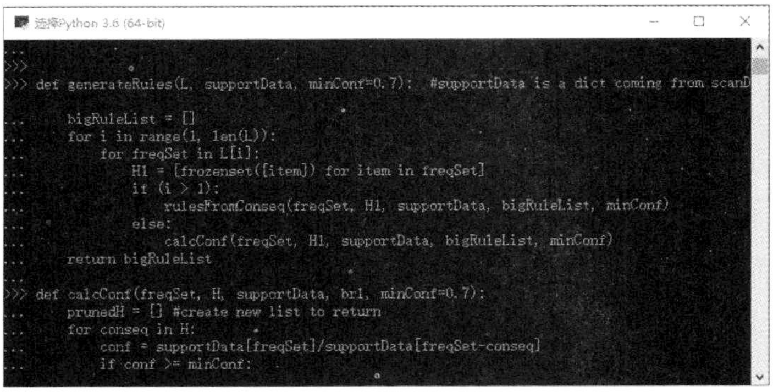

```
选择Python 3.6 (64-bit)
...
>>>
>>> def generateRules(L, supportData, minConf=0.7):  #supportData is a dict coming from scanD
...
...     bigRuleList = []
...     for i in range(1, len(L)):
...         for freqSet in L[i]:
...             H1 = [frozenset([item]) for item in freqSet]
...             if (i > 1):
...                 rulesFromConseq(freqSet, H1, supportData, bigRuleList, minConf)
...             else:
...                 calcConf(freqSet, H1, supportData, bigRuleList, minConf)
...     return bigRuleList
...
>>> def calcConf(freqSet, H, supportData, brl, minConf=0.7):
...     prunedH = [] #create new list to return
...     for conseq in H:
...         conf = supportData[freqSet]/supportData[freqSet-conseq]
...         if conf >= minConf:
```

6. Apriori 算法的测试

使用如下命令生成数据的频繁项集及其支持度，代码及结果如下。

```
Python 3.6 (64-bit)
>>> if __name__ == "__main__":
...     #test 1  测试Apriori算法
...     dataSet_1 = loadDataSet()
...     L, suppData = apriori(dataSet_1)
...     print (L)
...     print ("\n" + "--------------------" + "\n")
...     print (suppData)
...
[[frozenset({5}), frozenset({2}), frozenset({3}), frozenset({1})], [frozenset({2,
3}), frozenset({3, 5}), frozenset({2, 5}), frozenset({1, 3})], [frozenset({2, 3, 5
})], []]

--------------------

{frozenset({1}): 0.5, frozenset({3}): 0.75, frozenset({4}): 0.25, frozenset({2}):
0.75, frozenset({5}): 0.75, frozenset({1, 3}): 0.5, frozenset({2, 5}): 0.75, froze
nset({3, 5}): 0.5, frozenset({2, 3}): 0.5, frozenset({1, 5}): 0.25, frozenset({1,
2}): 0.25, frozenset({2, 3, 5}): 0.5}
>>>
```

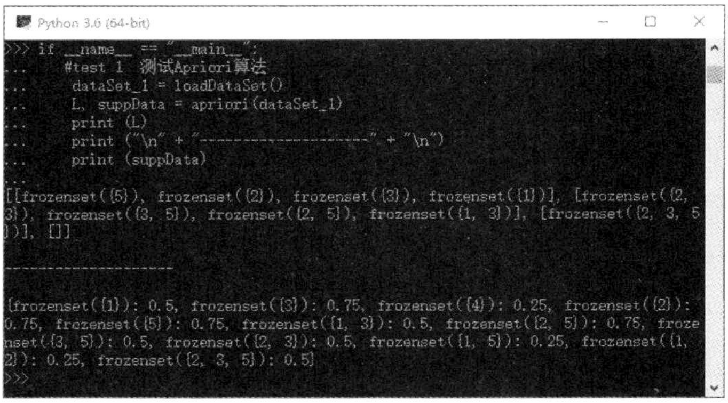

使用如下命令生成关联规则。

```
rules = generateRules(L, suppData, minConf=0.7)
```

共发现 3 条关联规则，结果如下图所示。

```
Python 3.6 (64-bit)
>>> rules = generateRules(L, suppData, minConf=0.7)
frozenset({5}) --> frozenset({2}) conf: 1.0
frozenset({2}) --> frozenset({5}) conf: 1.0
frozenset({1}) --> frozenset({3}) conf: 1.0
```

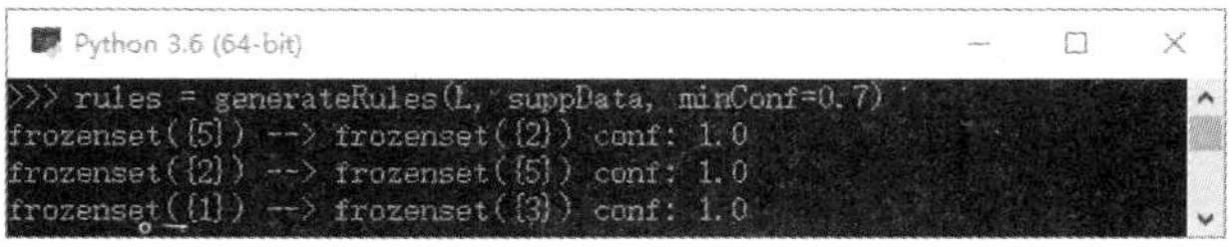

其中，frozenset({1}) --> frozenset({3}) 表示购买商品 1 的人必然也会购买商品 3。而 {2} 和 {5} 的前件与后件可以互换。

关联规则作为无监督算法，其可发现隐藏在数据背后的规律，因而在商业上得到较多运用，尤其是对用户购物行为、搜索推荐等行为分析。Apriori 算法易于理解和实现，在具体应用中要注意设定合适的最小支持度和最小置信度，因此要根据业务场景和实际运用来不断调整参数。

10.3.2　使用 FP-Growth 算法提取频繁项集

【实例 10-2】假设有下表所示的文本事务样例数据，最小支持度阈值设为 3，使用 FP-Growth 算法提取频繁项集。具体过程及 Python 代码实现如下。

表 10-3 生成 FP 树的文本事务数据

事务 ID	事务中的元素项
001	r, z, h, j, p
002	z, y, x, w, v, u, t, s
003	z
004	r, x, n, o, s
005	y, r, x, z, q, t, p
006	y, z, x, e, q, s, t, m

创建 FP 树的数据结构，用一个类来表示树节点结构，其代码为：

```
class treeNode:
    def __init__(self, nameValue, numOccur, parentNode):
        self.name = nameValue
        self.count = numOccur
        self.nodeLink = None
        self.parent = parentNode
        self.children = {}

    def inc(self, numOccur):
        self.count += numOccur

    def disp(self, ind=1):
        print ' ' * ind, self.name, ' ', self.count
        for child in self.children.values():
            child.disp(ind + 1)
```

每个树节点由 5 个数据项组成。

① name：节点元素名称，在构造时初始化为给定值。

② count：出现次数，在构造时初始化为给定值。

③ nodeLink：指向下一个相似节点的指针，默认为 None。

④ parent：指向父节点的指针，在构造时初始化为给定值。

⑤ children：指向子节点的字典，以子节点的元素名称为键，指向子节点的指针为值，

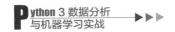

初始化为空字典。

成员函数如下。

① inc()：增加节点的出现次数值。

② disp()：输出节点和子节点的 FP 树结构。

1. 构建 FP 树

通过 createTree()、updateTree() 和 updateHeader()3 个主要函数来构建 FP 树。其中，createTree() 的输入参数是数据集及最小支持度，函数最后返回一个 FP 树及头指针表。FP 树构建过程中需要两次扫描数据集，第一次扫描是为了统计每个元素项出现的频度，并移除不满足最小支持度的元素项。第二次扫描数据集记录每个元素项的频率，并对元素项按频度降序排序，使用排序后的频率项集对树进行填充，其代码为：

```python
def createTree(dataSet, minSup=1):
    headerTable = {}
    for trans in dataSet:
        for item in trans:
            headerTable[item] = headerTable.get(item, 0) + dataSet[trans]
    for k in list(headerTable):
        if headerTable[k] < minSup:
            del(headerTable[k])
    freqItemSet = set(headerTable.keys())
    #print 'freqItemSet: ',freqItemSet
    if len(freqItemSet) == 0: return None, None
    for k in headerTable:
        headerTable[k] = [headerTable[k], None]
    #print 'headerTable: ',headerTable
    retTree = treeNode('Null Set', 1, None) #create tree
    for tranSet, count in dataSet.items():
        localD = {}
        for item in tranSet:
            if item in freqItemSet:
                localD[item] = headerTable[item][0]
        if len(localD) > 0:
```

```
        orderedItems = [v[0] for v in sorted(localD.items(), key=lambda p: p[1], reverse=True)]
        updateTree(orderedItems, retTree, headerTable, count)
    return retTree, headerTable
```

构建 FP 树还需要 updateTree() 和 updateHeader() 两个函数进行辅助，其中，函数 updateTree(items, inTree, headerTable, count) 用频繁项集来使 FP 树生长。updateHeader(nodeToTest, targetNode) 函数用来更新头指针表，确保节点链接指向树中该元素项的每一个实例。

2. 挖掘频繁项集

有了 FP 树之后，就可以抽取频繁项集了。这里的思路与 Apriori 算法大致类似，首先从单元素项集合开始，然后在此基础上逐步构建更大的集合。

首先，获取条件模式基。条件模式基是以所查找元素项为结尾的路径集合，表示的是所查找的元素项与树根节点之间的所有内容。为了得到这些前缀路径，结合之前所得到的头指针表，头指针表中包含相同类型元素链表的起始指针，根据每一个元素项都可以上溯到这棵树直到根节点。该过程对应的代码为：

```
def ascendTree(leafNode, prefixPath):
    if leafNode.parent != None:
        prefixPath.append(leafNode.name)
        ascendTree(leafNode.parent, prefixPath)


def findPrefixPath(basePat, treeNode): #treeNode comes from header table
    condPats = {}
    while treeNode != None:
        prefixPath = []
        ascendTree(treeNode, prefixPath)
        if len(prefixPath) > 1:
            condPats[frozenset(prefixPath[1:])] = treeNode.count
        treeNode = treeNode.nodeLink
    return condPats
```

有了 FP 树和条件 FP 树，就可以在前两步的基础上递归查找频繁项集，对应的函数为：

```
def mineTree(inTree, headerTable, minSup, preFix, freqItemList):
    bigL = [v[0] for v in sorted(headerTable.items(), key=lambda p: str(p[1]))]
```

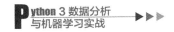

```
    for basePat in bigL:
        newFreqSet = preFix.copy()
        newFreqSet.add(basePat)
        freqItemList.append(newFreqSet)
        condPattBases = findPrefixPath(basePat, headerTable[basePat][1])
        myCondTree, myHead = createTree(condPattBases, minSup)
        if myHead != None: #3. mine cond. FP-Tree
            print ('conditional tree for: ',newFreqSet)
            mineTree(myCondTree, myHead, minSup, newFreqSet, freqItemList)
```

3. 生成数据集

在进行测试之前需要构造自己的数据集，对实例 2 所示的文本事物数据可以采用如下代码生成数据。loadSimpDat() 函数和 createInitSet() 函数为简单数据集及数据包装器，它们将数据集构造成了元素项及其对应频率计数值的字典 retDict。

```
def loadSimpDat():
    simpDat = [['r', 'z', 'h', 'j', 'p'],
            ['z', 'y', 'x', 'w', 'v', 'u', 't', 's'],
            ['z'],
            ['r', 'x', 'n', 'o', 's'],
            ['y', 'r', 'x', 'z', 'q', 't', 'p'],
            ['y', 'z', 'x', 'e', 'q', 's', 't', 'm']]
    return simpDat
def createInitSet(dataSet):
    retDict = {}
    for trans in dataSet:
        retDict[frozenset(trans)] = 1
    return retDict
```

FP 树条件模式基及频繁项集的生成实现：

```
myFreqList = []
mineTree(myFPtree, myHeaderTab, minSup, set([]), myFreqList)
print (myFreqList)
```

生成的条件模式基及频繁项集结果为：

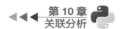

conditional tree for: {'s'}

conditional tree for: {'y'}

conditional tree for: {'y','z'}

conditional tree for: {'t'}

conditional tree for: {'x','t'}

conditional tree for: {'t','z'}

conditional tree for: {'x','t','z'}

conditional tree for: {'x'}

[{'r'},{'s'},{'s','x'},{'y'},{'y','x'},{'y','z'},{'y','x','z'},{'t'},{'y','t'},{'x','t'},{'y','x','t'},{'t','z'},{'y','t','z'},{'x','t','z'},
{'y','x','t','z'},{'x'},{'x','z'},{'z'},

4. 测试 FP-Growth 算法

设置最小支持度为 3，使用如下代码测试 FP-Growth 算法。

```
if __name__ == "__main__":
    minSup = 3
    simpDat = loadSimpDat()
    initSet = createInitSet(simpDat)
    myFPtree, myHeaderTab = createTree(initSet, minSup)
    myFPtree.disp()
```

用文本形式展示 FP 树，其结果如下图所示。

```
In [9]: myFPtree.disp()
   Null Set    1
     z    5
       r    1
       x    3
         s    2
           t    2
             y    2
       r    1
         t    1
           y    1
     x    1
       r    1
         s    1
```

10.4 自测练习

1. 点餐数据关联分析

某餐饮企业的点餐数据如下表所示，采用 Apriori 算法分析顾客点菜的频繁项集，并生成菜品之间的关联规则。

表 10-4 点餐数据集

订单号	菜单代号及名称
D1	1. 黄河鲤鱼，2. 北京烤鸭，3. 大拌菜，4. 麻婆豆腐，5. 红烧肥肠，9. 啤酒
D2	3. 大拌菜， 4. 麻婆豆腐，5. 红烧肥肠，8. 米饭，9. 啤酒
D3	1. 黄河鲤鱼，2. 北京烤鸭，3. 大拌菜
D4	2. 北京烤鸭，3. 大拌菜，4. 麻婆豆腐，5. 红烧肥肠，9. 啤酒
D5	4. 麻婆豆腐，5. 红烧肥肠，8. 米饭，9. 啤酒

对以上点餐数据集，设置最小支持度为 0.5，最小置信度为 0.7，根据菜品代码生成的频繁项集及关联规则的参考结果如下图所示。

```
[[frozenset({9}), frozenset({5}), frozenset({4}), frozenset({3}), fro
zenset({2})], [frozenset({2, 3}), frozenset({3, 4}), frozenset({3, 5}
), frozenset({4, 5}), frozenset({9, 3}), frozenset({9, 4}), frozenset
({9, 5})], [frozenset({9, 4, 5}), frozenset({9, 3, 5}), frozenset({9,
 3, 4}), frozenset({3, 4, 5})], [frozenset({3, 4, 5, 9})], []]

--------------------

{frozenset({1}): 0.4, frozenset({2}): 0.6, frozenset({3}): 0.8, froze
nset({4}): 0.8, frozenset({5}): 0.8, frozenset({9}): 0.8, frozenset({
3}): 0.4, frozenset({9, 5}): 0.8, frozenset({9, 4}): 0.8, frozenset({
9, 3}): 0.6, frozenset({9, 2}): 0.4, frozenset({4, 5}): 0.8, frozense
t({3, 5}): 0.6, frozenset({2, 5}): 0.4, frozenset({3, 4}): 0.6, froze
nset({2, 4}): 0.4, frozenset({2, 3}): 0.6, frozenset({3, 4, 5}): 0.6,
 frozenset({9, 3, 4}): 0.6, frozenset({9, 3, 5}): 0.6, frozenset({9,
4, 5}): 0.8, frozenset({3, 4, 5, 9}): 0.6}
frozenset({3}) --> frozenset({2}) conf: 0.7499999999999999
frozenset({2}) --> frozenset({3}) conf: 1.0
frozenset({4}) --> frozenset({3}) conf: 0.7499999999999999
frozenset({3}) --> frozenset({4}) conf: 0.7499999999999999
frozenset({5}) --> frozenset({3}) conf: 0.7499999999999999
frozenset({3}) --> frozenset({5}) conf: 0.7499999999999999
frozenset({5}) --> frozenset({4}) conf: 1.0
frozenset({4}) --> frozenset({5}) conf: 1.0
frozenset({3}) --> frozenset({9}) conf: 0.7499999999999999
frozenset({9}) --> frozenset({3}) conf: 0.7499999999999999
frozenset({4}) --> frozenset({9}) conf: 1.0
frozenset({9}) --> frozenset({4}) conf: 1.0
```

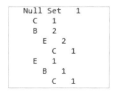

2. 商品交易信息关联分析

对实例 1 中的商品交易信息，用 A、B、C、D、E 分别代表相应的商品，除了采用 Apriori 算法进行关联分析之外，也可以采用 FP-Growth 算法挖掘其中的频繁项集，其中 FP 树及频繁项集的参考结果如下图所示。

```
 Null Set   1
   C   1
   B   2
     E   2
       C   1
   E   1
     B   1
       C   1
```

```
In [10]: print (myFreqList)
[{'C'}, {'E'}, {'B'}]
```

第 11 章
网络爬虫

人们在日常上网浏览网页的时候，经常会看到一些好看的图片，就希望把这些图片保存到自己的计算机上。这时，可以通过右击图片选择"另存为"命令或截取工具把图片保存起来。但有些图片在右击的时候并没有出现"另存为"选项，而且截取工具会降低图片的清晰度。这时就可以通过 Python 来实现保存功能，把想要的信息保存到本地这就是网络爬虫，它们被广泛用于互联网搜索引擎或其他类似网站，以获取或更新这些网站的内容和检索方式。它们可以自动采集所有其能够访问到的页面内容，以供搜索引擎做进一步处理，而使用户能更快地检索到他们需要的信息。

本章将介绍以下内容：

- 网络爬虫概述
- 网页抓取策略和方法
- 用 Python 抓取指定的网页
- 用 Python 抓取包含关键词的网页
- 用 Python 抓取贴吧中的图片

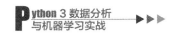

11.1　网络爬虫概述

网络爬虫又被称为网页蜘蛛、网络机器人，有时也被称为网页追逐者，是一种按照一定的规则，自动地抓取互联网上网页中相应信息（文本、图片等）的程序或脚本，然后把抓取的信息存储到自己的计算机上。简单来说，爬虫就是抓取目标网站内容的工具，一般是根据定义的行为自动进行抓取，更智能的爬虫会自动分析目标网站结构，类似于搜索引擎的爬虫。

从功能上来讲，网络爬虫一般分为数据采集、处理、储存 3 个部分。它的基本工作流程如下。

（1）选取具有代表性的部分网址作为种子 URL。

（2）将这些种子 URL 放入待抓取 URL 队列。

（3）从待抓取 URL 队列中取出其他的待抓取的 URL，经过解析得到对应的主机的 IP，然后将该地址对应的网页下载下来，存储到已下载网页库中。

（4）把这些已经抓取过网页的 URL 放进已抓取 URL 队列。

（5）分析已抓取 URL 队列中的 URL，分析其中含有的其他 URL 地址，并且将这些 URL 地址放入待抓取 URL 队列。

（6）返回步骤（3），重复进行步骤（3）（4），直到待抓取 URL 队列为空，或者满足设置的其他结束条件。

下图所示为大致的框架流程。

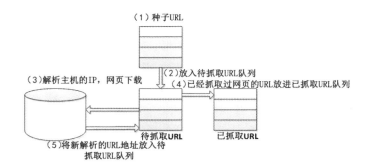

11.1.1　网络爬虫原理

网络爬虫系统的功能是下载网页数据，为搜索引擎系统提供数据来源。很多大型的网络搜索引擎系统都是从网络上抓取数据进行二次分析，如人们日常生活中经常使用的百度等搜索网站。

网络爬虫系统一般会选择一些网页中含有较多超链接的较大网站作为种子 URL 集合。网络爬虫系统以这些种子集合作为初始 URL，开始数据的抓取。因为这些网页中一般还含有其他超链接信息，所以会从这些网页提取其他的链接信息形成一些新的 URL。我们可以把网页之间的链接信息的结构看成一个森林，每个种子 URL 对应的网页是森林中的一棵树的根节点。正是因为这种采集过程像一个爬虫或蜘蛛在网络上漫游，所以它才被称为网络爬虫系统或网络蜘蛛系统，在英文中称为 Spider 或 Crawler。

Web 网络爬虫系统首先将种子 URL 放入下载队列，然后简单地从队首取出一个 URL 下载其对应的网页。得到网页的内容将其存储后，再经过解析网页中的链接信息可以得到一些新的 URL，将这些 URL 加入下载队列。然后取出一个 URL，对其对应的网页进行下载，再解析，如此反复进行，直到遍历了整个网络或满足某种条件后才会停止下来。

网络爬虫的系统框架主要由控制器、解析器、资源库三部分组成。

（1）控制器：主要负责根据系统传过来的 URL 链接，分配线程，然后启动线程调用爬虫抓取网页的过程。

（2）解析器：负责网络爬虫的主要部分，其负责的工作主要有下载网页的功能、对网页的文本进行处理（如过滤功能，将一些 JS 脚本标签、CSS 代码内容、空格字符、HTML 标签等内容处理掉）、抽取特殊 HTML 标签、分析数据。

（3）资源库：主要是用来存储网页中下载的数据记录的容器，并提供生成索引的目标源。中大型的数据库产品有 Oracle、Sql Server 等。

11.1.2 爬虫分类

网络爬虫按照系统结构和实现技术，大致可以分为传统爬虫、通用网络爬虫、聚焦网络爬虫等几种类型。

（1）传统爬虫从一个或若干初始网页的 URL 开始，获得初始网页上的 URL，在抓取网页的过程中，不断从当前页面上抽取新的 URL 放入队列，直到满足系统的一定停止条件。

（2）聚焦爬虫的工作流程较为复杂，需要根据一定的网页分析算法过滤与主题无关的链接，保留有用的链接并将其放入等待抓取的 URL 队列。然后，它将根据一定的搜索策略从队列中选择下一步要抓取的网页 URL，并重复上述过程，直到达到系统的某一条件时停止。另外，所有被爬虫抓取的网页将会被系统存储，进行一定的分析、过滤，并建立索引，以便之后的查询和检索；对于聚焦爬虫来说，这一过程所得到的分析结果还可能对以后的抓取过程给出反馈和指导。

（3）通用网络爬虫又称全网爬虫，爬行对象从一些种子 URL 扩充到整个 Web，主要为门户站点搜索引擎和大型 Web 服务提供商采集数据。这类网络爬虫的爬行范围和数量巨大，对于爬行速度和存储空间要求较高，对于爬行页面的顺序要求相对较低，同时由于待刷新的页面太多，通常采用并行工作方式，但需要较长时间才能刷新一次页面。虽然存在一定缺陷，但通用网络爬虫适用于为搜索引擎搜索广泛的主题，有较强的应用价值。

实际的网络爬虫系统通常是几种爬虫技术相结合实现的。

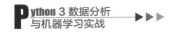

11.2　网页抓取策略和方法

11.2.1　网页抓取策略

在爬虫系统中，待抓取 URL 队列是很重要的一部分。待抓取 URL 队列中的 URL 以什么样的顺序排列也是一个很重要的问题，因为这涉及先抓取哪个页面，后抓取哪个页面。而决定这些 URL 排列顺序的方法，称为抓取策略。下面重点介绍几种常见的抓取策略。

（1）宽度优先搜索：是指在抓取过程中，在完成当前层次的搜索后，才进行下一层次的搜索。该算法的设计和实现相对简单。为覆盖尽可能多的网页，一般使用宽度优先的搜索方法。这些方法的缺点在于，随着抓取网页的增多，大量的无关网页将被下载并过滤，算法的效率将变低。

（2）深度优先搜索：是指从起始网页开始，选择一个 URL 进入，分析这个网页中的 URL，一个链接一个链接地抓取下去，直到处理完一条路线之后再处理下一条 URL 中的路线。

例如，下图中深度优先搜索的遍历方式是 A 到 B 到 D 到 E 到 C 到 F（ABDECF），而宽度优先搜索的遍历方式是 ABCDEF 。

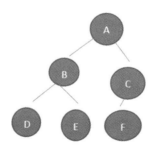

（3）最佳优先搜索：最佳优先搜索策略按照一定的网页分析算法，预测候选 URL 与目标网页的相似度，或者与主题的相关性，并选取评价最好的一个或几个 URL 进行抓取。

（4）反向链接数策略：反向链接数是指一个网页被其他网页链接指向的数量。反向链接数表示的是一个网页的内容受到其他人的推荐的程度。

（5）Partial PageRank 策略：Partial PageRank 算法借鉴了 PageRank 算法的思想，对于已经下载的网页，连同待抓取 URL 队列中的 URL，形成网页集合，计算每个页面的 PageRank 值，计算完之后，将待抓取 URL 队列中的 URL 按照 PageRank 值的大小排列，并按照该顺序抓取页面。

11.2.2　网页抓取的方法

在实际网络爬虫开发过程中，主要有以下 3 类方法。

1. 分布式爬虫

分布式爬虫主要用于目前互联网中海量 URL 管理,它包含多个爬虫,每个爬虫需要完成的任务和单个的爬行器类似。它们从互联网上下载网页,并把网页保存在本地的磁盘,从中抽取 URL 并沿着这些 URL 的指向继续爬行。由于并行爬行器需要分割下载任务,可能爬虫会将自己抽取的 URL 发送给其他爬虫。这些爬虫可能分布在同一个局域网之中,或者分散在不同的地理位置。

现在比较流行的分布式爬虫是 Apache 的 Nutch。Nutch 依赖 hadoop 运行,hadoop 本身会消耗很多的时间。Nutch 是为搜索引擎设计的爬虫,如果不是要做搜索引擎,尽量不要选择 Nutch 作为爬虫。

2. Java 爬虫

Java 爬虫就是用 Java 开发的抓取网络资源的小程序,常用的工具包括 Crawler4j、WebMagic、WebCollector 等。这种方法要求使用者对于 Java 较为熟悉。

3. 非 Java 爬虫

在非 Java 语言编写的爬虫中,有很多优秀的,如 Scrapy 框架。使用框架可以大大提高效率,缩短开发时间。Scrapy 是由 Python 编写的,轻量级的、高层次的屏幕抓取框架,使用起来非常方便。它最吸引人的地方在于它是一个框架,任何使用者都可以根据自己的需求进行修改,并且它具有一些高级函数,可以简化网站抓取的过程。总之,使用 Scrapy 可以很方便地完成网上数据的采集工作,并能完成大量的工作,而不需要程序开发者自己费大力气去开发。

11.3 项目实战

先看一个简单的网络爬虫,从而对网络抓取的工作过程有一个大致的了解。

11.3.1 用 Python 抓取指定的网页

【实例 11-1】抓取豆瓣首页。

在这个实例中,使用 urllib 模块。urllib 模块提供了读取 Web 页面数据的接口,人们可以像读取本地文件一样读取 www 和 ftp 上的数据。urllib 是一个 URL 处理包,这个包中集合了一些处理 URL 的模块。

(1)urllib.request 模块是用来打开和读取 URLs 的。

(2)urllib.error 模块包含一些由 urllib.request 产生的错误,可以用 try 进行捕捉处理。

(3)urllib.parse 模块包含一些解析 URLs 的方法。

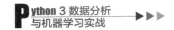

（4）urllib.robotparser 模块用来解析 robots.txt 文本文件。它提供了一个单独的 RobotFileParser 类，通过该类提供的 can_fetch() 方法测试爬虫是否可以下载一个页面。

在 Python 3 版本中，这个模块的名称是 urllib，而 Python 2 版本中使用的是 urllib2。

下面给出抓取豆瓣首页的代码：

```python
import urllib.request
# 下面代码给出要抓取的网址
url = "https://www.douban.com/"
# 发出请求
request = urllib.request.Request(url)
# 打开和读取 URL 请求并且抓取网页内容
response = urllib.request.urlopen(request)
data = response.read()
# 设置解码方式
data = data.decode('utf-8')
# 打印结果
print(data)
```

部分结果截图如下。

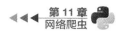

其实这就是浏览器接收到的信息，也就是网页的源代码，只不过在使用浏览器的时候，浏览器已经将这些信息转化成了界面信息供人们浏览，如下图所示。

下面的代码可以打印抓取网页的各类信息：

```
print(type(response))
```

```
print(response.geturl())
```

```
print(response.info())
```

```
print(response.getcode())
```

11.3.2 用 Python 抓取包含关键词的网页

【实例 11-2】抓取百度搜索引擎中关键词为 Ferrari Car 的网页。

这个实例和上一个实例实现方法基本一样，代码为：

```
import urllib
```

```
import urllib.request
```

```
data={}
```

```
data['word']=' Ferrari Car'
```

```
url_values=urllib.parse.urlencode(data)
```

```
url="http://www.baidu.com/s?"
```

```
full_url=url+url_values
```

```
data=urllib.request.urlopen(full_url).read()
```

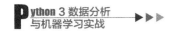

```
data=data.decode('UTF-8')
print(data)
```

其中，定义 data 为字典，然后通过 urllib.parse.urlencode() 来将 data 转换为 'word=
Ferrari+ Car' 的字符串，最后和 url 合并为 full_url。

对应网页如下图所示。

11.3.3　下载贴吧中的图片

【实例 11-3】贴吧中图片下载。

因为贴吧中图片标签内一般是下面格式：

```
<img class="..." src="..." pic_ext="jpeg" ...>
```

因此，使用的正则表达式为：

```
r'src="([.*\S]*\.jpg)" pic_ext="jpeg"'
```

下面给出使用 Python 抓取贴吧中图片的步骤。

（1）获取网页源代码的方法。

```
def getHtml(url):
    page = urllib.request.urlopen(url)
    html = page.read()
    return html
```

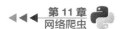
（2）下面代码获取帖子内所有图片地址。

```
def getImg(html):
    reg = r'src="([.*\S]*\.jpg)" pic_ext="jpeg"'
    imgre = re.compile(reg);
    imglist = re.findall(imgre, html)
 return imglist
```

（3）修改 html 对象内的字符编码为 UTF-8 。

```
html = html.decode('UTF-8')
```

（4）使用 getHtml() 输入任意帖子的 URL 地址。

```
html = getHtml("http://tieba.baidu.com/p/3205263090")
```

（5）使用下面代码循环保存图片。

```
imgList = getImg(html)
imgName = 0
for imgPath in imgList:
    f = open(str(imgName)+".jpg", 'wb')
        f.write((urllib.request.urlopen(imgPath)).read())
        f.close()
        imgName += 1
        print(' 正在下载第 %s 张图片 '%imgName)
print(" 该网站图片已经下载完 !")
```

结果如下图所示。

> **注 意**
>
> 有些网站中图片标签内不是下面的格式：
> <img class="..." src="..." pic_ext="jpeg" ...>

这是因为这些网站的所有图片都是动态加载的。网站有静态网站和动态网站之分，上面的实战抓取图片的网站是静态网站，动态网站的图片是动态加载的，其目的就是反爬虫。此时需要使用其他反爬虫的技术进行抓取，使用的技术更为复杂，这里就不介绍了。

11.3.4　股票数据抓取

前面已经了解到，要进行数据分析必须有数据，然而数据收集是很费时费力的事情，有些网站中会有需要的数据，如果能把这些数据下载到计算机中，对后面使用机器学习算法处理非常有用。例如，下图所示的是某一日的股票行情信息。

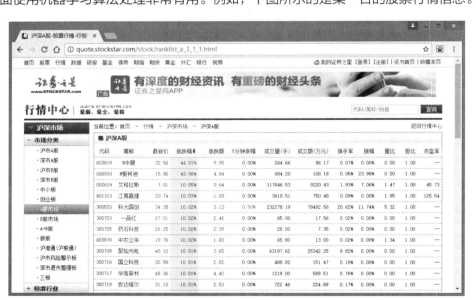

如果想得到上面表格中的数据，可以使用网络爬虫实现。前面已经介绍过抓取网页代码的基本方法，虽然抓取一页的网页代码简单，但是抓取整个网站内的大量网页源码，会被服务器认为异常，遭到服务器拦截。下面就介绍如何在这种情况下实现数据的抓取。

很多服务器通过浏览器发给它的报头来确认是正常用户还是非法用户，所以可以通过模仿浏览器的行为构造请求报头给服务器发送请求。服务器会从其中的一些参数来识别你是不是正常用户，很多网站都会识别 User-Agent 这个参数。可以使用下面代码模拟浏览器

请求报头：

```
headers={"User-Agent":"Mozilla/5.0 (Windows NT 10.0; WOW64)"}
```

不过，使用这种方法模拟浏览器请求报头，连续抓取几页后有可能就被服务器识别并且阻止了。因此必须在抓取数据时模拟不同的浏览器发送请求，每次抓取页面可以通过随机生成不同的 User-Agent 构造报头去请求服务器，这样服务器就不会认为是有人故意抓取网站内容了。在编制抓取代码中，可以使用 random.choice 函数随机选择不同的 User-Agent 构造报头，代码为：

```
request=urllib.request.Request(url=url,headers={"User-Agent":random.choice(user_
agent)})
```

另外，上面介绍的方法虽然可以模拟不同浏览器抓取数据，但发现有的时间段可以抓取上百页的数据，有的时间段却只能抓取十来页，这是因为服务器还会根据访问的频率来识别是正常访问还是网络爬虫。因此每抓取一页都随机休眠几秒，这样就可以避免被服务器发现是故意抓取数据了，代码为：

```
time.sleep(random.randrange(1,4))
```

上面代码实现每抓一页随机休眠几秒，数值可根据实际情况改动。

介绍了实现的基本原理，下面看一下程序。

【实例 11-4】股票数据抓取。

该程序主要由三部分组成：网页源码的获取、删除冗余的内容及标签和结果的显示。

1. 网页源码的获取

```
url='http://quote.stockstar.com/stock/ranklist_a_3_1_1.html' # 目标网址
headers={"User-Agent":"Mozilla/5.0 (Windows NT 10.0; WOW64)"}
# 伪装浏览器请求报头
request=urllib.request.Request(url=url,headers=headers) # 请求服务器
response=urllib.request.urlopen(request) # 服务器应答
content=response.read().decode('gbk')  # 以一定的编码方式查看源码
for page in range(1,8):
    url='http://quote.stockstar.com/stock/ranklist_a_3_1_'+str(page)+'.html'
    request=urllib.request.Request(url=url,headers={"User-Agent":random.choice(user_
agent)}) # 随机从 user-agent 列表中抽取一个元素
    content=response.read().decode('gbk')    # 读取网页内容
```

2. 删除冗余的内容

获取网页源码后，就可以从中提取所需要的数据了。如前所述，提取的网页内容中有很多 html 的标签、空格等内容，此时需要从源码删除这些信息这里仍然使用正则表达式，

代码为：

```
pattern=re.compile('<tbody[\s\S]*</tbody>')

body=re.findall(pattern,str(content))

pattern=re.compile('>(.*?)<')

stock_page=re.findall(pattern,body[0])      # 正则匹配

stock_total.extend(stock_page)

time.sleep(random.randrange(1,4))
```

3. 结果的显示

```
print(' 代码 ','\t',' 简称 ','   ','\t',' 最新价 ','\t',' 涨跌幅 ','\t',' 涨跌额 ','\t','5 分钟涨幅 ')

for i in range(0,len(stock_last),13):          # 网页总共有 13 列数据

    print(stock_last[i],'\t',stock_last[i+1],' ','\t',stock_last[i+2],'  ','\t',stock_last[i+3],'  ','\t',stock_last[i+4],'  ','\t',stock_last[i+5])
```

结果如下图所示。

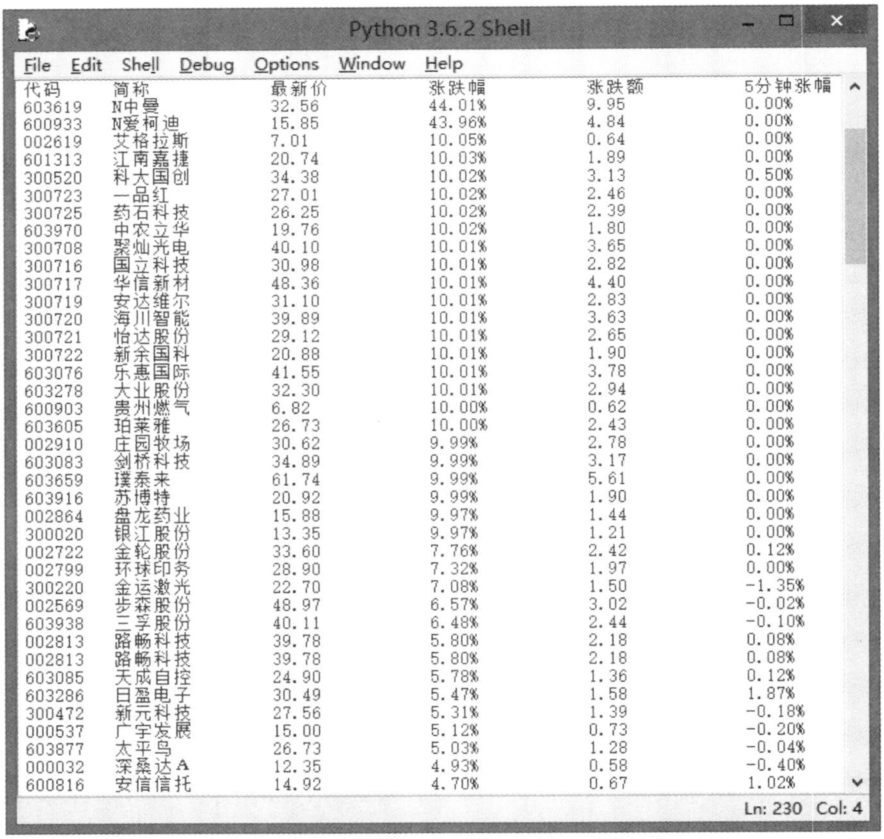

代码	简称	最新价	涨跌幅	涨跌额	5分钟涨幅
603619	N中曼	32.56	44.01%	9.95	0.00%
600933	N爱柯迪	15.85	43.96%	4.84	0.00%
002619	艾格拉斯	7.01	10.05%	0.64	0.00%
601313	江南嘉捷	20.74	10.03%	1.89	0.00%
300520	科大国创	34.38	10.02%	3.13	0.50%
300723	一品红	27.01	10.02%	2.46	0.00%
300725	药石科技	26.25	10.02%	2.39	0.00%
603970	中农立华	19.76	10.02%	1.80	0.00%
300708	聚灿光电	40.10	10.01%	3.65	0.00%
300716	国立科技	30.98	10.01%	2.82	0.00%
300717	华信新材	48.36	10.01%	4.40	0.00%
300719	安达维尔	31.10	10.01%	2.83	0.00%
300720	海川智能	39.89	10.01%	3.63	0.00%
300721	怡达股份	29.12	10.01%	2.65	0.00%
300722	新余国科	20.88	10.01%	1.90	0.00%
603076	乐惠国际	41.55	10.01%	3.78	0.00%
603278	大业股份	32.30	10.01%	2.94	0.00%
600903	贵州燃气	6.82	10.00%	0.62	0.00%
603605	珀莱雅	26.73	10.00%	2.43	0.00%
002910	庄园牧场	30.62	9.99%	2.78	0.00%
603083	剑桥科技	34.89	9.99%	3.17	0.00%
603659	璞泰来	61.74	9.99%	5.61	0.00%
603916	苏博特	20.92	9.99%	1.90	0.00%
002864	盘龙药业	15.88	9.97%	1.44	0.00%
300020	银江股份	13.35	9.97%	1.21	0.00%
002722	金轮股份	33.60	7.76%	2.42	0.12%
002799	环球印务	28.90	7.32%	1.97	0.00%
300220	金运激光	22.70	7.08%	1.50	-1.35%
002569	步森股份	48.97	6.57%	3.02	-0.02%
603938	三孚股份	40.11	6.48%	2.44	-0.10%
002813	路畅科技	39.78	5.80%	2.18	0.08%
002813	路畅科技	39.78	5.80%	2.18	0.08%
603085	天成自控	24.90	5.78%	1.36	0.12%
603286	日盈电子	30.49	5.47%	1.58	1.87%
300472	新元科技	27.56	5.31%	1.39	-0.18%
000537	广宇发展	15.00	5.12%	0.73	-0.20%
603877	太平鸟	26.73	5.03%	1.28	-0.04%
000032	深桑达A	12.35	4.93%	0.58	-0.40%
600816	安信信托	14.92	4.70%	0.67	1.02%

11.4　自测练习

1．网站信息内容抓取

编写代码实现淘宝商品价格信息抓取，输出结果如下。

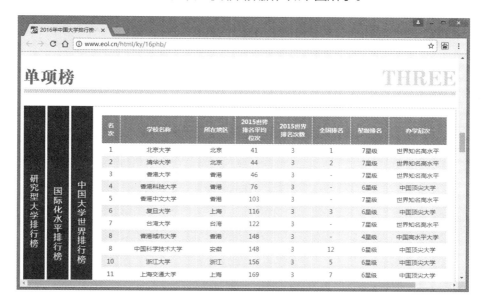

2．大学排名数据抓取

抓取研究生招生报名查询系统中大学排名数据，如下图所示。

名次	学校名称	所在地区	2015世界排名平均位次	2015世界排名次数	全国排名	星级排名	办学层次
1	北京大学	北京	41	3	1	7星级	世界知名高水平
2	清华大学	北京	44	3	2	7星级	世界知名高水平
3	香港大学	香港	46	3	-	7星级	世界知名高水平
4	香港科技大学	香港	76	3	-	6星级	中国顶尖大学
5	香港中文大学	香港	103	3	-	7星级	世界知名高水平
6	复旦大学	上海	116	3	3	6星级	中国顶尖大学
7	台湾大学	台湾	122	3	-	7星级	世界知名高水平
8	香港城市大学	香港	148	3	-	4星级	中国高水平大学
8	中国科学技术大学	安徽	148	3	12	6星级	中国顶尖大学
10	浙江大学	浙江	156	3	5	6星级	中国顶尖大学
11	上海交通大学	上海	169	3	7	6星级	中国顶尖大学

抓取的结果如下图所示。

```
                                    Python 3.6.2 Shell              _  ▢  ✕

 File   Edit   Shell   Debug   Options   Window   Help
   大学综合排名              学校所在地              总得分               ∧
      1              北京大学            100.00
      2              清华大学             98.50
      3              复旦大学             82.79
      4              武汉大学             82.43
      5              浙江大学             82.38
      6            中国人民大学           81.98
      7            上海交通大学           81.76
      8              南京大学             80.43
      9          国防科学技术大学         80.31
     10              中山大学             76.46
     11              吉林大学             76.01
     12          中国科学技术大学         75.14
     13            华中科技大学           75.12
     14              四川大学             74.99
     15            北京师范大学           74.75
     16              南开大学             74.46
     17            西安交通大学           73.56
     18              中南大学             73.13
     19              同济大学             72.85
     20              天津大学             72.81
     21          哈尔滨工业大学           72.72
     21              山东大学             72.72
     23              厦门大学             72.23
     24              东南大学             71.35
     25          北京航空航天大学         70.58
     26              东北大学             69.55
     27              重庆大学             69.54
     28            华东师范大学           69.52
     29            大连理工大学           68.84
     30            北京理工大学           68.72
     31            华南理工大学           68.47
     32            中国农业大学           68.05
     33              湖南大学             68.03
     34            华中师范大学           67.92
     35            西北工业大学           67.77
     36              兰州大学             67.21
     37          电子科技大学            66.88
     38            武汉理工大学           66.60
     39            中国地质大学           66.56               ∨
                                                   Ln: 46  Col: 4
```

第 12 章
集成学习

集成学习是使用一系列学习器进行学习，并使用某种规则把各个学习结果进行整合从而获得比单个学习器更好的学习效果的一种机器学习方法。

本章将介绍以下内容：

- 集成学习概述
- Bagging 和随机森林
- Boosting 和 AdaBoost

12.1　集成学习概述

集成学习（Ensemble Learning）是目前机器学习的一大热门方向。简单来说，集成学习就是组合许多弱模型以得到一个预测效果较好的强模型。对于常见的分类问题就是指采用多个分类器对数据集进行预测，把这些分类器的分类结果进行某种组合（如投票）决定分类结果，从而提高整体分类器的泛化能力。

集成学习方法对于大数据集和不充分数据都有很好的效果。因为一些简单模型数据量太大而很难训练，或者只能学习到一部分，而集成学习方法可以有策略地将数据集划分成一些小数据集，并分别进行训练，之后根据一些策略进行组合。相反，如果数据量很少，可以使用 bootstrap 进行抽样，得到多个数据集，分别进行训练后再组合。集成学习中组合的模型可以是同一类型的模型，也可以是不同类型的模型。根据采用的数据采样、预测方法等的不同，常见的集成组合策略主要有平均算法和 Boosting 两类。其中，平均算法利用不同估计算法的结果平均进行预测，在估计模型上按照不同的变化形式可以进一步划分为粘合 (Pasting)、分袋 (Bagging)、子空间 (Subspacing) 和分片 (Patches) 等。Boosting 算法通过一系列聚合的估计模型加权平均进行预测。下面就详细分析以上两类的典型代表——随机森林方法和 AdaBoost 方法，并结合实战项目给出它们的 Python 代码实现。

12.2　常用方法

12.2.1　Bagging 和随机森林

随机森林算法就是一种典型的基于决策树的集成算法，它是通过集成学习的思想将多棵树集成的一种算法。20 世纪 80 年代 Breiman 等发明分类树的算法，通过反复二分数据进行分类或回归，使机器学习模型较传统的神经网络方法计算量大大降低。2001 年 Breiman 把分类树组合成随机森林，即在变量和数据的使用上进行随机化，生成很多分类树，再汇总分类树的结果。随机森林在运算量没有显著提高的前提下提高了预测精度，它对多元非线性不敏感，结果对缺失数据和非平衡的数据比较稳健，可以起到很好地预测多达几千个解释变量的作用。

传统的 Bagging 抽样方法，会从数据集中重复抽取大小为 N 的子样本，这就导致有的数据会重复出现。抽取子样本后，使用原始数据集作为测试集，而多个子样本作为训练集。与 Bagging 方法相比，随机森林方法首先从样本中随机抽取 n 个样本，然后结合随机选择的特征 K，对它们进行 m 次决策树构建，这里多了一次针对特征的随机选择过程。

随机森林中的每一棵分类树为二叉树，其生成遵循自顶向下的递归分裂原则，即从根节点开始依次对训练集进行划分。在二叉树中,根节点包含全部训练数据,按照节点纯度最小原则,分裂为左节点和右节点,它们分别包含训练数据的一个子集。按照同样的规则节点继续分裂,直到满足分支停止规则而停止生长。若节点 n 上的分类数据全部来自同一类别,则此节点的纯度 $I(n)=0$,纯度度量方法采用 Gini 准则。

具体实现过程如下。

(1)原始训练集为 N,采用 Bootstrap 法有放回地随机抽取 k 个新的自助样本集,并由此构建 k 棵分类树,每次未被抽到的样本组成了 k 个袋外数据。

(2)设有 M 个变量,则在每一棵树的每个节点处随机抽取 $M1$ 个变量,然后在 $M1$ 中选择一个最具有分类能力的变量,变量分类的阈值通过检查每一个分类点确定。

(3)每棵树最大限度地生长,不做任何修剪。

(4)将生成的多棵分类树组成随机森林,用随机森林分类器对新的数据进行判别与分类,分类结果按树分类器的投票多少而定。

随机森林是一种利用多个分类树对数据进行判别与分类的方法,其特点主要表现在数据随机选取和特征随机选取两个方面。数据随机选取是指从原始数据集中选取数据组成不同的子数据集,利用这些子数据集构建子决策树,观察子决策树的分类结果,随机森林的分类结果属于子决策树的分类结果指向多的那个。特征的随机选取是指随机森林中子树的每一个分裂过程并未用到所有的待选特征,而是从所有的待选特征中随机选取一定的特征,之后再在随机选取的特征中选取最优的特征。

12.2.2 Boosting 和 AdaBoost

Bagging 采取的是一种多个分类器简单评分的方式。而 Boosting 是和 Bagging 对应的一种将弱分类器组合成为强分类器的算法框架,它根据分类器学习误差率来更新训练样本的权重。AdaBoost 算法就是 Boosting 算法的一种。它建立在多个弱分类器的基础上,为分类器进行权重赋值,性能好的分类器能获得更多权重,从而使评分结果更理想。AdaBoost 算法示意图如下。

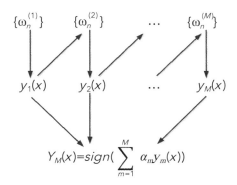

AdaBoost 算法的基本步骤有以下三步。

（1）初始化样本权重，一般进行等权重处理。

（2）训练弱分类器，根据每个分类器的结果更新权重，再进行训练，直到符合条件。

（3）将弱分类器集合成强分类器，一般是分类器误差小的权重大。

接下来以二元分类问题为例分析 AdaBoost 算法的原理，对于多元分类和回归问题可以进行类似推理。

假设训练集样本是：

$$T=\{(x_1,y_1),\ (x_2,y_2),\ \ldots,\ (x_m,y_m)\}$$

训练集第 k 个弱学习器的输出权重为：

$$D(k)=(\omega_{k1},\omega_{k2},\cdots\omega_{kn});\ \omega_{1i}=1/m; i=1,2,\cdots m$$

假设二元分类问题的输出为 {-1，1}，则第 k 个弱分类器 $G_k(x)$ 在训练集上的加权误差率为：

$$e_k=p\left(G_k(x_i)\neq y_i\right)=\sum_{i=1}^{m}w_{ki}\mathrm{I}(G_k(x_i)\neq y_i)$$

第 k 个弱分类器 $G_k(x)$ 的权重系数为：

$$\alpha_k=\frac{1}{2}\log\frac{1-e_k}{e_k}$$

从上式可以看出，如果分类误差率 e_k 越大，则对应的弱分类器权重系数 α_k 越小。也就是说，误差率小的弱分类器权重系数越大。

样本权重的更新过程如下，假设第 k 个弱分类器的样本集权重系数为 $D(k)=(\omega_{k1},\omega_{k2},\cdots\omega_{km})$，则对应的第 $k+1$ 个弱分类器的样本集权重系数为：

$$\omega_{k+1,i}=\frac{\omega_{ki}}{Z_K}\exp(-\alpha_k y_i G_k(x_i))$$

这里 Z_K 是规范化因子。

从 $\omega_{k+1,i}$ 计算公式可以看出，如果第 i 个样本分类错误，则 $y_i G_k(x_i)$ 导致样本的权重在第 $k+1$ 个弱分类器中增大；如果分类正确，则权重在第 $k+1$ 个弱分类器中减小。

AdaBoost 算法采用加权平均方法进行融合，最终的强分类器为：

$$f(x)=sign(\sum_{k=1}^{k}\alpha_k G_k(x))$$

AdaBoost 算法具有原理简单、分类精度高、能使用各种分类模型来构建弱学习器、不容易过拟合等特点，在实际中得到了广泛应用。

12.3 项目实战

12.3.1 使用随机森林方法预测乘客的存活概率

【实例 12-1】对于 Kaggle 竞赛提供的 Titanic 数据集，使用随机森林方法预测乘客的存活概率。

1. Titanic 数据集

Kaggle 竞赛网站是一个预测建模和分析的竞赛平台，它将竞赛编程思想应用到数据科学中，给参与者提出有挑战性的数据问题，要求他们提供可行的解决方案并在测试集上进行评估。Kaggle 提供的 Titanic 数据集格式如下图所示，数据共有 12 个属性（12 列），其中训练数据 891 项，测试数据 418 项，该数据集的详细介绍见 Kaggle 竞赛网站。Titanic 数据集用于这次灾难事故中获救人员的预测，这是一个典型的分类问题，可以使用逻辑回归或随机森林方法进行建模。

Passenger	Survived	Pclass	Name	Sex	Age	SibSp	Parch	Ticket	Fare	Cabin	Embarked
1	0	3	Braund, M	male	22	1	0	A/5 21171	7.25		S
2	1	1	Cumings,	female	38	1	0	PC 17599	71.2833	C85	C
3	1	3	Heikkiner	female	26	0	0	STON/02.	7.925		S
4	1	1	Futrelle,	female	35	1	0	113803	53.1	C123	S
5	0	3	Allen, Mr	male	35	0	0	373450	8.05		S
6	0	3	Moran, Mr	male		0	0	330877	8.4583		Q
7	0	1	McCarthy,	male	54	0	0	17463	51.8625	E46	S
8	0	3	Palsson,	male	2	3	1	349909	21.075		S
9	1	3	Johnson,	female	27	0	2	347742	11.1333		S
10	1	2	Nasser, N	female	14	1	0	237736	30.0708		C
11	1	3	Sandstrom	female	4	1	1	PP 9549	16.7	G6	S
12	1	1	Bonnell,	female	58	0	0	113783	26.55	C103	S
13	0	3	Saunderco	male	20	0	0	A/5. 2151	8.05		S
14	0	3	Andersson	male	39	1	5	347082	31.275		S
15	0	3	Vestrom,	female	14	0	0	350406	7.8542		S

由于 Titanic 数据集很小，采用常见的逻辑回归、SVM 等学习算法，容易出现因数据量不足导致预测糟糕的情况，因此可以采用在分析特征重要性的同时，建立随机森林模型来预测乘客的获救概率。接下来基于 Pandas 和 Sklearn 实现乘客生存概率的随机森林算法。

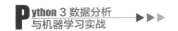

2. 数据处理过程

Titanic 数据集包含类别变量、数字变量和文本变量等数据类型，该数据集为进行深入数据分析提供很好的支持。实现随机森林预测模型几乎包括数据科学的所有步骤，包括读入数据集、处理缺失值、变量转换、特征提取、模型和变量重要度选择及超参数优化和 ROC 曲线。

3. 随机森林模型的 Python 实现

首先，导入相关模块。

```
import numpy as np

import pandas as pd

from sklearn.ensemble import RandomForestClassifier

from sklearn import cross_validation
```

数据文件的格式为"csv"，通过如下命令读取训练集和测试集。

```
train = pd.read_csv("train.csv", dtype={"Age": np.float64},)

test = pd.read_csv("test.csv", dtype={"Age": np.float64},)
```

sklearn 中的随机森林模型不允许变量有缺失值，而且要求输入变量的类型为数值，因此，需要对数据做一定的预处理。经过查看数据，发现数据集中的"Age""Fare"和"Embarked"等都有不同程度的缺失，常用的处理方法有删除数据行、众数赋值、均值填充和预测方法等，这里通过简单的均值填充方法进行赋值，并将属性"Sex"和"Embarked"转换成数值。

```
def harmonize_data(titanic):

    titanic["Age"] = titanic["Age"].fillna(titanic["Age"].median())

    titanic.loc[titanic["Sex"] == "male", "Sex"] = 0

    titanic.loc[titanic["Sex"] == "female", "Sex"] = 1

    titanic["Embarked"] = titanic["Embarked"].fillna("S")

    titanic.loc[titanic["Embarked"] == "S", "Embarked"] = 0

    titanic.loc[titanic["Embarked"] == "C", "Embarked"] = 1

    titanic.loc[titanic["Embarked"] == "Q", "Embarked"] = 2

    titanic["Fare"] = titanic["Fare"].fillna(titanic["Fare"].median())

    return titanic

train_data = harmonize_data(train)

test_data  = harmonize_data(test)
```

变量之间的关系可能会对模型的效果有影响，实际中可以通过变量组合及相关性分析等确定模型的特征，这里直接定义"Pclass""Sex""Age""SibSp""Parch""Fare"

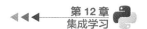

"Embarked" 7 个变量为模型特征。

```
predictors = ["Pclass", "Sex", "Age", "SibSp", "Parch", "Fare", "Embarked"]
```

然后，建立模型。随机森林是一个比较容易上手的模型，它不需要过多调整参数就能得到一个不错的预测结果。随机森林的参数主要有子模型的数量 n_estimators、判断节点是否继续分裂采用的计算方法 criterion、节点分裂时参与判断的最大特征数 max_features、树的最大深度 max_depth、分裂所需的最小样本数 min_samples_split、叶节点最小样本数 min_samples_leaf、叶节点最大样本数 max_leaf_nodes 等。这里只对部分参数进行设置，其他参数使用 Sklearn 中的默认参数。关于参数的意义和作用，还可以结合模型参数优化等过程进行详细分析。

```
alg = RandomForestClassifier(
    random_state=1,
    n_estimators=150,
    min_samples_split=4,
    min_samples_leaf=2)
```

建立模型之后，可以调用 sklearn 中的 cross_validation.cross_val_score 函数对模型的好坏进行验证，交叉验证过程为：

```
scores = cross_validation.cross_val_score(
    alg,
    train_data[predictors],
    train_data["Survived"],
    cv=3)
print(scores.mean())
print(scores.std())
```

结果如下图所示。

```
Mean scores of LogisticRegression 0.787879
Mean scores of RandomForestClassifier 0.820426
Standard deviationof RandomForestClassifier 0.013561
```

分类的平均精度为 0.8204，标准偏差估计分数为 0.0136，这个精度较同样参数下的逻辑回归模型的分类精度 0.7879 有较大程度的提高。

4. 预测结果输出

除了通过交叉验证方法对分类精度进行评估外，还可以通过以下函数对测试结果进行输出，输出结果存储在文件 "run-01.csv" 中，结果如下图所示。

```
def create_submission(alg, train, test, predictors, filename):
```

```
alg.fit(train[predictors], train["Survived"])

predictions = alg.predict(test[predictors])

submission = pd.DataFrame({

    "PassengerId": test["PassengerId"],

    "Survived": predictions

})

submission.to_csv(filename, index=False)

create_submission(alg, train_data, test_data, predictors, "run-01.csv")
```

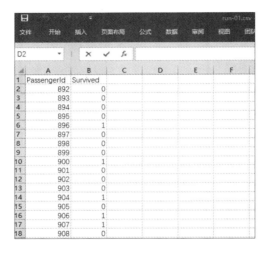

12.3.2　使用 AdaBoost 方法进行二元分类

【实例 12-2】生活中经常有一些数据混杂的分类问题，很难采用简单的线性方法进行分类，因此可以采用 AdaBoost 方法进行分类性能提升。

本例随机生成了两组二维数据，使用 AdaBoost 方法进行二元分类实验。Python代码实现过程如下。

1. 首先导入需要的类库模块

```
import numpy as np

import matplotlib.pyplot as plt

from sklearn.ensemble import AdaBoostClassifier

from sklearn.tree import DecisionTreeClassifier

from sklearn.datasets import make_gaussian_quantiles
```

2. 生成随机数据集

利用正态分布函数生成二维数据集，并将两类数据合并成一组。这里二维正态分布函数的主要参数有均值、协方差、样本数、样本特征数量等。

```
X1, Y1 = make_gaussian_quantiles(cov=2.0,n_samples=500, n_features=2,n_classes=2,
random_state=1)
```

```
X2, Y2 = make_gaussian_quantiles(mean=(3, 3), cov=1.5,n_samples=400, n_features=2, n_
classes=2, random_state=1)
```

```
X = np.concatenate((X1, X2))
```

```
Y = np.concatenate((Y1, - Y2 + 1))
```

绘制散点图，将分类数据进行可视化，它具有两个特征和两个输出类别，分别用不同的颜色表示两类数据，如下图所示。

```
plt.scatter(X[:, 0], X[:, 1], marker='o', c=y)
```

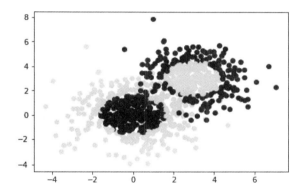

3. 建立 AdaBoost 分类器

上述两类随机数据集混杂在一起，可以采用 AdaBoost 方法进行分类器性能提升。

这里直接调用 sklearn 中的 AdaBoostClassifier 分类器，其主要参数包括 base_estimator、algorithm、loss、n_estimators、learning_rate。其中，base_estimator 表示弱分类器类型，理论上 AdaBoost 支持任何类型的弱分类器，这里默认使用 CART 决策树方法。sklearn 提供了两类分类算法 SAMME 和 SAMME.R。其中，n_estimators 表示采用的最大弱分类器个数，n_estimators 太小系统容易欠拟合，n_estimators 太大系统容易过拟合。learning_rate 表示学习率，即弱学习器的权重缩减系数，learning_rate 越小意味着需要越多的迭代次数。

```
bdt = AdaBoostClassifier(DecisionTreeClassifier(max_depth=2, min_samples_split=20, min_
samples_leaf=5), algorithm="SAMME", n_estimators=200, learning_rate=0.8)
```

```
bdt.fit(X, y)
```

对于上面训练的 AdaBoost 分类器，可以采用网格图查看它的拟合区域。通过以下代码的图示结果，可以看出 AdaBoost 方法达到了很好的拟合效果，如下图所示。

```
x_min, x_max = X[:, 0].min() - 1, X[:, 0].max() + 1
```

```
y_min, y_max = X[:, 1].min() - 1, X[:, 1].max() + 1
```

```
xx, yy = np.meshgrid(np.arange(x_min, x_max, 0.02), np.arange(y_min, y_max, 0.02))
```

```
Z = bdt.predict(np.c_[xx.ravel(), yy.ravel()])
```

```
Z = Z.reshape(xx.shape)
```

```
cs = plt.contourf(xx, yy, Z, cmap=plt.cm.Paired)
```

```
plt.scatter(X[:, 0], X[:, 1], marker='o', c=y)
```

```
plt.show()
```

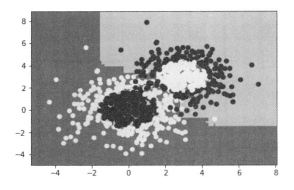

最后，输出 AdaBoost 方法的分类精度，结果达到了 0.9133…。

```
bdt.score(X,y)
```

```
Out: 0.91333333333333333
```

4. 参数分析

为了分析参数对 AdaBoost 分类器的影响，下面重点对其中的弱分类器个数与学习率两个参数进行调整，代码运行结果如下。

```
n_estimators=200,learning_rate=0.8,score:0.913333333333
```

```
n_estimators=300,learning_rate=0.8,score:0.962222222222
```

```
n_estimators=300,learning_rate=0.5,score:0.894444444444
```

```
n_estimators=600,learning_rate=0.7,score:0.961111111111
```

下表即为 n_estimator 和 learning_rate 取不同数值时系统的平均分类精度。从下表中可以看出，弱分类器个数 n_estimator 越小越容易造成欠拟合；相反，弱分类器个数 n_estimator 越大越容易造成过拟合。learning_rate 下降也会影响系统的分类精度。系统其他参数的影响可以结合超参数优化过程进行分析。

n_estimator	learning_rate	系统分类精度
200	0.8	0.9133
300	0.8	0.9622
300	0.5	0.8944
600	0.7	0.9611

12.4 自测练习

1. 随机森林方法进行鸢尾花类型预测

Iris（鸢尾花）数据集是一个具有多变量的分类数据集。数据集包含 150 个数据项，共 3 种 (Setosa、Versicolour、Virginica) 花卉类型，每类 50 个数据，每个数据包含花萼长度、花萼宽度、花瓣长度和花瓣宽度共 4 个属性，通过这 4 个属性可以预测鸢尾花的种类。Iris 数据集可以在 Scikit-learn 工具包中直接加载，也可以通过网络下载到本地文件夹，数据类型如下图中的 Excel 表所示。试使用随机森林方法进行鸢尾花类型预测，测试结果如下图所示。

	A	B	C	D	E
1	5.1	3.5	1.4	0.2	setosa
2	4.9	3	1.4	0.2	setosa
3	4.7	3.2	1.3	0.2	setosa
4	4.6	3.1	1.5	0.2	setosa
5	5	3.6	1.4	0.2	setosa
6	5.4	3.9	1.7	0.4	setosa
7	4.6	3.4	1.4	0.3	setosa
8	5	3.4	1.5	0.2	setosa
9	4.4	2.9	1.4	0.2	setosa
10	4.9	3.1	1.5	0.1	setosa
11	5.4	3.7	1.5	0.2	setosa
12	4.8	3.4	1.6	0.2	setosa

```
Python机器学习实战/《Python数据分析与机器学习实战》/代码/12 集成学习/12-练习1')
Mean scores of RandomForestClassifier 0.947333
Standard deviationof RandomForestClassifier 0.022046

In [6]: pd.crosstab(test['species'], preds, rownames=['actual'], colnames=['preds'])
Out[6]:
preds    setosa   versicolor   virginica
actual
0           15          0            0
1            0          9            1
2            0          0           10
```

2. 使用 XGBoost 方法对 Covertype 数据集进行分析

本练习使用的数据集是美国的地表植被信息数据集，用于预测每块地上栽种的树木品种。数据集包含 580000 多个样本，每个样本有 54 个特征，需要对 7 个覆盖品种 (Covertypes) 进行预测。这是一个复杂的多分类问题，可以使用 AdaBoost 算法对其进行分析。XGBoost 方法是对传统 AdaBoost 方法很好的扩展，在算法精度和运行效率上都表现出卓越的性能。尽管 sklearn 中并没有包含 XGBoost 算法，但是读者可以参考开源网站，设计 XGBoost 方法进行 Covertype 数据集的植被类型预测。本练习所附代码的运行结果如下图所示，供读者参考。

```
In: from sklearn.metrics import accuracy_score, confusion_matrix
print ('test accuracy:', accuracy_score(covertype_test_y,
hypothesis.predict(covertype_test_X)))
print (confusion_matrix(covertype_test_y,
hypothesis.predict(covertype_test_X)))
Out:
test accuracy: 0.8454
[[1508 290 0 0 0 2 20]
[ 224 2193 15 0 6 10 0]
[ 0 17 260 4 0 20 0]
[ 0 0 4 20 0 3 0]
[ 2 54 4 0 17 0 0]
[ 0 18 43 0 0 83 0]
[ 37 0 0 0 0 0 146]]
```

第 13 章
深度学习

随着 AlphaGo 战胜人类顶尖棋手李世石，深度学习已经成为一个非常火热的话题，也成为机器学习研究领域新的方向。深度学习最早的应用领域是图像识别，短短几年内已经推广到语音识别、机器人、生物信息学、搜索引擎、医疗诊断和金融等很多机器学习领域，而且都有不错的表现。

本章将介绍以下内容：

- 深度学习概述
- 卷积神经网络
- TensorFlow 框架
- Theano 框架

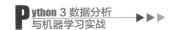

13.1 深度学习概述

深度学习是一种基于非监督特征学习和特征层次结构的学习方法，它和神经网络一样是经典机器学习方法的扩展。由于它的有效性和通用性，深度学习是当今人工智能领域最流行的方法之一。深度学习是机器学习的一系列算法，它试图在多个层次中进行学习，每层对应不同级别的抽象。它一般使用人工神经网络，学习到的统计模型中的不同层对应不同级别的概念，高层概念取决于低层概念，而且同一低层的概念有助于确定多个高层概念。

2006年，加拿大多伦多大学教授、机器学习领域泰斗 Geoffrey Hinton 在《科学》上发表论文，提出深度学习主要观点，掀起了深度学习在学术界和工业界的浪潮。Geoffrey Hinton 认为：多隐层的人工神经网络具有优异的特征学习能力，学习得到的特征对数据有更本质的刻画，从而有利于可视化或分类；深度神经网络在训练上的难度，可以通过"逐层初始化"（Layer-wise Pre-training）来有效克服，逐层初始化可通过非监督学习实现。

深度学习可通过学习一种深层非线性网络结构，具有强大的特征表达能力，实现复杂函数逼近，并展现了从少数样本集中学习数据集本质特征的能力。深度学习在语音处理、图像识别和视频分析等复杂应用场景中有很好的表现，如 Facebook 在名为 DeepFace 的项目中对人脸识别的准确率第一次接近人类肉眼。深度学习的发展对人们生活的影响无法估量，很多目前人类从事的活动将来都可能被机器取代，如汽车自动驾驶、无人飞机、智能制造等。

13.2 常用方法

深度学习网络与传统神经网络具有相似的分层结构，包括输入层、隐含层和输出层，其中只有相邻层之间有连接。它们之间的不同之处在于，传统神经网络一般只有两层至三层，参数和计算单元有限，对复杂函数的表示能力有限，学习能力也有限；而深度学习是具有更多层的神经网络，通过引入更有效的算法，能够模拟人类大脑的思考方式。深度学习和其他的机器学习算法最大的不同在于如何找到特征。深度学习利用学习和重构的方法自动学习目标特征，能将简单特征组合成更复杂的特征，并使用这些组合特征解决问题。

深度学习是机器学习的延伸，也可以分为监督的深度学习网络结构和非监督的深度学习网络结构，其中常用的方法包括卷积神经网络、循环神经网络、受限玻尔兹曼机和深度信念网络等。

13.2.1 监督学习的深度学习网络结构

监督学习是机器学习和深度学习中最常见的形式。监督的学习方法需要事先搜集样本的模式标签，通过目标函数计算输出和期望模式之间的误差，然后不断修改内部可调节参数减少这种误差。这些可调节的参数通常称为权值，定义了机器的输入输出功能。在典型的深度学习系统中，可能有数以百万计的样本和权值，因此需要采用合适的方法进行权值调整。常见的监督深度学习网络结构有卷积神经网络（Convolutional Neural Network，CNN）和循环神经网络（Recurrent Neural Networks，RNN）。

1. 卷积神经网络

卷积神经网络是在受到神经系统机制的启发下，针对二维形状的识别而设计的一种多层感知器，在平移、缩放、倾斜的情况下均具有一定的不变性。1998 年，LeCun 等人将卷积层和下采样层相结合，构成卷积神经网络的主要结构，这便是现代卷积神经网络的雏形。CNN 在计算机视觉上取得了长足的进步，通过深度网络结构获取更多高维图像特征来处理图像，并且通过卷积运算使参数得以控制。

标准卷积神经网络是一种特殊的前馈神经网络模型，通常具有比较深的结构，一般由输入层、卷积层、下采样层、全连接层及输出层组成。其中，卷积层也称为检测层，下采样层又称为池化层。CNN 是图像处理中最常用的一种深度网络结构，标准的卷积神经网络结构如下图所示。

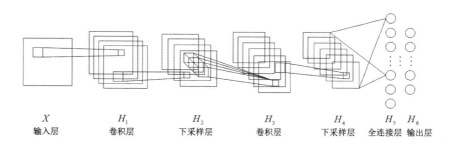

$$X\quad\quad H_1\quad\quad H_2\quad\quad H_3\quad\quad H_4\quad\quad H_5\quad H_6$$
输入层　　卷积层　　下采样层　　卷积层　　下采样层　　全连接层　输出层

CNN 网络中各层的作用如下。

（1）卷积层：对图像和滤波矩阵做内积的操作就是所谓的卷积操作，也是卷积神经网络的名称来源。卷积层通过卷积运算可用来获取图像的特征，通过堆叠这些模块，用不同的卷积核来获取更高阶的特征，堆叠起来的深度结构中，卷积核的权重参数是共享的，使得深度结构能获取更高维特征，但是参数量不会大幅增多。

（2）激励层：在上图中没有显式的指明激励层，激励层通常用在卷积运算之后，选择一个合适的激活函数（如 sigmoid、ReLU 等）来对卷积运算的结果进行处理。激活函数的作用是，把"激活的神经元的特征"保留并映射出来，解决网络结构的非线性问题。

（3）池化层：对数据进行下采样，可以避免过拟合，减少数据特征、数据计算量等操作。池化层一般有两种方式：Max pooling 和 Averarg pooling。

（4）全连接层：神经网络结构中神经元在每一层之间的连接。全连接层在整个卷积神经网络中起到"分类器"的作用。如果卷积层、池化层和激活函数层等操作是将原始数据映射到隐层特征空间，全连接层则起到将学到的"分布式特征表示"映射到样本标记空间的作用。这一层之后可使用自定义的一层结构用来做分类或回归问题。

2. 循环神经网络

循环神经网络在众多自然语言处理中取得了巨大成功及广泛应用。RNN 的目的是用来处理序列数据。在传统的神经网络模型中，是从输入层到隐含层再到输出层，层与层之间是全连接的，每层之间的节点是无连接的。但是这种普通的神经网络对于很多问题却无能为力。例如，如果要预测句子的下一个单词，一般需要用到前面的单词，因为一个句子中前后的单词并不是独立的。RNN 之所以称为循环神经网路，是因为一个序列当前的输出与前面的输出也有关。具体的表现形式为，网络会对前面的信息进行记忆并应用于当前输出的计算中，即隐藏层之间的节点不再无连接而是有连接的，并且隐藏层的输入不仅包括输入层的输出还包括上一时刻隐藏层的输出。理论上，RNN 能够对任何长度的序列数据进行处理。但是在实践中，为了降低复杂性往往假设当前的状态只与前面的几个状态相关。RNN 在自然语言处理中有很多成功的应用，如在机器翻译、语音识别、图像描述等方面都达到不错的效果。

13.2.2 非监督学习的深度学习网络结构

非监督学习方法可以创建一些网络层来检测特征而不使用带标签的数据，这些网络层可以用来重构或者对特征检测器的活动进行建模。通过预训练过程，深度网络的权值可以被初始化为有意思的值。然后在网络顶部添加一个输出层，使用标准的反向传播算法进行微调。这个工作对手写体数字的识别及行人预测等任务产生了显著的效果，尤其是带标签的数据非常少时。受限玻尔兹曼机（Restricted Boltzmann Machine, RBM）和深度信念网络（Deep Brief Network，DBN）是两种典型的非监督深度学习网络。

1. 受限玻尔兹曼机

受限玻尔兹曼机是由 Hinton 和 Sejnowski 于 1986 年提出的一种生成式随机神经网络，该网络由一些可见单元 (visible unit，即数据样本) 和一些隐藏单元 (hidden unit，对应隐藏变量) 构成，可见变量 v 和隐藏变量 h 都是二进值变量，同时全概率分布 $p(v, h)$ 满足玻尔兹曼机。整个网络是一个二部图，只有可见单元和隐藏单元之间才会存在边，可见单元之间及隐藏单元之间都不会有边连接，RBM 的结构如下图所示。RBM 主要用途有两种，一是对数据进行编码，编码后利用监督学习方法进行回归或分类；二是得到权重矩阵和偏移量，供 BP 神经网络做初始化训练。

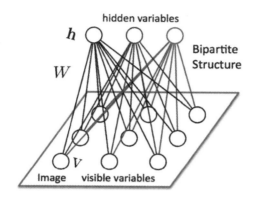

如图所示的 RBM 含有 9 个可见单元和 3 个隐藏单元，W 是一个 9×3 的矩阵，表示可见单元和隐藏单元之间的边的权重。RBM 的权重学习过程如下。

（1）取一个样本数据，把可见变量的状态设置为这个样本数据。随机初始化 W。

（2）更新隐藏变量的状态，即 h_j 以 $P(h_j=1|v)$ 的概率设置为状态 1，否则为 0。然后对于每个边 v_ih_j，计算 $\text{Pdata}(v_ih_j)=v_i \times h_j$。

（3）根据公式重构 v_1 和 h_1，计算 $\text{Pmodel}(v_{1i}h_{1j})=v_{1i} \times h_{1j}$。

（4）更新边 v_ih_j 的权重 W_{ij} 为 $W_{ij}=\text{Pmodel}(v_{1i}h_{1j})$。

（5）取下一个数据样本，重复（1）～（4）的步骤。

（6）以上过程迭代 K 次。

2．深度信念网络

Hinton 教授在 2006 年提出了深度信念网络并给出了该模型的一个高效学习算法。它是一种生成模型，通过训练其神经元之间的权重，可以让整个神经网络按照最大概率来生成训练数据。典型的 DBN 模型即是限制玻尔兹曼机，它将 RBM 像砖块一样层层叠加起来构建成网络，它可以自动地从训练集中提取所需的特征，对于神经网络权重做了非常重要的初始化，然后采用 BP 算法进行分类。DBN 在数据降维、图像搜索、信息检索等方面取得了很好的效果。

DBN 由多个 RBM 层组成，典型的 DBN 网络结构如下图所示。图示网络中只有一个可视层和一个隐含层，层与层之间是互相连接的，但同一层内的单元不能互相连接。

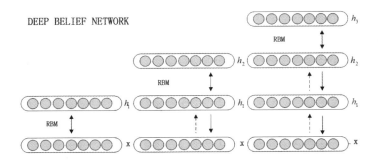

Hinton 教授在提出 DBN 时，验证了逐层贪婪训练方法在大多数训练中非常有效。DBN 的训练方法如下图所示，其训练过程主要分为以下两个步骤。

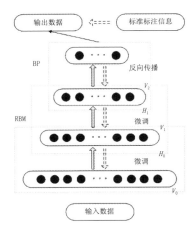

（1）以非监督的方式单独训练每一层 RBM 网络，以达到特征向量可以映射到不同的特征空间的程度。

层与层之间进行贪婪式预训练，具体步骤如下。

① 利用对比差异法对所有样本训练第一个 RBM H_0。

② 训练第二个 RBM H_1。由于 H_1 的可见层是 H_0 的隐含层，训练开始于将数据赋值至 V_0 的可见层，通过前向传播方法传至 H_0 的隐含层，然后作为 H_1 对比差异训练的初始数据。

③ 对所有层重复前面的过程。

④ 预训练结束以后，网络连接到一个或多个层间全连接的 RBM 隐含层进行扩展，从而构成了一个可以通过反向传播进行微调的多层感知机。

（2）第 1 步训练结束使 RBM 每一层内的权值在当前层特征向量的映射达到最优，而不是对整个 DBN 达到最优。DBN 最后一层添加一个 BP 网络可以使用反向传播算法训练

每一层的 RBM，整个网络进行微调。

使用 DBN 网络训练模型，可以克服 BP 网络因随机初始化权值而陷入局部最优的情况，同时缩短整个网络的训练时间，因此 DBN 技术得到快速的发展。

13.3　项目实战

现在流行的深度学习框架有 TensorFlow、Theano、Caffe、Torch 等，下面将结合 MNIST 数字识别数据集，重点介绍 TensorFlow 和 Theano 框架下的深度学习模型的实现。

MNIST 是非常著名的手写体数字识别数据集，它来自美国国家标准与技术研究所。MNIST 数据集以 60 000 张图片作为训练集，10 000 张图片作为测试集，图片大小为 28×28，每一张图片都对应 0~9 中一个数字标签。严恩·乐库（Yann LeCun）教授在其网站中对 MNIST 数据集进行了详细的介绍，具体下载地址为手写数据库网站。也可以根据具体的框架平台，使用专门的命令自动下载和安装数据集。

13.3.1　使用 TensorFlow 框架进行 MNIST 数据集生成

【实例 13-1】在 TensorFlow 框架下实现 RBM 深度学习网络，使用 RBM 生成 MNIST 数字图像数据。

TensorFlow 是一款开源的数学计算软件，使用数据流图（Data Flow Graph）的形式进行计算。图中的节点代表数学运算，而图中的线条表示多维数据数组（Tensor）之间的交互。TensorFlow 灵活的架构可以部署在一个或多个 CPU、GPU 的台式机服务器中，或者使用单一的 API 应用在移动设备中。TensorFlow 最初是由研究人员和 Google Brain 团队针对机器学习和深度神经网络进行研究所开发的，开源之后在多个领域得到了应用。使用 TensorFlow 需要进行模块导入。

```
import tensorflow as tf
```

首先创建一个 RBM 基类，用来存放受限玻尔兹曼机的模型。RBM 网络结构的参数初始化及更新、训练学习方法、损失函数计算和误差输出等方法都包含在名为 rbm.py 的模块中。

```
class RBM:
    def __init__(self,
                 n_visible,
                 n_hidden,
```

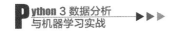

```
                                learning_rate=0.01,
                                momentum=0.95,
                                xavier_const=1.0,
                                err_function='mse',
                                use_tqdm=False,
                                # DEPRECATED:
                                tqdm=None):
```

然后，在 rbm.py 的模块基础上创建一个伯努利 - 伯努利的 RBM 深度网络结构，这里同样用一个类来保存结构，并且该类继承于 RBM 类，根据不同的受限玻尔兹曼机的模型结构进行不一样的参数初始化，命名为 bbrbm.py 的模块保存。

```
def sample_bernoulli(probs):
    return tf.nn.relu(tf.sign(probs - tf.random_uniform(tf.shape(probs))))
class BBRBM(RBM):
    def __init__(self, *args, **kwargs):
        RBM.__init__(self, *args, **kwargs)
```

下面创建主模块，对 RBM 网络结构进行训练和测试，并输出相应结果。导入一些必需的软件包。

```
import numpy as np
import matplotlib.pyplot as plt
from example_tfrbm import bbrbm
from tensorflow.examples.tutorials.mnist import input_data
```

导入 minist 手写数据集。

```
mnist = input_data.read_data_sets('/home/tony/dl_cv/dataset/mnist/', one_hot=True)
mnist_images = mnist.train.images
```

定义原始数据的显示格式，并指定要使用的原始数据。

```
IMAGE = 1
def show_digit(x):
    plt.imshow(x.reshape((28, 28)), cmap=plt.cm.gray)
    plt.show()
 image = mnist_images[IMAGE]
show_digit(image)
```

原始数据如下图所示。

使用如下函数初始化 RBM 模型，其中的参数定义了网络结构及学习参数：

```
model = bbrbm.BBRBM(n_visible=784, n_hidden=64, learning_rate=0.01, momentum=0.95,
use_tqdm=True)
```

训练 RBM 模型，并返回误差。

```
errs = model.fit(mnist_images, n_epoches=30, batch_size=10)
```

训练的迭代过程如下图所示。

```
2017-11-09 10:48:35.087226: I tensorflow/core/common_runtime/gpu/gpu_device.cc:1
030] Creating TensorFlow device (/gpu:0) -> (device: 0, name: GeForce GTX 1060 6
GB, pci bus id: 0000:01:00.0)
Epoch: 0: 100%|#######################| 5500/5500 [00:07<00:00, 700.21it/s]
Train error: 0.1258

Epoch: 1: 100%|#######################| 5500/5500 [00:07<00:00, 712.40it/s]
Train error: 0.0846

Epoch: 2: 100%|#######################| 5500/5500 [00:07<00:00, 714.55it/s]
Train error: 0.0768

Epoch: 3: 100%|#######################| 5500/5500 [00:07<00:00, 714.40it/s]
Train error: 0.0705

Epoch: 4: 100%|#######################| 5500/5500 [00:07<00:00, 715.71it/s]
Train error: 0.0646
```

......

```
Epoch: 26: 100%|#######################| 5500/5500 [00:07<00:00, 714.92it/s]
Train error: 0.0359

Epoch: 27: 100%|#######################| 5500/5500 [00:07<00:00, 713.63it/s]
Train error: 0.0356

Epoch: 28: 100%|#######################| 5500/5500 [00:07<00:00, 713.89it/s]
Train error: 0.0352

Epoch: 29: 100%|#######################| 5500/5500 [00:07<00:00, 715.44it/s]
Train error: 0.0349
```

通过 plt.plot(errs) 函数可以绘制模型的误差，可以看出损失函数随着迭代过程逐渐收敛，如下图所示。

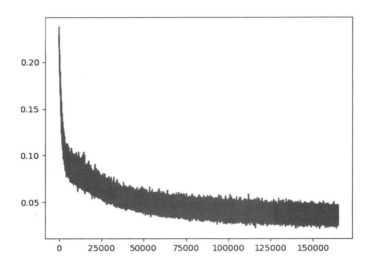

使用 RBM 模型的图像重构函数，生成训练结果图像并输出：

```
image_rec = model.reconstruct(image.reshape(1,-1))
```

```
show_digit(image_rec)
```

生成的训练结果图像如下图所示。

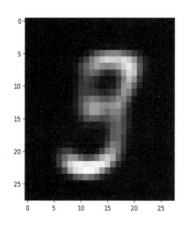

从结果可以看出，基于 RBM 的生成图像与原始图像相似度较高，这种方法能够进行大规模手写数字数据的生成，为基于深度学习的手写数字识别方法提供数据准备。

13.3.2 使用 Theano 框架进行 MNIST 数字识别

【实例 13-2】使用 Theano 机器学习框架，设计一个深度学习神经网络，对 MNIST 数据集进行手写数字识别。

Theano 是蒙特利尔理工学院开发的机器学习框架，派生出了 Keras 等深度学习 Python 软件包。Theano 是为处理深度学习的大型神经网络算法而专门设计的，它的核心是一个数学表达式的编译器，它知道如何获取网络结构，能够使相关代码高效地运行。Keras 是一个高级、快速和模块化的 Python 神经网络库，能够在 Theano 或 TensorFlow 平台上运行。

Keras 是一个简洁、高度模块化的神经网络库，可以通过如下命令进行安装。

```
$> pip install keras
```

也可以使用如下命令在线安装 Keras 的最新版本。

```
$> pip install git+git://github.com/fchollet/keras.git
```

安装过程如下图所示。

```
选择C:\Windows\system32\cmd.exe - pip install keras
Microsoft Windows [版本 10.0.10240]
(c) 2015 Microsoft Corporation. All rights reserved.

C:\Users\yujun>pip install keras
Collecting keras
  Downloading Keras-2.1.2-py2.py3-none-any.whl (304kB)
    100% |████████████████████████████████| 307kB 56kB/s
Collecting numpy>=1.9.1 (from keras)
  Downloading numpy-1.13.3-cp36-none-win_amd64.whl (13.1MB)
    63% |████████████████████         | 8.3MB 26kB/s eta 0:03:03
```

MNIST 手写数字识别是一个分类问题，下面介绍怎样使用 Theano 和 Keras 简单地训练和测试一个神经网络。

首先需要启动 Jupyter notebook 导入一些必要的模块。如果 Keras 是首次导入，输出信息中会显示它选择的后端模块，毫无疑问，这里选择 Theano 作为后端引擎。

```
from keras.models import Sequential
```

```
from keras.layers import Dense, Dropout, Flatten
```

```
from keras.layers.convolutional import Convolution2D, MaxPooling2D
```

```
from keras.utils import np_utils
```

```
import numpy as np
```

然后加载 MNIST 数据集，这里将使用 Keras 命令自动下载。

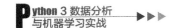

```
from keras.datasets import mnist
(x_train, y_train), (x_test, y_test) = mnist.load_data()
```

使用 x_train.shape 可以查看数据集的大小及图像尺寸。现在需要对数据集进行预处理，使它转换成 Keras 使用的格式。当处理图像数据时，Keras 需要知道图像通道数，为了加快处理速度，将数据转换为 0~1 的 32 位浮点数。

```
num_pixels = x_train.shape[1] * x_train.shape[2]
n_channels = 1
def preprocess(matrix):
return matrix.reshape(matrix.shape[0], \
n_channels, \
matrix.shape[1], \
matrix.shape[2]
).astype('float32') / 255.
x_train, x_test = preprocess(x_train), preprocess(x_test)
```

现在，还需要对输出结果进行处理。由于它是一个具有 10 个类别的分类问题，因此每一类都应该有自己的输出列，每一列都对应输出层的一个神经元。

```
y_train = np_utils.to_categorical(y_train)
y_test = np_utils.to_categorical(y_test)
num_classes = y_train.shape[1]
```

现在来创建一个简单的基准模型。我们创建一个 Sequential 模型，模型的每一个层都是按顺序堆叠的。首先将输入图像拉伸为向量，即将 28×28 的单通道图像变换成 784 维的向量，然后输入层采用 784 个神经元，紧接着的输出层有 10 个神经元。对于第一层，可以选择 ReLU 函数作为激活函数，由于是分类任务，第二层采用 softmax 函数。最后，用 Keras 编译模型，它使用类的交叉熵作为优化损失函数，采用分类精度作为主要性能指标。

```
def baseline_model():
model = Sequential()
model.add(Flatten(input_shape=(1, 28, 28)))
model.add(Dense(num_pixels, init='normal', activation='relu'))
model.add(Dense(num_classes, init='normal', activation='softmax'))
model.compile(loss='categorical_crossentropy', optimizer='adam',
metrics=['accuracy'])
```

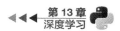

```
return model
```

为了展示模型提升的效果，可以构建一个稍微复杂的卷积神经网络，命名为 convolution_small，模型包含步骤如下。

（1）操作在二维矩阵上的卷积滤波器 (Convolutional Filter)：使用窗口为 5×5 的滤波器，对二维图像进行卷积滤波操作，产生 32 维的输出向量。

（2）最大池化层 (max-pooler)：对 2×2 窗口进行最大化选择，以非线性的方式对图像进行采样。

（3）dropout 层：随机将神经元的 20% 重置为 0，这样能够防止模型过拟合。

（4）其他步骤和基准模型一样。

```
def convolution_small():

model = Sequential()

model.add(Convolution2D(32, 5, 5, border_mode='valid',input_shape=(1, 28, 28),
activation='relu'))

model.add(MaxPooling2D(pool_size=(2, 2)))

model.add(Dropout(0.2))

model.add(Flatten())

model.add(Dense(128, activation='relu'))

model.add(Dense(num_classes, activation='softmax'))

model.compile(loss='categorical_crossentropy',optimizer='adam', metrics=['accuracy'])

return model
```

为了展现神经网络的威力，还可以创建一个更复杂的神经网络，它和前面的模型类似，但是 Convolution2D 和 MaxPooling2D 的层数是原来的 2 倍。

```
def convolution_large():

model = Sequential()

model.add(Convolution2D(30, 5, 5, border_mode='valid',

input_shape=(1, 28, 28), activation='relu'))

model.add(MaxPooling2D(pool_size=(2, 2)))

model.add(Convolution2D(15, 3, 3, activation='relu'))

model.add(MaxPooling2D(pool_size=(2, 2)))

model.add(Dropout(0.2))

model.add(Flatten())
```

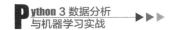
```
model.add(Dense(128, activation='relu'))
```

```
model.add(Dense(50, activation='relu'))
```

```
model.add(Dense(num_classes, activation='softmax'))
```

```
model.compile(loss='categorical_crossentropy',optimizer='adam', metrics=['accuracy'])
```

```
return model
```

最后，来测试一下这些模型，注意观察模型的性能和产生结果的时间。在相同的验证集上测试这些算法。训练阶段的轮数设置为 10。

```
np.random.seed(101)
```

```
models = [('baseline', baseline_model()),
```

```
('small', convolution_small()),
```

```
('large', convolution_large())]
```

```
for name, model in models:
```

```
print("With model:", name)
```

```
# Fit the model
```

```
model.fit(X_train, y_train, validation_data=(X_test, y_test),
```

```
nb_epoch=10, batch_size=100, verbose=2)
```

```
# Final evaluation of the model
```

```
scores = model.evaluate(X_test, y_test, verbose=0)
```

```
print("Baseline Error: %.2f%%" % (100-scores[1]*100))
```

```
print()
```

```
Out: With model: baseline
```

```
Train on 60000 samples, validate on 10000 samples
```

```
Epoch 1/10
```

```
3s - loss: 0.2332 - acc: 0.9313 - val_loss: 0.1113 - val_acc: 0.9670
```

```
Epoch 2/10
```

```
3s - loss: 0.0897 - acc: 0.9735 - val_loss: 0.0864 - val_acc: 0.9737
```

```
[...]
```

```
Epoch 10/10
```

```
2s - loss: 0.0102 - acc: 0.9970 - val_loss: 0.0724 - val_acc: 0.9796
```

```
Baseline Error: 2.04%
```

```
With model: small
```

| Train on 60000 samples, validate on 10000 samples |
| Epoch 1/10 |
| 17s - loss: 0.1878 - acc: 0.9449 - val_loss: 0.0600 - val_acc: 0.9806 |
| Epoch 2/10 |
| 16s - loss: 0.0631 - acc: 0.9808 - val_loss: 0.0424 - val_acc: 0.9850 |
| [...] |
| Epoch 10/10 |
| 16s - loss: 0.0110 - acc: 0.9965 - val_loss: 0.0410 - val_acc: 0.9894 |
| Baseline Error: 1.06% |
| With model: large |
| Train on 60000 samples, validate on 10000 samples |
| Epoch 1/10 |
| 26s - loss: 0.2920 - acc: 0.9087 - val_loss: 0.0738 - val_acc: 0.9749 |
| Epoch 2/10 |
| 25s - loss: 0.0816 - acc: 0.9747 - val_loss: 0.0454 - val_acc: 0.9857 |
| [...] |
| Epoch 10/10 |
| 27s - loss: 0.0253 - acc: 0.9921 - val_loss: 0.0253 - val_acc: 0.9919 |
| Baseline Error: 0.81% |

从上面结果可以看出，深度越深（convolution_large 越大）神经网络模型误差越小，同时花费的训练时间也越长。相反，基准模型速度很快，但最终的精确性却最低。

13.4 自测练习

1. AlexNet 实现 MNIST 手写数字识别

在 MNIST 手写数字识别中，SVM 一直是表现较好的模型，直到 2012 年 AlexNet 深度卷积网络的出现，AlexNet 让 MNIST 手写数字识别精度达到了新的高度。请尝试使用 AlexNet 深度卷积网络进行 MNIST 手写数字识别，并与 SVM 或其他深度学习方法进行比较。运行附件 alexnet_mnist.py 得到的 MNIST 手写数字识别结果如下图所示。

```
Iter 186880, Minibatch Loss= 361.252686, Training Accuracy = 0.92188
Iter 188160, Minibatch Loss= 817.750244, Training Accuracy = 0.96875
Iter 189440, Minibatch Loss= 1096.940186, Training Accuracy = 0.93750
Iter 190720, Minibatch Loss= 896.383911, Training Accuracy = 0.96875
Iter 192000, Minibatch Loss= 2677.220215, Training Accuracy = 0.93750
Iter 193280, Minibatch Loss= 610.773926, Training Accuracy = 0.96875
Iter 194560, Minibatch Loss= 1569.147217, Training Accuracy = 0.95312
Iter 195840, Minibatch Loss= 40.134521, Training Accuracy = 0.98438
Iter 197120, Minibatch Loss= 2792.126953, Training Accuracy = 0.93750
Iter 198400, Minibatch Loss= 380.154297, Training Accuracy = 0.95312
Iter 199680, Minibatch Loss= 1328.015381, Training Accuracy = 0.93750
Optimization Finished!
Testing Accuracy: 0.972656
```

2. 使用深度学习神经网络对猫狗图像进行分类

登录数据科学竞赛网，下载"Dog vs. Cats"数据集，使用 TensorFlow 和 Keras 实现深度学习神经网络，并对此数据集的猫狗图像进行分类。参考代码的训练过程及结果如下图所示。

```
Train on 2000 samples, validate on 800 samples
Epoch 1/50
2000/2000 [==============================] - 1s - loss: 0.8932 - acc: 0.7345 - val_loss: 0.2664 - val_acc: 0.88
Epoch 2/50
2000/2000 [==============================] - 1s - loss: 0.3556 - acc: 0.8460 - val_loss: 0.4704 - val_acc: 0.77
...
Epoch 47/50
2000/2000 [==============================] - 1s - loss: 0.0063 - acc: 0.9990 - val_loss: 0.8230 - val_acc: 0.91
Epoch 48/50
2000/2000 [==============================] - 1s - loss: 0.0144 - acc: 0.9960 - val_loss: 0.8204 - val_acc: 0.90
Epoch 49/50
2000/2000 [==============================] - 1s - loss: 0.0102 - acc: 0.9960 - val_loss: 0.8334 - val_acc: 0.90
Epoch 50/50
2000/2000 [==============================] - 1s - loss: 0.0040 - acc: 0.9985 - val_loss: 0.8556 - val_acc: 0.90
```

第 14 章
数据降维及压缩

在实际数据处理过程中，数据的形式是多种多样的，维度也是各不相同的。数据中可能含有噪声，也可能包含冗余信息，当遇到这些情况时，需要对数据进行处理，将数据从高维特征空间向低维特征空间映射。本章就介绍在机器学习及数据处理中经常使用的数据降维和压缩的算法。

本章将介绍以下内容：

- 数据降维
- 数据压缩
- 主成分分析
- 奇异值分解

14.1   数据降维及压缩概述

14.1.1   数据降维

近年来随着互联网和信息行业的发展,数据已经渗透到各行各业,成为重要的生产因素,如数据记录和属性规模的急剧增长。社会已经进入大数据时代,数据越多越好似乎已经成为公理。然而,数据量并不是越大越好,有时过犹不及,在数据分析应用中大量的数据反而会产生更坏的性能。这些海量数据可能含有噪声或冗余信息,当数据集包含过多的数据噪声时,会导致算法的性能达不到预期效果。移除信息量较少甚至无效信息可能会帮助用户构建更具扩展性、通用性的数据模型。对这些海量数据进行挖掘和运用,也推动了数据降维的应用,大数据处理平台和并行数据分析算法也随之出现。数据降维,一方面可以解决"维数灾难",缓解"信息丰富、知识贫乏"的现状,降低复杂度;另一方面可以更好地认识和理解数据。

数据降维,也称为维数约简(Dimensionality Reduction),即降低数据的维数,将原始高维特征空间中的点向一个低维空间投影,新的空间维度低于原特征空间,所以维数减少了。在这个过程中,特征发生了根本性的变化,原始的特征消失了(虽然新的特征也保持了原特征的一些性质)。

截至目前,数据降维的方法很多。从不同的角度有不同的分类。

(1)根据数据的特性可以分为以下几种。

① 线性降维:主成分分析(Principal Component Analysis,PCA),线性辨别分析(Linear Discriminant Analysis,LDA)等。

② 非线性降维:核方法(核主成分分析 KPCA,KFDA),二维化和张量化(常见算法如二维主分量分析、二维线性判别分析、二维典型相关分析),流形学习【ISOMap(等距映射)、LE(拉普拉斯特征映射)、LLE(局部线性嵌入)】等。

(2)根据是否考虑和利用数据的监督信息可以分为以下几种。

① 无监督降维:主成分分析 PCA 等。

② 有监督降维:线性辨别分析 LDA 等。

③ 半监督降维:半监督概率 PCA,半监督判别分析 SDA 等。

另外,在数据处理中,经常会遇到特征维度比样本数量多得多的情况,如果直接运用模型处理,效果不一定好,一是因为冗余的特征会带来一些噪声,影响计算的结果;二是因为无关的特征会加大计算量,耗费时间和资源。所以通常会对数据重新变换一下,再运用模型进行处理。此外,数据变换的目的不仅是降维,还可以消除特征之间的相关性,并发现一些潜在的特征变量。

14.1.2　图像压缩

图像压缩是数据压缩技术在数字图像上的应用，它的目的是减少图像数据中的冗余信息从而用更加高效的格式存储和传输数据。数据降维的思想也可以应用到图像压缩上，图像数据之所以能被压缩，就是因为数据中存在着冗余。图像数据的冗余主要表现在以下几个方面。

（1）图像中相邻像素之间的相关性引起的空间冗余。

（2）图像序列中不同帧之间存在相关性引起的时间冗余。

（3）不同彩色平面或频谱带的相关性引起的频谱冗余。

数据压缩的目的就是通过去除这些数据冗余来减少表示数据所需的比特数。由于图像数据量庞大，在存储、传输、处理时非常困难，因此图像数据的压缩就显得非常重要。

信息时代带来了"信息爆炸"，使数据量大增，因此，无论传输或存储都需要对数据进行有效的压缩。在遥感技术中，各种航天探测器采用压缩编码技术，将获取的巨大信息送回地面。

14.2　基本方法

数据降维意义重大，数据降维方法众多，很多时候需要根据特定问题选用合适的数据降维方法。

14.2.1　主成分分析

主成分分析（Principal Component Analysis，PCA）是一种常见的数据降维方法，其目的是在"信息"损失较小的前提下，将高维的数据转换到低维。

PCA 的本质就是发现一些投影方向，使得数据在这些投影方向上的方差最大，而且这些投影方向彼此之间是相互正交的，即寻找新的正交基，然后计算原始数据在这些正交基上投影的方差。方差越大，说明在对应正交基上包含了更多的信息量。输入空间经过旋转投影后，输出集合的第一个向量包含了信号的大部分能量（即方差）。第二个向量与第一个向量正交，它包含了剩余能量的大部分；第三个向量又与前两个向量正交，并包含剩余能量的大部分，以此类推。假设在 N 维空间中，可以找到 N 个这样的相互正交的投影方向（坐标轴），取前 r 个去近似原先的数据空间，这样就从一个 N 维的空间压缩到 r 维的空间了。

那么，数据降维到什么程度呢？如何找到新的投影方向使原始数据的"信息量"损失最少？

样本的"信息量"指的就是样本在特征方向上投影的方差。方差越大，则样本在该特征上的差异就越大，因此该特征就越重要。原始数据协方差矩阵的特征值越大，对应的方差越大，在对应的特征向量上投影的信息量就越大。反之，如果特征值较小，则说明数据在这些特征向量上投影的信息量很小，可以将小特征值对应方向的数据删除，从而达到了降维的目的。

在原始数据是很多维的情况下，先得到一个数据变换后方差最大的方向，然后选择与第一个方向正交的方向，该方向是方差次大的方向，如此下去，直到变换出与原特征个数相同的新特征或变换出前 N 个特征（在这前 N 个特征包含了数据的绝大部分信息）。简言之，PCA 是一个降维的过程，将数据映射到新的特征，新特征是原始特征的线性组合。

PCA 的基本原理及数学推导，这里就不详细介绍了，很多机器学习的书上都有介绍，其基本实现过程如下。

（1）计算平均值，然后所有的样本都减去对应的均值。

（2）计算整个样本的协方差矩阵。

（3）计算协方差的特征值和特征向量。

（4）将特征值按照从大到小的顺序排列，选择其中较大的 k 个，然后将其对应的 k 个特征向量分别作为列向量组成特征向量矩阵。

（5）将样本点投影到选取的特征向量上。

下面用机器学习中经常遇到的 Iris 数据集来看一下数据降维的概念。

Iris 也称鸢尾花卉数据集，是一类多重变量分析的数据集。数据集包含 150 个数据集，分为三类，每类 50 个数据，每个数据包含 4 个属性。可通过花萼长度（Sepal.Length），花萼宽度（Sepal.Width），花瓣长度（Petal.Length），花瓣宽度（Petal.Width）4 个属性预测鸢尾花卉属于（Setosa、Versicolour、Virginica）3 个种类中的哪一类。

该数据集可以构成 150×4 的矩阵，Iris 数据集各特征统计信息可视化如下图所示。

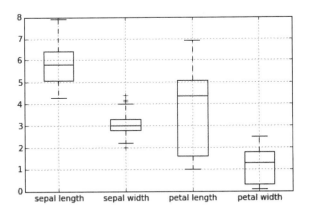

我们可以把这个数据集使用 PCA 方法从四维降至二维，此时就可以在二维图中观察到三类数据可以较好地分开。此时只使用两个基向量，但是输出数据集包含了输入信号约 98% 的能量，在下图中可以看出各个类别能够清晰地分离开来。

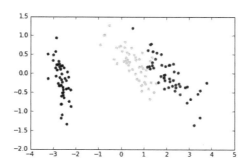

为了方便理解计算过程，下面用一个简单的例子来说明。

假设一个二维数据如下。

$$data = \begin{bmatrix} x & y \\ 2.5 & 2.4 \\ 0.5 & 0.7 \\ 2.2 & 2.9 \\ 1.9 & 2.2 \\ 3.1 & 3.0 \\ 2.3 & 2.7 \\ 2 & 1.6 \\ 1 & 1.1 \\ 1.5 & 1.6 \\ 1.1 & 0.9 \end{bmatrix}$$

在这个数据中，行代表了一个样本，列代表特征，这里有 10 个样本，每个样本含有两个特征。可以这样认为，有 10 篇文档，x 是 10 篇文档中"learn"出现的 TF-IDF，y 是10 篇文档中"study"出现的 TF-IDF。也可以认为有 10 辆汽车，x 是千米 / 小时的速度，y 是英里 / 小时的速度等。

（1）分别求 x 和 y 的平均值，然后对于所有的样例都减去对应的均值。这里 x 的均值是 1.81，y 的均值是 1.91，那么一个样例减去均值后即为（0.69,0.49），得到如下数据：

$$\overline{data} = \begin{bmatrix} x & y \\ 0.69 & 0.49 \\ -1.31 & -1.21 \\ 0.39 & 0.99 \\ 0.09 & 0.29 \\ 1.29 & 1.09 \\ 0.49 & 0.79 \\ 0.19 & -0.31 \\ -0.81 & -0.81 \\ -0.31 & -0.31 \\ -0.71 & -1.01 \end{bmatrix}$$

（2）计算上面矩阵的特征协方差矩阵：

$$cov = \begin{bmatrix} 0.6166 & 0.6154 \\ 0.6154 & 0.7166 \end{bmatrix}$$

对角线上分别是 x 和 y 的方差，非对角线上是协方差。协方差大于 0 表示 x 和 y 若有一个增，另一个也增；协方差小于 0 表示一个增，一个减；协方差为 0 时，两者独立。协方差绝对值越大，两者对彼此的影响越大，反之越小。

（3）计算协方差的特征值和特征向量，得到如下数据：

$$\text{eigenvalues} = \begin{bmatrix} 0.0491 \\ 1.2840 \end{bmatrix}$$

$$\text{eigenvectors} = \begin{bmatrix} -0.7352 & -0.6779 \\ 0.6779 & -0.7352 \end{bmatrix}$$

上面是两个特征值，下面是对应的特征向量，特征值 0.0491 对应特征向量为（-0.735, 06779）$^\top$，这里的特征向量都归一化为单位向量。

（4）将特征值按照从大到小的顺序排列，选择其中最大的 k 个，然后将其对应的 k 个特征向量分别作为列向量组成特征向量矩阵。这里特征值只有两个，选择其中最大的那个，即 1.2840，对应的特征向量是（-0.6779, -0.7352）$^\top$。

（5）将样本点投影到选取的特征向量上。假设样例数为 m，特征数为 n，减去均值后的样本矩阵为 DataAdjust($m \times n$)，协方差矩阵是 $n \times n$，选取的 k 个特征向量组成的矩阵为 EigenVectors($n \times k$)。那么投影后的数据 FinalData 为：

$$\text{FinalData}(m \times k) = \text{DataAdjust}(m \times n) \times \text{EigenVectors}(n \times k)$$

对于上面的 10×2 维数据，选取特征为一维，因此上面数据变换后的结果为：

$$\text{finaldata} = \begin{bmatrix} -0.8279 \\ 1.7776 \\ -0.9922 \\ -0.2742 \\ -1.6758 \\ -0.9129 \\ -0.9911 \\ 1.1446 \\ 0.4381 \\ 1.2238 \end{bmatrix}$$

这样，就将原始样例的 n 维特征变成了 k 维，这 k 维就是原始特征在 k 维上的投影。

14.2.2　奇异值分解

前面介绍的主成分分析就是通过特征值分解来进行特征提取的，但它要求矩阵必须是方阵，但在实际应用场景中，经常遇到的矩阵都不是方阵，如 N 个学生，每个学生有 M 门考试成绩，其中 $N \neq M$，这就组成 $N \times M$ 的非方阵矩阵，这种情况下无法使用主成分分析，也限制了特征值分解方法的使用。而奇异值分解（Singular Value Decomposition，SVD）是线性代数中一种重要的矩阵分解，该方法对原矩阵的形状没有任何要求。

在很多情况下，数据中的一小段携带了数据集中的大部分信息，而剩下的信息则要么是噪声，要么是毫不相关的信息。利用 SVD 实现，能够用小得多的数据集来表示原始数据集。这样做，实际上是去除了噪声和冗余数据。同样，当用户试图节省空间时，去除信息也是很有用的。

假设是一个阶矩阵，则存在一个分解使得：

$$M_{m\times n}=U_{m\times m}\sum\nolimits_{m\times n}V_{n\times n}^{\mathrm{T}}$$

式中，为 $m\times m$ 阶酉矩阵；Σ 为半正定 $m\times n$ 阶对角矩阵；而 V^{T}，即 V 的共轭转置，是 $n\times n$ 阶酉矩阵。这样的分解就称为 M 的奇异值分解。Σ 对角线上的元素 Σi，其中 i 即为 M 的奇异值。常见的做法是为了奇异值从大到小排列。

奇异值分解的优点是：可以简化数据，压缩维度，去除数据噪声，提升算法的结果，加快模型计算性能，可以针对任一普通矩阵进行分解（包括样本数小于特征数），不受限于方阵。

奇异值分解的缺点是：转换后的数据比较难理解，如何与具体业务知识对应起来是难点。

为了方便理解计算过程，下面用一个简单的例子来说明。

假设数据矩阵如下。

$$\text{data}=\begin{bmatrix}1&1&1&0&0\\2&2&2&0&0\\1&1&1&0&0\\5&5&5&0&0\\1&1&0&2&2\\0&0&0&3&3\\0&0&0&1&1\end{bmatrix}$$

则该矩阵的 SVD 分解所得的矩阵及特征值如下图所示。

```
>>> U,Sigma,VT = linalg.svd(dataMat)
>>> U
matrix([[ -1.77939726e-01,  -1.64228493e-02,  -1.80501685e-02,
           5.78781589e-01,   7.63543471e-01,   1.88532246e-01,
           1.19208924e-01],
        [ -3.55879451e-01,  -3.28456986e-02,  -3.61003369e-02,
          -7.74715499e-01,   4.30193167e-01,   2.92770317e-01,
           1.73735935e-03],
        [ -1.77939726e-01,  -1.64228493e-02,  -1.80501685e-02,
          -9.98107173e-02,   2.90929148e-01,  -9.10725887e-01,
          -2.09089326e-01],
        [ -8.89698628e-01,  -8.21142464e-02,  -9.02508423e-02,
           2.14092025e-01,  -3.82971791e-01,   2.73306011e-02,
           1.72811368e-02],
        [ -1.33954753e-01,   5.33527340e-01,   8.35107599e-01,
          -4.70561099e-16,   3.48412692e-16,   9.45105663e-17,
          -2.67155562e-17],
        [ -2.15749771e-02,   7.97677135e-01,  -5.13074760e-01,
           3.00502810e-02,   7.92492923e-03,   6.96939961e-02,
          -3.06882588e-01],
        [ -7.19165903e-03,   2.65892378e-01,  -1.71024920e-01,
          -9.01508431e-02,  -2.37747877e-02,  -2.09081988e-01,
           9.20647765e-01]])
>>> Sigma
array([  9.72140007e+00,   5.29397912e+00,   6.84226362e-01,
         4.11502614e-16,   1.36030206e-16])
```

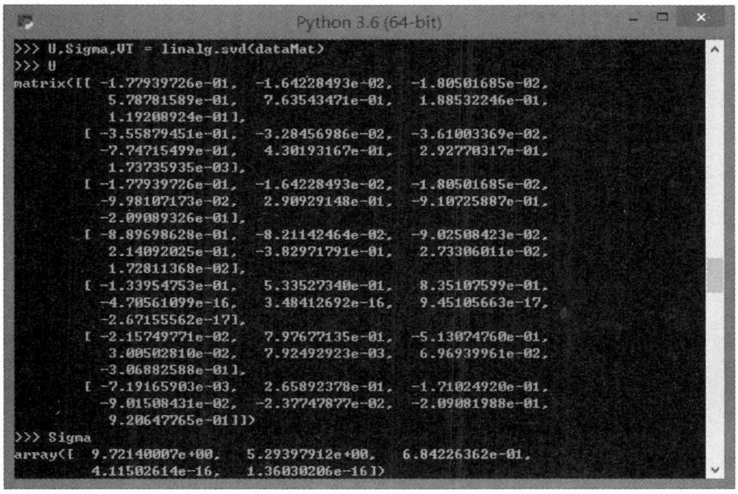

```
Python 3.6 (64-bit)
>>> UT
matrix([[ -5.81200877e-01,  -5.81200877e-01,  -5.67421508e-01,
          -3.49564973e-02,  -3.49564973e-02],
        [  4.61260083e-03,   4.61260083e-03,  -9.61674228e-02,
           7.03814349e-01,   7.03814349e-01],
        [  4.02721076e-01,   4.02721076e-01,  -8.17792552e-01,
          -5.85098794e-02,  -5.85098794e-02],
        [ -6.14116145e-02,   6.14116145e-02,   3.22982727e-16,
          -7.04434961e-01,   7.04434961e-01],
        [  7.04434961e-01,  -7.04434961e-01,  -7.05133213e-17,
          -6.14116145e-02,   6.14116145e-02]])
>>>
```

从上面的分解结果可以看出，Sigma 中前 3 个特征数值（红色框标注）比剩余的值大多了，因此可以只取前 3 个特征值，即此时 Sigma 是一个 3×3 的矩阵，如下图所示。

```
Python 3.6 (64-bit)
>>> Sig3 = mat([[Simga[0],0,0],[0,Simga[1],0],[0,0,Simga[2]]])
>>> Sig3
matrix([[ 9.72140007,  0.        ,  0.        ],
        [ 0.        ,  5.29397912,  0.        ],
        [ 0.        ,  0.        ,  0.68422636]])
>>>
```

所以原始数据集 Data 可以用如下结果近似：

$$M_{m\times n}=U_{m\times 3}\Sigma_{3\times 3}V_{3\times n}^{T}$$

结果如下图所示。

```
Python 3.6 (64-bit)
>>> U[:,:3]*Sig3*UT[:3,:]
matrix([[  1.00000000e+00,   1.00000000e+00,   1.00000000e+00,
           7.75989921e-16,   7.71587483e-16],
        [  2.00000000e+00,   2.00000000e+00,   2.00000000e+00,
           3.00514919e-16,   2.77832253e-16],
        [  1.00000000e+00,   1.00000000e+00,   1.00000000e+00,
           2.18975112e-16,   2.07633779e-16],
        [  5.00000000e+00,   5.00000000e+00,   5.00000000e+00,
           3.00675663e-17,  -1.28697294e-17],
        [  1.00000000e+00,   1.00000000e+00,  -5.48397422e-16,
           2.00000000e+00,   2.00000000e+00],
        [  3.21319929e-16,   4.43562065e-16,  -3.48967188e-16,
           3.00000000e+00,   3.00000000e+00],
        [  9.71445147e-17,   1.45716772e-16,  -1.52655666e-16,
           1.00000000e+00,   1.00000000e+00]])
```

通过与原数据对比，可以看到和原始数据没什么差别。

那么在解决实际问题时如何知道保留前多少个奇异值呢?

一个典型的做法就是保留矩阵中 90% 的能量信息。为了计算总能量信息，将所有的奇异值求其平方和。于是可以将奇异值的平方和累加到总值的 90% 为止。

14.3 项目实战

14.3.1 主成分分析 PCA 实例

本节先介绍使用机器学习第三方库 Scikit-learn 中使用 PCA 进行数据降维的实例，再介绍如何自己编写 PCA 程序。

在 Scikit-learn 中，与 PCA 相关的类都在 sklearn.decomposition 包中。最常用的 PCA 类就是 sklearn.decomposition.PCA，在使用这个 PCA 类时，基本不需要调整参数，一般来说，只需要指定需要降维到的维度，或者希望降维后的主成分的方差和占原始维度所有特征方差和的比例阈值就可以了。

sklearn.decomposition.PCA 中有很多参数，其基本格式如下。

```
PCA(n_components=None, copy=True, whiten=False, svd_solver='auto', tol=0.0, iterated_power='auto', random_state=None)
```

下面介绍其中的主要参数。

（1）n_components：这个参数可以帮用户指定希望 PCA 降维后的特征维度数目。最常用的做法是直接指定降维到的维度数目，此时 n_components 是一个大于等于 1 的整数。当然，也可以指定主成分的方差和所占的最小比例阈值，让 PCA 类自己去根据样本特征方差来决定降维到的维度数，此时 n_components 是一个 [0，1] 之间的数。还可以将参数设置为"mle"，此时 PCA 类会用 MLE 算法根据特征的方差分布情况自己去选择一定数量的主成分特征来降维。也可以用默认值，即不输入 n_components，此时 n_components=min(样本数，特征数)。

（2）copy: 其取值主要有 3 种类型，即 bool、True 或 False，默认为 True。该参数表示是否在运行算法时，将原始训练数据复制一份。若为 True，则运行 PCA 算法后，原始训练数据的值不会有任何改变，因为是在原始数据的副本上进行降维计算的；若为 False，则运行 PCA 算法后，原始训练数据的值会改变，因为是在原始数据上进行降维计算的。

（3）whiten: 判断是否进行白化。所谓白化，就是对降维后的数据的每个特征进行归一化，让方差都为 1。对于 PCA 降维本身来说，一般不需要白化。如果 PCA 降维后有后续的数据处理动作，可以考虑白化。默认值是 False，即不进行白化。

（4）svd_solver: 即指定奇异值分解 SVD 的方法，由于特征分解是奇异值分解 SVD 的一个特例，一般的 PCA 库都是基于 SVD 实现的。有 4 个可以选择的值: {'auto', 'full', 'arpack', 'randomized'}。randomized 一般适用于数据量大，数据维度多同时主成分数目比例又较低的 PCA 降维，它使用了一些加快 SVD 的随机算法。full 则是传统意义上的 SVD，使用了 scipy 库对应的实现。arpack

和 randomized 的适用场景类似，区别是 randomized 使用的是 scikit-learn 自己的 SVD 实现，而 arpack 直接使用了 scipy 库的 sparse SVD 实现。默认是 auto，即 PCA 类会自己去在前面讲到的 3 种算法中去权衡，选择一个合适的 SVD 算法来降维。一般来说，使用默认值就可以。

PCA 对象的常用属性如下。

（1）第一个是 explained_variance_，它代表降维后的各主成分的方差值。方差值越大，则说明越是重要的主成分。

（2）第二个是 explained_variance_ratio_，它代表降维后的各主成分的方差值占总方差值的比例，这个比例越大，则越是重要的主成分。

PCA 对象的常用方法如下。

（1）fit(X,y=None)：fit() 可以说是 Scikit-learn 中通用的方法，每个需要训练的算法都会有 fit() 方法，它其实就是算法中的"训练"这一步骤。fit(X)，表示用数据 X 来训练 PCA 模型。因为 PCA 是无监督学习算法，因此此处 y 自然等于 None。

（2）fit_transform(X)：用 X 来训练 PCA 模型，同时返回降维后的数据。例如，newX=pca.fit_transform(X)，newX 就是降维后的数据。

（3）inverse_transform()：将降维后的数据转换成原始数据，如 X=pca.inverse_transform(newX)。

（4）transform(X)：将数据 X 转换成降维后的数据。当模型训练好后，对于新输入的数据，都可以用 transform 方法来降维。

此外，还有 get_covariance()、get_precision()、get_params(deep=True)、score(X, y=None) 等方法，读者可以参见 PCA 的帮助文档。

下面来看简单的实例来逐步熟悉如何使用 PCA。

【实例 14-1】PCA 的基本使用。

假设数据存在于某个 Excel 文件，把该文件导入 Python 中。例如：

inputfile = 'data.xls'
outputfile = 'reduced_data.xls' # 降维后的数据
import pandas as pd
data = pd.read_excel(inputfile, header = None) # 读入数据

数据如下图所示，该数据共有 13 个样本，每个样本有八维特征。

```
Python 3.6 (64-bit)
>>> print(data)
      0     1     2     3     4     5      6     7
0  40.4  24.7   7.2   6.1   8.3   8.7  2.442  20.0
1  25.0  12.7  11.2  11.0  12.9  20.2  3.542   9.1
2  13.2   3.3   3.9   4.3   4.4   5.5  0.578   3.6
3  22.3   6.7   5.6   3.7   6.0   7.4  0.176   7.3
4  34.3  11.8   7.1   7.1   8.0   8.9  1.726  27.5
5  35.6  12.5  16.4  16.7  22.8  29.3  3.017  26.6
6  22.0   7.8   9.9  10.2  12.6  17.6  0.847  10.6
7  48.4  13.4  10.9   9.9  10.9  13.9  1.772  17.8
8  40.6  19.1  19.8  19.0  29.7  39.6  2.449  35.8
9  24.8   8.0   9.8   8.9  11.9  16.2  0.789  13.7
10 12.5   9.7   4.2   4.2   4.6   6.5  0.874   3.9
11  1.8   0.6   0.7   0.7   0.8   1.1  0.056   1.0
12 32.3  13.9   9.4   8.3   9.8  13.3  2.126  17.1
13 38.5   9.1  11.3   9.5  12.2  16.4  1.327  11.6
>>>
```

下面对这个数据进行 PCA 分析，代码如下。

```
from sklearn.decomposition import PCA
pca = PCA()   # 计算 PCA
pca.fit(data) # 使用数据拟合
pca.components_ # 返回模型的各个特征向量
pca.explained_variance_  # 返回模型的各个特征值
pca.explained_variance_ratio_ # 返回各个成分各自的方差百分比
```

计算的特征向量、特征值及各特征值所占方差百分比如下图所示。

```
Python 3.6 (64-bit)
>>> pca.components_
array([[ 0.56788461,  0.2280431 ,  0.23281436,  0.22427336,  0.3358618 ,
         0.43679539,  0.03861081,  0.46466998],
       [ 0.64801531,  0.24732373, -0.17085432, -0.2089819 , -0.36050922,
        -0.55908747,  0.00186891,  0.05910423],
       [-0.45139763,  0.23802089, -0.17685792, -0.11843804, -0.05173347,
        -0.20091919, -0.00124421,  0.80699041],
       [-0.19404741,  0.9021939 , -0.00730164, -0.01424541,  0.03106289,
         0.12563004,  0.11152105, -0.3448924 ],
       [-0.06133747, -0.03383817,  0.12652433,  0.64325682, -0.3896425 ,
        -0.10681901,  0.63233277,  0.04720838],
       [ 0.02579655, -0.06678747,  0.12816343, -0.57023937, -0.52642373,
         0.52280144,  0.31167833,  0.0754221 ],
       [-0.03800378,  0.09520111,  0.15593386,  0.34300352, -0.56640021,
         0.18985251, -0.69902952,  0.04505823],
       [-0.10147399,  0.03937889,  0.91023327, -0.18760016,  0.06193777,
        -0.34598258, -0.02090066,  0.02137393]])
>>> pca.explained_variance_
array([  4.00716350e+02,   8.12549005e+01,   2.21371447e+01,
         1.24592616e+01,   7.78010269e-01,   2.12775446e-01,
         1.07538695e-01,   4.78675363e-02])
>>> pca.explained_variance_ratio_
array([  7.74011263e-01,   1.56949443e-01,   4.27594216e-02,
         2.40659228e-02,   1.50278048e-03,   4.10990447e-04,
         2.07718405e-04,   9.24594471e-05])
```

根据各特征值所占方差百分比可以看出，前 3 个特征值所占比例已经超过 95%，因此选择降维后的特征维度数目为 3。

下面是使用这 3 个特征向量计算降维后的数据。

```
pca=PCA(3)
```

```
pca.fit(data)
low_d=pca.transform(data)# 降维
pd.DataFrame(low_d).to_excel(outputfile)
```

降维后的数据如下图所示。

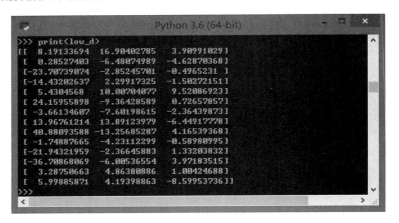

同样，也可以再恢复数据，代码如下。

```
pca.inverse_transform(low_d) # 使用降维的 3 个主成分恢复数据
```

【实例 14-2】PCA 的应用

这个实例中，是使用系统自动生成的数据，该数据有 3 个簇，其中心坐标分别为 [3,3, 3], [0,0,0], [1,1,1], [2,2,2]，总共有 10 000 个样本，特征数为三维。

下面首先可视化这些三维数据。

```
import numpy as np
import matplotlib.pyplot as plt
from mpl_toolkits.mplot3d import Axes3D
%matplotlib inline
from sklearn.datasets.samples_generator import make_blobs
#X 为样本特征，Y 为样本簇类别，共 1000 个样本，每个样本 3 个特征，共 4 个簇
X, Y= make_blobs(n_samples=10000, n_features=3, centers=[[3,3, 3], [0,0,0], [1,1,1], [2,2,2]],
cluster_std=[0.2, 0.1, 0.2, 0.2], random_state =9)
fig = plt.figure()
ax = Axes3D(fig, rect=[0, 0, 1, 1], elev=30, azim=20)
plt.scatter(X[:, 0], X[:, 1], X[:, 2],marker='o')
plt.show()
```

数据如下图所示。

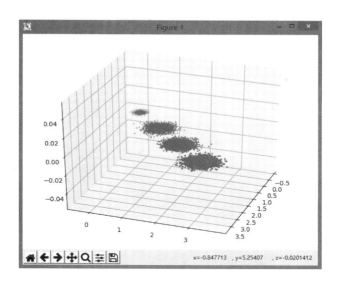

其次，使用全部数据进行主成分的计算，其代码如下。

```
from sklearn.decomposition import PCA

pca = PCA(n_components=3)

pca.fit(X)

print pca.explained_variance_ratio_

print pca.explained_variance_
```

它的 3 个特征值及其投影后的 3 个维度的方差分布如下图所示。

可以看出投影后 3 个特征维度的方差比例大约为 98.3%、0.8%、0.8%。投影后第一个特征占了绝大多数的主成分比例。下面进行降维，从三维降到二维，代码如下。

```
pca = PCA(n_components=2)

pca.fit(X)

X_new = pca.transform(X)

plt.scatter(X_new[:, 0], X_new[:, 1],marker='o')

plt.show()
```

为了更直观地认识，此时转换后的数据分布如下图所示。

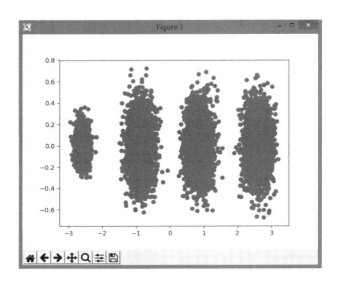

可见降维后的数据依然可以很清楚地看到之前三维图中的 4 个簇。

前面都是使用机器学习第三方库 Scikit-learn 中的 PCA 函数进行数据降维,下面介绍如何编写自己的 PCA 程序。

【实例 14-3】自己动手编制 PCA 程序。

在所编制的 PCA 程序中,主要定义两个函数,一个函数是 pca,另外一个函数是 eigValPct。其中 pca 函数有两个参数, dataMat 是已经转换成矩阵 matrix 形式的数据集,列表示特征,percentage 表示取前多少个特征需要达到的方差占比,默认为 0.9;函数 eigValPct 是通过方差的百分比来计算将数据降到多少维比较合适的,函数传入的参数是特征值和百分比 percentage,返回需要降到的维度数 num。

函数 eigValPct 的定义如下。

```python
from numpy import *
def eigValPct(eigVals,percentage):
    sortArray=sort(eigVals) # 使用 numpy 中的 sort() 对特征值从小到大排序
    sortArray=sortArray[-1::-1] # 特征值从大到小排序
    arraySum=sum(sortArray) # 数据全部的方差 arraySum
    tempSum=0
    num=0
    for i in sortArray:
        tempSum+=i
        num+=1
        if tempsum>=arraySum*percentage:
            return num
```

函数 pca 的定义如下。

```
def pca(dataMat,percentage=0.9):
    meanVals=mean(dataMat,axis=0) # 对每一列求平均值，因为协方差的计算中需要减去均值
    meanRemoved=dataMat-meanVals
    covMat=cov(meanRemoved,rowvar=0) #cov() 计算方差
    eigVals,eigVects=linalg.eig(mat(covMat)) # 利用 numpy 中寻找特征值和特征向量的模块
linalg 中的 eig() 方法
    k=eigValPct(eigVals,percentage) # 要达到方差的百分比 percentage，需要前 k 个向量
    eigValInd=argsort(eigVals) # 对特征值 eigVals 从小到大排序
    eigValInd=eigValInd[:-(k+1):-1] # 从排好序的特征值，从后往前取 k 个，这样就实现了特征
值的从大到小排列
    redEigVects=eigVects[:,eigValInd]  #返回排序后特征值对应的特征向量 redEigVects（ 主成分 ）
    lowDDataMat=meanRemoved*redEigVects # 将原始数据投影到主成分上得到新的低维数据
lowDDataMat
    reconMat=(lowDDataMat*redEigVects.T)+meanVals  # 得到重构数据 reconMat
    return lowDDataMat,reconMat
```

函数的使用方法和正常的使用方法一样，这里不再重复，读者可以尝试使用前面实例中的数据计算主成分。

14.3.2 使用奇异值分解进行图像压缩

下面就使用前面介绍的 SVD 方法对图像进行压缩，其实主要是保留系数矩阵中较大的值，舍掉较小的值，从而达到压缩图像的作用。

在 Python 中，SVD 分解非常简单，可利用 np.linalg.svd() 函数，如 u,sigma,v=np.linalg.svd(A)，则 u、v 分别返回 A 的左右奇异向量，而 sigma 返回的并不是系数矩阵，而是一个奇异值从大到小排列的一个向量。

对于图像而言，一般的彩色图像其实就是 RGB 三个图层上矩阵的叠加，每个元素的值为 0~255 的整数，在 Python 中读取图像可以通过 plt.imread() 函数，这样直接得到了一个 a×b×3 的矩阵，然后对 3 个图层分别进行处理就可以了。

利用 SVD 分解进行图片压缩的基本步骤如下。

（1）读取图片，分解成 RGB 3 个矩阵。

（2）对 3 个矩阵分别进行 SVD 分解，得到对应的奇异值和奇异向量。

（3）按照一定标准进行奇异值的筛选（整体数量的一定百分比，或者奇异值和的一定百分比）。

（4）恢复矩阵，并将 RGB 3 个矩阵叠加起来。

（5）保存图像。

【实例 14-4】使用 Python 进行 SVD 分解进行图像压缩。

原始图像如下图所示。

由于在 Python 中需要读取图像，因此需要在命令行下安装如下库。

pip install matplotlib pillow

程序首先导入下面两个库。

import numpy as np

from matplotlib import pyplot as plt

其次定义下面函数用于读入图像，并生成数据矩阵。

```
def svdimage(filename,percent):
    original=plt.imread(filename)    # 读取图像
    R0=np.array(original[:,:,0])     # 获取第一层矩阵数据
    G0=np.array(original[:,:,1])     # 获取第二层矩阵数据
    B0=np.array(original[:,:,2])     # 获取第三层矩阵数据
    u0,sigma0,v0=np.linalg.svd(R0)   # 对第一层数据进行 SVD 分解
    u1,sigma1,v1=np.linalg.svd(G0)   # 对第二层数据进行 SVD 分解
    u2,sigma2,v2=np.linalg.svd(B0)   # 对第三层数据进行 SVD 分解
    R1=np.zeros(R0.shape)
    G1=np.zeros(G0.shape)
    B1=np.zeros(B0.shape)
    total0=sum(sigma0)
    total1=sum(sigma1)
    total2=sum(sigma2)
    sd=0
    for i,sigma in enumerate(sigma0):    # 用奇异值总和的百分比来进行筛选。
        R1+=sigma*np.dot(u0[:,i].reshape(-1,1),v0[i,:].reshape(1,-1))
```

```
        sd+=sigma
        if sd>=percent*total0:
            break
    sd=0
    for i,sigma in enumerate(sigma1): # 用奇异值总和的百分比来进行筛选
        G1+=sigma*np.dot(u1[:,i].reshape(-1,1),v1[i,:].reshape(1,-1))
        sd+=sigma
        if sd>=percent*total1:
            break
    sd=0
    for i,sigma in enumerate(sigma2): # 用奇异值总和的百分比来进行筛选
        B1+=sigma*np.dot(u2[:,i].reshape(-1,1),v2[i,:].reshape(1,-1))
        sd+=sigma
        if sd>=percent*total2:
            break
    final=np.stack((R1,G1,B1),2)
    final[final>255]=255
    final[final<0]=0
    final=np.rint(final).astype('uint8')
    return final
```

最后，可以调用这个函数，调用时指定需要的百分比。

```
for p in np.arange(.1,1,.1):
    after=svdimage(filename,p)
    plt.imsave(str(p)+'_1.jpg',after)
```

下图为保留奇异值 50% 的压缩信息的图像。

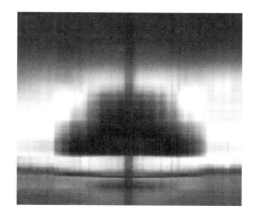

下图为保留奇异值 90% 的压缩信息的图像。

可以看出在不同的奇异值保留程度下，图像的压缩比例也不一样。

14.4　自测练习

1. 主成分分析 PCA 的使用

现有数据集存放在 testSet.txt 文件中，其中有 1000 个数据点的数据，编制程序把该文件的数据调入内存，然后编制 PCA 程序，进行降维。

2. 奇异值分解 SVD 的使用

使用实例 14-3 中 SVD 部分的图像，这次按整体数量百分比进行奇异值筛选。

15

第 15 章
聚类分析

机器学习方法主要分为监督学习方法和非监督学习方法两种。监督学习方法是在样本类别标签已知的条件下进行的，可以统计出各类训练样本的概率分布、特征空间分布区域等描述量，然后利用这些参数进行分类器设计。在实际应用中，很多情况是无法预先知道样本标签的，因而只能利用非监督机器学习方法进行分析。聚类分析就是典型的非监督学习方法，它在没有给定划分类别的情况下，根据数据自身的距离或相似度进行样本分组。

本章将介绍以下内容：

- 聚类分析概述
- K-means 算法

15.1 聚类分析概述

所谓聚类分析，就是给定一个元素集合 D，其中每个元素具有 n 个观测属性，对这些属性使用某种算法将 D 划分成 K 个子集，要求每个子集内部的元素之间相似度尽可能高，而不同子集的元素相似度尽可能低。聚类分析是一种非监督的观察式学习方法，在聚类前可以不知道类别甚至不用给定类别数量。目前聚类分析广泛应用于统计学、生物学、数据库技术和市场营销等领域。

聚类方法可以分成两大类，一类是基于概率密度函数估计的直接方法，其原理是设法找到各类别在特征空间的分布参数再进行分类。另一类是基于样本之间相似性度量的间接聚类方法，其原理是设法找出不同类别的核心或初始类核，再依据样本与这些核心之间的相似性度量将样本聚集成不同类别。

最常用的基于概率密度估计的直接方法的例子是直方图方法。通过对样本的直方图统计，根据直方图分布高峰之间的谷点就能把样本分成不同的类别。下图所示就是一种基于概率统计的聚类分析方法。图示二维空间中有两类样本数据，将样本沿着图中两条平行的直线投影，样本的分布呈现出较好的高峰和低谷，将峰值分别划分在不同的区域中，把聚在同一高峰下的样本划分为一类，就实现了样本聚类。这种方法常将样本投影到某个特定的坐标轴，一般称为投影法。

对于一般的样本数据集，投影法的具体操作步骤如下。

（1）计算样本协方差矩阵具有最大特征值的特征向量 U_j，把数据投影到 U_j 轴上。

（2）用直方图方法求数据的边缘概率密度函数。

（3）在直方图的峰值间求最小值，在这些最小点做垂直于 U_j 的各个超平面把数据划分为若干个聚类。

（4）如果在这个轴上没有这样的最小值，则用下一个最大特征值对应的特征向量重复上述步骤。

（5）对每个得到的聚类子集重复上述步骤，直到每个子集不能再分为止。

基于样本相似度的聚类方法，一般把相似度表示成在特征空间中的某种距离度量，根据样本在特征空间中的距离长短进行动态分类，这种方法又称为基于距离度量的方法。例如，在目标检测和识别等图像处理应用中，就可利用图像像素颜色的相似性对图像进行聚类，检测出特定的区域和目标。下图所示就是一种基于颜色空间聚类的道路识别方法，从原始图像中可以看出，图像中包含天空、地面和建筑等不同的区域，每个区域的颜色较为接近。在聚类算法中，把类别数定为 3，从结果图像中可以看出这三部分在图像中所占比例基本相等，通过适当聚类和处理能够将道路区域成功地提取出来。

数据集中的样本如何聚类则取决于聚类的准则函数，以使某种聚类准则达到极值为最佳。对数据集进行聚类的方法有两种：迭代的动态聚类算法和非迭代的分级聚类算法。

动态聚类是在数据点分类过程中按照某种准则动态调整其类型归属。聚类过程一般先从各聚类的代表点或初始中心点开始，再按各样本到中心点的最短矩离将样本分到该类。但是由于初始代表点很可能不甚合理，以至于影响到聚类的结果。这就需要有一个对聚类的结果进行修改或迭代的过程，使聚类结果逐步趋向合理。迭代的过程需要一个准则函数来指导，使迭代朝实现准则函数的极值化方向收敛。因此，动态聚类算法需要实现以下几点：① 选定某种距离度量作为样本间的相似性度量；② 确定样本合理的初始分类，包括代表点的选择、初始分类的方法选择等；③ 确定某种评价聚类结果质量的准则函数，用以调整初始分类直至达到该准则函数的极值。

生活中的很多事情需要将杂乱的东西变得有序，如生物分类、图书分类等。这需要把各种事物按其相似性或内在联系组织起来，组成有层次的结构，这就是分级聚类方法要解决的问题。首先把各种事物相似或本质上最接近的划归一类，然后把相近的几个类合并成一个类。分级聚类方法的目的并不是把 N 个样本分成某一个预定的类别数，而是把样本集按不同的相似程度要求分成不同类别，一种极端的情况是每个样本各自为一类，没有任何聚类，另一种极端则是将所有样本归一类。分级聚类一般采用树形结构进行表示，第一层次的样本自成一类，其类内相似度是 100%，从第二层开始逐渐将上一层的样本进行合并，使类别数逐渐减少，而类别内样本的相似程度要求也随之下降。

15.2　K-means 算法

15.2.1　K-means 算法与步骤

聚类算法有很多种，如 K-means（K 均值聚类）、K 中心聚类、密度聚类、谱系聚类、最大期望聚类等。这里重点介绍 K-means 聚类算法，该算法的基本思想是以空间中 K 个点为中心进行聚类，对最靠近它们的对象归类。通过迭代的方法，逐次更新各聚类中心的值，直至得到最好的聚类结果。K-means 算法实现简单、计算速度快、原理易于理解、具有理想的聚类效果，因此该算法是公认的经典数据挖掘方法之一。

下面就以欧氏距离为例，来说明 K-means 算法是如何完成聚类任务的，其步骤如下。

（1）在 n 个观测中，随机挑选代表 K 个簇的种子点，这些种子点即为聚类的初始中心。

（2）分别计算每个数据点到 K 个中心点的距离，离哪个中心点最近就将该数据点分配到哪个簇中。

（3）重新计算每个簇数据的坐标均值，将新的均值作为新的聚类中心。

（4）重复（2）和（3），直到簇的中心点坐标不变或达到规定的循环次数，形成最终的 K 个聚类。

15.2.2　K-means 算法涉及的问题

首先是初始 K 值的确定，即聚类之前必须清楚数据应该聚为几类。确定聚类数 K 没有最佳的方法，通常是需要根据具体的问题由人工进行选择。实际中，为了确定最优聚类数 K，可以尝试使用"肘部法"（Elbow method）。如下图所示，使用数据点与聚类质心的平均距离作为 K 值的度量，增加聚类数量总是会减少数据点的距离，根据距离函数与 K 值的变化曲线，再选择变化率急剧下降的"肘点"，即可用来大致确定 K 值。当然，还可以使用许多其他技术确认 K 值，包括交叉验证、信息标准、影像法和 G-means 算法等。

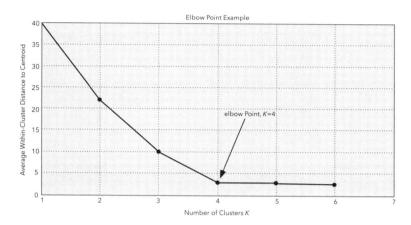

K-means 算法常使用的距离度量有欧氏距离和余弦相似度两种。这两种度量都可以用来评定个体间的差异大小，其中，欧氏距离会受指标不同单位刻度的影响，所以一般需要先进行标准化，同时距离越大，个体间差异越大；空间向量余弦相似度度量不会受指标刻度的影响，余弦值落于区间 [-1,1]，度量值越大个体间的差异越小。

K-means 算法属于一种迭代算法，那么迭代何时结束呢？一般情况下，当目标函数达到最优或达到最大的迭代次数即可终止。对于不同的距离度量，目标函数也不同。当采用欧式距离时，目标函数一般为最小化对象到其簇质心的距离平方和。当采用余弦相似度时，目标函数一般为最大化对象到其簇质心的余弦相似度和。另外，为了防止程序进入死循环，会设置最大的迭代次数，当达到预定的迭代次数时即可将算法终止。

尽管 K 均值聚类算法具有其原理易于理解及聚类效果理想这些优点，但还是存在一些缺点。例如，需要事先指定生成的簇 K，只有对要分析的数据对象比较熟悉才能对 K 值进行较好的估计，还可以通过交叉验证等处理方法确定最佳的 K 值。其次是对噪声数据或离群点数据敏感，少量的异常数据会对均值产生极大的影响。最后，对于不同的初始值，可能导致不同的聚类结果，有的初始值会使结果陷入局部最优解，同时在大规模数据集上收敛较慢。

15.2.3　实际聚类问题的处理流程

针对以文件存储的数据集，使用 K-means 算法进行聚类分析的 Python 函数设计及处理流程如下。

（1）初始化聚类数 K。

（2）从文件中读取数据集：loadDataSet(fileName)。

（3）距离计算函数，也可以是除欧氏距离外的其他的函数：distEclud(vecA, vecB)。

（4）随机生成初始质心，选择初始聚类中心：randCent(dataSet, K)。

（5）K-means 算法实现，输入为具体数据和 K 值，后两选项用来指定距离计算方法和初始质心的选择方式：kMeans(dataSet, K, distMeas=distEclud, createCent=randCent)。

（6）结果可视化：show(dataSet, K, centroids, clusterAssment)。

15.3 项目实战

15.3.1 K-means 算法实现二维数据聚类

【实例 15–1】对于常见的二维数据集，设计 K–means 聚类方法，对 80 个二维数据点进行聚类分析。K–means 算法的 Python 语言实现及处理过程如下。

下图所示的 80 个二维样本数据集，存储为 testSet 文本文档。经过数据预处理和简单分析，得知该数据集共有 4 个类别，因而能确定聚类数 K 为 4。

```
testSet.txt - 记事本
文件(F)  编辑(E)  格式(O)  查看(V)  帮助(H)
1.658985       4.285136
-3.453687      3.424321
4.838138       -1.151539
-5.379713      -3.362104
0.972564       2.924086
-3.567919      1.531611
0.450614       -3.302219
-3.487105      -1.724432
2.668759       1.594842
-3.156485      3.191137
3.165506       -3.999838
-2.786837      -3.099354
4.208187       2.984927
-2.123337      2.943366
0.704199       -0.479481
-0.392370      -3.963704
2.831667       1.574018
-0.790153      3.343144
2.943496       -3.357075
-3.195883      -2.283926
2.336445       2.875106
-1.786345      2.554248
```

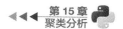

首先导入必要的模块。

```
import kmeans
```

```
import numpy as np
```

```
import matplotlib.pyplot as plt
```

```
from math import sqrt
```

（1）从文件中加载数据集。

构建数据矩阵，从文本中逐行读取数据，形成供后续使用的数据矩阵。

```
dataSet=[]
```

```
fileIn=open('testSet.txt')
```

```
for line in fileIn.readlines():
```

```
  lineArr=line.strip().split('\t')
```

```
  dataSet.append([float(lineArr[0]),float(lineArr[1])])
```

（2）调用 K-means 算法进行数据聚类。

通过以下命令调用设计的 K-means 模块，进行数据聚类。

```
dataSet=np.mat(dataSet)
```

```
k=4
```

```
centroids,clusterAssment=kmeans.kmeanss(dataSet,k)
```

K-means 模块主要包含以下几个函数。

距离度量函数。这里使用的是欧氏距离，计算过程如下。

```
def eucDistance(vec1,vec2):
```

```
  return sqrt(sum(pow(vec2-vec1,2)))
```

初始聚类中心选择。从数据集中随机选择 K 个数据点，用作初始聚类中心。

```
def initCentroids(dataSet,k):
```

```
  numSamples,dim=dataSet.shape
```

```
  centroids=np.zeros((k,dim))
```

```
  for i in range(k):
```

```
    index=int(np.random.uniform(0,numSamples))
```

```
    centroids[i,:]=dataSet[index,:]
```

```
  return centroids
```

K-means 聚类算法。该算法会创建 K 个质心，再将每个点分配到最近的质心，然后重新计算质心。这个过程重复数次，直到数据点的簇分配结果不再改变位置。

```python
def kmeanss(dataSet,k):
    numSamples=dataSet.shape[0]
    clusterAssement=np.mat(np.zeros((numSamples,2)))
    clusterChanged=True
    ##step1:init centroids
    centroids=initCentroids(dataSet,k)

    while clusterChanged:
        clusterChanged=False
        for i in range(numSamples):
            minDist = 100000.0
            minIndex=0
            ##step2 find the centroid who is closest
            for j in range(k):
                distance=eucDistance(centroids[j,:],dataSet[i,:])
                if distance < minDist:
                    minDist=distance
                    minIndex=j
            ##step3: update its cluster
            clusterAssement[i,:]=minIndex,minDist**2
            if clusterAssement[i,0]!=minIndex:
                clusterChanged=True
        ##step4: update centroids
        for j in range(k):
            pointsInCluster=dataSet[np.nonzero(clusterAssement[:,0].A==j)[0]]
            centroids[j,:]=np.mean(pointsInCluster,axis=0)
    print ('Congratulations,cluster complete!')
    return centroids,clusterAssement
```

聚类结果显示。将聚类划分为不同簇的数据，用不同的颜色和符号进行显示，同时画出最终的聚类中心。

```python
def showCluster(dataSet,k,centroids,clusterAssement):
```

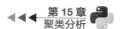

```
        numSamples,dim=dataSet.shape
    mark=['or','ob','og','ok','^r','+r','<r','pr']
        if k > len(mark):
            print("Sorry!")
            return 1
    for i in np.xrange(numSamples):
        markIndex=int(clusterAssement[i,0])
        plt.plot(centroids[i,0],centroids[i,1],mark[i],markersize=12)
    plt.show()
```

（3）聚类结果显示。

对 80 个二维数据，使用 K-means 方法进行聚类，聚类结果如下图所示，迭代后的聚类中心用方形表示，其他数据用不同颜色的原点表示。

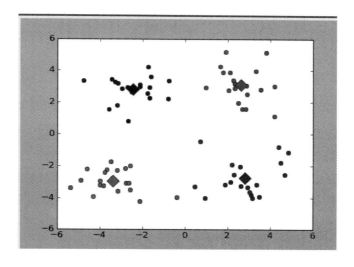

15.3.2　使用 Scikit-learn 中的方法进行聚类分析

Scikit-learn 是 Python 的一个开源机器学习模块，它建立在 NumPy、SciPy 和 matplotlib 模块之上。Scikit-learn 最先是由 David Cournapeau 于 2007 年发起的一个 Google Summer of Code 项目，后来得到很多机器学习爱好者的贡献，目前该项目由一个志愿者团队在维护。Scikit-learn 为用户提供各种机器学习算法接口，可以让用户简单、高效地进行数据挖掘和数据分析。

Scikit-learn 中有多种 K-means 算法，如传统的 K-means 算法和基于采样的 Mini

Batch K-means 算法等。这些算法分别对应 KMeans 类和 MiniBatchKMeans 类。一般来说，传统 K-means 算法的调参是比较简单的，首先需要注意的是聚类数 K 值的选择，即参数 n_clusters。当然 KMeans 类和 MiniBatchKMeans 类还有许多其他的参数，但是这些参数大多不需要去调参。例如，KMeans 类的主要参数如下。

（1）n_clusters：即聚类数 K 值，一般需要多次试验以获得较好的聚类效果，也可以采用评估准则以确定 K 值。

（2）max_iter：最大迭代次数。如果是凸数据集可以不设置这个参数，如果数据集不是凸的，可能很难收敛，此时可以指定最大的迭代次数让算法及时退出循环。

（3）min_iter：最小迭代次数。

（4）n_init：用不同的初始化质心运行算法的次数。由于 K-means 是结果受初始值影响的局部最优的迭代算法，因此需要多运行几次以选择一个较好的聚类效果，默认为 10，一般不需要改变。如果聚类数 K 值较大，则可以适当增大此值。

（5）init： 初始值选择的方式，包括完全随机选择"random"方法、优化过的"K-means++"方法、自己指定初始化的 K 个质心，建议使用默认的"K-means++"选项。

（6）algorithm：有"auto""full""elkan"3 种选择。"full"是传统的 K-means 算法，"elkan"是 elkan K-means 算法。默认的"auto"则会根据数据值是否稀疏，来决定如何选择"full"和"elkan"。如果数据是稠密的就选择 "elkan"，否则就选择"full"。

聚类问题的首要参数是聚类数 K，那么什么样的 K 值才能使聚类结果更好呢？非监督聚类没有比较直接的聚类评估方法，但是可以从簇内的稠密程度和簇间的离散程度来评估聚类的效果，常见的方法有轮廓系数 Silhouette Coefficient 和 Calinski-Harabasz Index。其中，Calinski-Harabasz Index 计算简单直接，得到的 Calinski-Harabasz 分数值越大则聚类效果越好。Calinski-Harabasz 分数值 s 的计算公式为：

$$s(k)=(\frac{tr(B_k)}{tr(W_k)}\frac{m-k}{k-1})$$

式中，m 为训练集样本数；k 为类别数；B_k 为类别之间的协方差矩阵；M_k 为类别内部数据的协方差矩阵；tr 为矩阵的迹。

也就是说，类别内部数据的协方差越小越好，类别之间的协方差越大越好，这样对应的 Calinski-Harabasz 分数会越高。在 Scikit-learn 中， Calinski-Harabasz Index 对应的方法是 metrics.calinski_harabaz_score。

【实例 15-2】生成二维多类数据，调用机器学习模块 Scikit-learn 中的聚类函数进行聚类分析。分析不同参数对聚类结果的影响，重点分析聚类数 *K* 的取值及其评估方法。

　　导入一些必要的模块，为了方便进行可视化显示，随机创建 1000 个具有二维特征的数据集，样本大致分为 4 类。生成随机数据的函数为 make_blobs，用散点图观察绘制的数据。

```
import numpy as np
import matplotlib.pyplot as plt
%matplotlib inline
from sklearn.datasets.samples_generator import make_blobs
from sklearn.cluster import KMeans
X, y = make_blobs(n_samples=1000, n_features=2, centers=[[-1,-1], [0,0], [1,1], [2,2]],
cluster_std=[0.4, 0.2, 0.2, 0.2], random_state =9)
plt.scatter(X[:, 0], X[:, 1], marker='o')
plt.show()
```

聚类效果用散点图表示如下图所示。

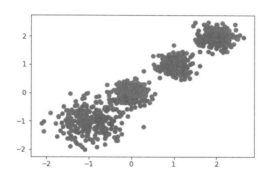

　　选择聚类数 *K*=2，调用 K-means 聚类方法对生成的数据集进行聚类，聚类效果用散点图表示如下图所示。

```
y_pred = KMeans(n_clusters=2, random_state=9).fit_predict(X)
plt.scatter(X[:, 0], X[:, 1], c=y_pred)
plt.show()
```

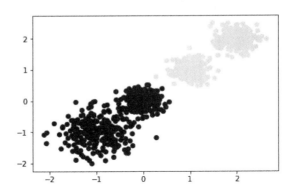

使用 Calinski-Harabasz Index 来评估聚类分数，其结果如下。

```
In[2]:form sklearn import metrics
   ⋯:metrics.calinski_harabaz_score(x,y_pred)
   ⋯:
Out[2]:3116.1706763322227
```

修改聚类数 $K=3$，使用 K-means 方法的聚类效果如下图所示。

```
y_pred = KMeans(n_clusters=3, random_state=9).fit_predict(X)
plt.scatter(X[:, 0], X[:, 1], c=y_pred)
plt.show()
```

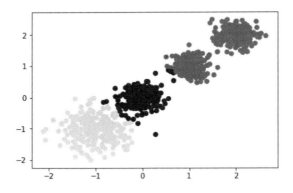

聚类数 K 为 3 时，Calinski-Harabasz Index 评估分数为 2931.6，聚类数虽然更接近真实的类别数 4，但是评估分数却较聚类数为 2 时下降了。

```
In[4]:metrics.calinski_harabaz_score(x,y_pred)
Out[4]:2931.625030199556
```

修改聚类数 $K=4$，使用 K-means 方法的聚类效果如下图所示。

```
from sklearn.cluster import KMeans

y_pred = KMeans(n_clusters=4, random_state=9).fit_predict(X)

plt.scatter(X[:, 0], X[:, 1], c=y_pred)

plt.show()
```

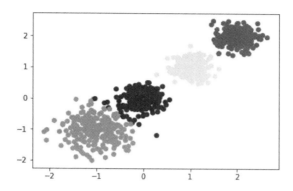

此时，Calinski-Harabasz Index 评估分数为 5924，聚类评估分数最高。如果再增加聚类数，这个评估分数会有不同程度的下降，因此 K=4 是最佳的聚类数。

In[6]:metrics.calinski_harabaz_score(x,y_pred)

Out[6]:5924.050613480169

【实例 15-3】对多维特征数据进行聚类分析。现有 4 种类型的鱼类（Bream、Roach、Smelt、Pike），数据集中有 85 个观测值，每个观测值有 7 个变量：species（种类）、weight（重量）、length1（长度1）、length2（长度 2）、length3（长度 3）、height（高度）、width（宽度）。如果不考虑数据集中的种类属性，使用 K-means 方法对观测数据进行聚类分析。

如下图所示，鱼类数据集具有多种观测特征，每个特征观测值的度量单位也不一致，因此不方便进行二维可视化显示，这里重点介绍聚类分析的过程。

species	weignt	length1	length2	length3	height	width
Bream	242	23.2	25.4	30	38.4	13.4
Bream	290	24	26.3	31.2	40	13.8
Bream	340	23.9	26.5	31.1	39.8	15.1
Bream	363	26.3	29	33.5	38	13.3
Bream	430	26.5	29	34	36.6	15.1
Bream	450	26.8	29.7	34.7	39.2	14.2
Bream	500	26.8	29.7	34.5	41.1	15.3
Bream	390	27.6	30	35	36.2	13.4
Bream	450	27.6	30	35.1	39.9	13.8

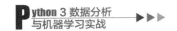
首先，从 sklearn 和 pandas 导入相应的模块。

```
from sklearn.pipeline import make_pipeline
from sklearn.preprocessing import StandardScaler
from sklearn.cluster import KMeans
import pandas as pd
```

其次，从 fish.csv 文件载入数据集，聚类分析时要删除类别属性，并查看前 5 项观测数据。

```
df = pd.read_csv('fish.csv')
species = list(df['species'])
del df['species']
df.head()
```

```
In[2]:df=pd.read_csv('fish.csv')
   …:#forget the species column for now-we'll use it later!
   …:species=list(df['species'])
   …:del df['species']
   …:
In[3]:df.head()
Out[3]:
```

	weight	length1	length2	length3	leigth	width
0	242.0	23.2	25.4	30.0	38.4	13.4
1	290.0	24.0	26.3	31.2	40.0	13.8
2	340.0	23.9	26.5	31.1	39.8	15.1
3	363.0	26.3	29.0	33.5	38.0	13.3
4	430.0	26.5	29.0	34.0	36.6	15.1

由于数据集各属性中，重量用克表示，长度和高度用厘米表示，因此数据具有不同的尺度，为了更有效地对数据进行聚类，很有必要对各属性进行标准化处理。可以使用 sklearn.preprocessing.StandardScaler 类，它将数据按列进行标准化处理，每个属性都变换成均值为 0、方差为 1 的归一化数据。使用以下命令抽取测量数据的二维数组形成样本集，再指定标准化处理方法为 StandardScaler。

```
samples = df.values
```

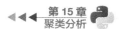

```
scaler = StandardScaler()
```

创建具有 4 个聚类数的 K-means 实例，将该聚类模型与刚才定义的标准化处理方法一起形成聚类分析处理流程。

```
kmeans = KMeans(n_clusters=4)
```

```
pipeline = make_pipeline(scaler, kmeans)
```

将该聚类分析模型应用到鱼类观测数据 samples 上，对聚类模型进行训练，其调用格式及聚类分析的详细参数如下。

```
In[7]:pipeline.fit(samples)
```

```
Out[7]:
```

```
Pipeline(steps=[('standardscaler',standardscaler(copy=True,with_mean=True,with_std
=True)),('kmeans',kmeans(algorithm='auto',copy_x=True,init='K-means++',max_iter=300,
n_clusters=4,n_init=10,n_jobs=1,precompute_distances='auto',
random_state=None,tol=0.0001,
verbose=0))])
```

对观测数据 samples 使用 pipeline.predict() 方法进行预测，得到观测数据的聚类类别号。

```
labels = pipeline.predict(samples)
```

创建一个包含两列数据的 pandas 数据框，装入鱼类数据的聚类类别号和真实种类。使用 crosstab 函数分析聚类结果与实际种类之间的关系，并用交叉表的形式表示。

```
df = pd.DataFrame({'labels': labels, 'species': species})
```

```
ct = pd.crosstab(df['labels'], df['species'])
```

```
In[16]:df=pd.DataFrame({'Labels':Labels,'species':species})
```

```
    ···:ct=pd.crosstab(df['labels'],df['species'])
```

```
    ···:print(ct)
```

```
    ···:
```

Species	Bream	Pike	Roach	Smelt
labels				
0	0	17	0	0
1	1	0	19	1

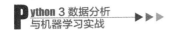
2	33	0	1	0
3	0	0	0	13

从以上结果可以看出，有一个 Bream 类型的样本聚类到 Roach 类型了，Roach 种类中有两个错误聚类的样本，总体聚类精度达到了 96.5%，证明采用 K-means 方法对上述样本进行聚类分析还是比较可靠的。

15.4　自测练习

（1）对二维数据进行聚类分析。文件 point_2D.csv 包含 300 个二维样本数据集，首先从文件读取数据，绘制散点图观察数据的聚类形式，确定基本聚类数 K，其次调用 sklearn 中的 K-means 类进行模型训练和预测，最后输出聚类类别号和聚类结果散点图。

300 个二维数据如下图所示。

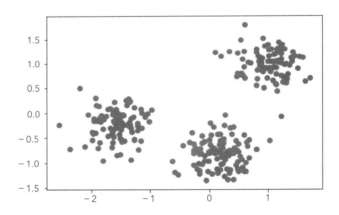

聚类结果标签号及散点图如下图所示。

```
In [6]: print(y_pred)
[2 1 0 0 1 1 0 2 1 1 0 2 1 0 1 2 0 0 2 0 1 2 1 2 2 1 2 2 2 1 0 0 0 1 2 1 2
 2 1 2 2 0 1 1 2 1 2 0 2 0 0 0 2 2 1 2 2 1 0 1 2 2 0 0 1 0 1 1 2 0 1 0 2
 0 1 2 2 2 0 2 1 0 1 1 1 1 2 2 0 1 0 1 2 2 0 1 1 0 1 2 1 0 2 0 0 0 1 1 2
 1 0 1 1 1 2 1 0 2 2 2 2 1 0 2 1 1 0 0 1 2 1 0 0 2 1 0 2 0 2 2 0 2 0 1
 2 2 2 0 0 1 0 1 2 1 2 1 0 1 2 0 0 0 2 2 0 2 0 2 0 2 2 0 2 0 0 2 0 0
 2 1 0 2 2 0 2 1 2 0 1 1 1 2 1 2 1 0 0 2 0 2 2 1 2 0 2 0 2 0 1 2 1 1
 1 0 0 0 2 2 1 2 1 0 1 2 1 2 0 0 0 0 1 2 2 0 0 2 0 1 0 1 1 2 2 1 1 2 0 2
 1 2 0 0 0 0 0 2 2 1 2 1 2 1 0 0 1 2 0 0 1 1 2 2 2 1 1 2 0 1 0 1 0 2 2 2 1 2 2
 2 1 1 1]]
```

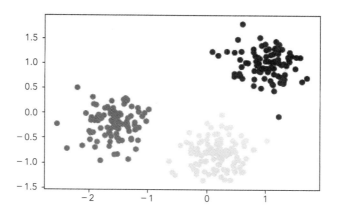

（2）UCI 提供了 3 种小麦种子的观测数据集，共有 3 种类型的小麦（Kama wheat、Rosa wheat、Canadian wheat），数据集中有 201 个观测值，每个观测值有 8 个变量：area、perimeter、compactness、length、width、asymmetry_coefficient、groove_length、grain_variety。如果不考虑数据集中的种类属性，使用 K-means 方法对观测数据进行聚类分析，如下图所示。

area	perimeter	compactne	length	width	asymmetry	groove_ler	grain_variety
15.26	14.84	0.871	5.763	3.312	2.221	5.22	Kama wheat
14.88	14.57	0.8811	5.554	3.333	1.018	4.956	Kama wheat
14.29	14.09	0.905	5.291	3.337	2.699	4.825	Kama wheat
13.84	13.94	0.8955	5.324	3.379	2.259	4.805	Kama wheat
16.14	14.99	0.9034	5.658	3.562	1.355	5.175	Kama wheat
14.38	14.21	0.8951	5.386	3.312	2.462	4.956	Kama wheat
14.69	14.49	0.8799	5.563	3.259	3.586	5.219	Kama wheat
14.11	14.1	0.8911	5.42	3.302	2.7	5	Kama wheat
16.63	15.46	0.8747	6.053	3.465	2.04	5.877	Kama wheat
16.44	15.25	0.888	5.884	3.505	1.969	5.533	Kama wheat
15.26	14.85	0.8696	5.714	3.242	4.543	5.314	Kama wheat

采用 sklearn.cluster 中的 K-means 聚类分析方法，通过载入数据、建立 K-means 聚类分析模型、对观测数据进行测试等步骤，最后通过交叉表的方式显示聚类结果和实际种子类型的关系。下面是本练习所附代码的运行结果，供读者参考。

直接使用 K-means 模型进行聚类预测的结果如下图所示。

```
...: labels = model.fit_predict(samples)
...: df = pd.DataFrame({'labels': labels, 'varieties': varieties})
...: ct = pd.crosstab(df['labels'], df['varieties'])
...: print(ct)
...:
varieties  Canadian wheat  Kama wheat  Rosa wheat
labels
0                      68           9           0
1                       0           1          60
2                       2          60          10
```

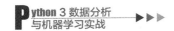

对观测数据各属性进行标准化预处理，然后调用 K-means 聚类模型，得到的聚类结果有一定程度的提高，结果如下图所示。

```
In [24]: scaler = StandardScaler()
    ...: pipeline = make_pipeline(scaler, model)
    ...: pipeline.fit(samples)
    ...: labels = pipeline.predict(samples)
    ...:
    ...: df = pd.DataFrame({'labels': labels, 'varieties': varieties})
    ...: ct = pd.crosstab(df['labels'], df['varieties'])
    ...: print(ct)
    ...:
varieties  Canadian wheat  Kama wheat  Rosa wheat
labels
0                      66           6           0
1                       4          62           5
2                       0           2          65
```

第 16 章
回归分析问题

前面介绍过分类问题，模式分类是通过构造一个分类函数或分类模型将数据集映射到某一个给定的类别中，它是模式识别的核心研究内容，关系到其识别的整体效率，广泛应用于各个研究领域。本章将介绍回归问题。回归分析是确定两种或两种以上变量间相互依赖的定量关系的一种统计分析方法。

本章将介绍以下内容：

- 一元回归分析
- 多元回归分析
- 逻辑回归分析

16.1　回归分析概述

在统计学中，回归分析（Regression Analysis)指的是确定两种或两种以上变量间相互依赖的定量关系的一种统计分析方法。该方法常使用数据统计的基本原理，对大量统计数据进行数学处理，并确定因变量与某些自变量的相关关系，建立一个相关性较好的回归方程（函数表达式），并加以外推，用于预测以后的因变量的变化的分析方法。

回归分析是一种预测性的建模技术，它研究的是因变量（目标）和自变量（预测器）之间的关系。实际上第 9 章预测分析也是回归分析的一种。

例如，某厂家调查手机的用户满意度与产品的一些基本特性之间的关系。从实际意义上讲，手机的用户满意度应该与产品的质量、价格和形象有关，在经过广泛调研后，得到用户满意度和产品形象、质量及价格的调查数据，因此可以以"用户满意度"为因变量，以"质量""形象"和"价格"为自变量，对这些数据使用线性回归分析，可以得到如下回归方程：

用户满意度 =0.008× 形象 +0.645× 质量 +0.221× 价格

上面的方程表明，质量对手机用户满意度的贡献比较大，质量每提高 1 分，用户满意度将提高 0.645 分；其次是价格，用户对价格的评价每提高 1 分，其满意度将提高 0.221 分；而形象对产品用户满意度的贡献相对较小，形象每提高 1 分，用户满意度仅提高 0.008 分。

使用回归分析得到上面公式后，在今后的产品上市前，就可以根据产品的质量、价格和形象预测出用户对即将上市的产品的满意度。

回归分析的方法有很多，常见的方法大致有以下几种。

（1）按照涉及变量的多少，分为一元回归和多元回归分析。

（2）按照因变量的多少，可分为简单回归分析和多重回归分析。

（3）按照自变量和因变量之间的关系类型，可分为线性回归分析和非线性回归分析。

回归和前面介绍的分类二者之间也有相似的地方，回归（Regression）分析中因变量为连续型数值，如房价、人数、降雨量；但是分类（Classification）分析中因变量为类别型，是离散量，如颜色类别、计算机品牌、有无信誉。

16.2　基本方法

本节介绍在机器学习中经常使用到的几种回归分析方法。

16.2.1　一元回归分析

对于一组自变量 x 和对应的一组因变量 y 的值，x 和 y 呈线性相关关系，现在需要求出满足这个线性关系的直线方程。在数学上一般使用最小二乘法，其主要思想就是找到这

样一条直线，使所有已知点到这条直线的距离的和最短，那么这样一条直线理论上就应该是与实际数据拟合度最高的直线。

假设方程式为：

$$y=a+bx$$

已知很多数据点（x,y），经过最小二乘法，计算出截距项 a 和斜率 b。

回归的目的就是建立一个回归方程用来预测目标值，回归的求解就是求这个回归方程的回归系数，如上面的 a 和 b。在回归系数计算出后，预测的方法就十分简单了，只需要把输入值带入回归方程中，就可以得到预测值。

来看一个简单的例子。

假设有一组数据如下。

x = [1, 2, 5, 7, 10, 15]

y = [2, 6, 7, 9, 14, 19]

数据如下图所示，需要使用回归分析，近似地找出下图所示的直线。

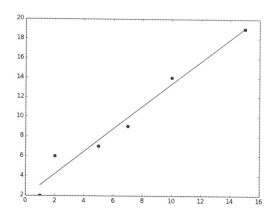

当这条直线经过一元回归分析找出以后，任意给出 x 值，则可以计算出 y 的值，即使用回归方程进行预测。

16.2.2 多元线性回归

上面一元回归分析自变量只有一个，在回归分析中，如果有两个或两个以上的自变量，就称为多元回归。事实上，一种现象常常是与多个因素相联系的，由多个自变量的最优组合共同来预测或估计因变量，比只用一个自变量进行预测或估计更有效，更符合实际。因此多元线性回归比一元线性回归的实用意义更大。例如，一个消费水平的关系式中，工资水平、受教育程度、职业、地区、家庭负担等因素都会影响消费水平。

如果特征 X 不止一个，此时可以构造多元线性回归模型，其方程如下。

$$y=a_0+a_1x1+a_2x2+a_3x3+\cdots\cdots$$

多元线性回归与一元线性回归类似，可以用最小二乘法估计模型参数，也需要对模型及模型参数进行统计检验，计算出 a_0、a_1、a_2、a_3 等参数。这时就可以得到多元回归方程，此时，给出多个自变量，使用回归方程，就可以预测因变量。

16.2.3 回归的计算方法

假设有一组数据，如下图所示。

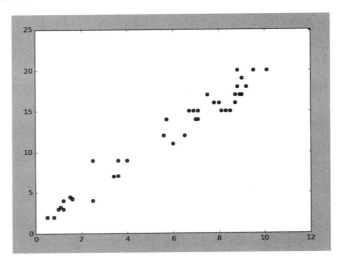

其目的是找到一条直线，这条直线能以最小的误差（Loss）来拟合数据。

如下图所示，横坐标表示 x，纵坐标表示 y。要找的就是图中的这条直线。但是经过图中这些数据点可以有很多直线，那么哪条直线更好呢？希望找到的那条直线，距离每个点都很近，最好所有的点都在这条线上，但是一条直线去拟合所有的点都在这条直线上肯定不现实，所以这些点应尽量离这条直线近一些。

也就是寻找使每个点和直线的距离最小的那条线，其方程如下。

$$\left| y_i-\left(mx_i+b\right) \right|$$

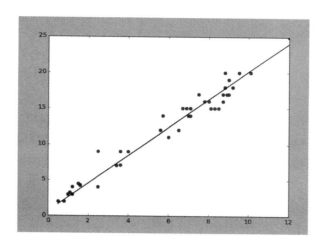

为了简单起见，将绝对值转化为平方，那么误差可以表示为：

$$LOSS=\sum_{i=1}^{N}\left(y_{i}-\left(mx_{i}+b\right)\right)^{2}$$

式中，i 表示第 i 个数据；N 表示总的样本个数。一般还会把 Loss 求和平均，来当作最终的损失，即总的误差为：

$$LOSS=\frac{1}{N}\sum_{i=1}^{N}\left(y_{i}-\left(mx_{i}+b\right)\right)^{2}$$

怎么去找到最能拟合数据的直线，即最小化误差呢？ 常用的方法是使用最小二乘法（Least Squares）来计算线性回归拟合模型的参数。

所谓最小二乘法，就是选择 a 和 b 使 Loss 最小，此时可以使用高等数学中求导计算极值，令每个变量的偏导数为零，求方程组的解。

由此可以得到下面的方程组：

$$\frac{\partial Loss}{\partial m}=\frac{\frac{1}{N}\sum_{i=1}^{N}\left(y_{i}-\left(mx_{i}+b\right)\right)^{2}}{\partial m}=-\frac{2}{N}\sum_{i=1}^{N}x_{i}\left(y_{i}-\left(mx_{i}+b\right)\right)=0$$

$$\frac{\partial Loss}{\partial b}=\frac{\frac{1}{N}\sum_{i=1}^{N}\left(y_{i}-\left(mx_{i}+b\right)\right)^{2}}{\partial b}=-\frac{2}{N}\sum_{i=1}^{N}\left(y_{i}-\left(mx_{i}+b\right)\right)=0$$

经过化简和计算，就可以得到 m 和 b，这样就得到最终的线性回归方程。

前面的计算过程是针对一元回归分析，当自变量多于一个时，可以使用矩阵进行相关的推导，大致思想和一元回归分析的思路一样，也是使用最小二乘法。

16.2.4 逻辑回归分析

在前面讲述的一元回归和多元回归模型中，处理的因变量都是数值型区间变量，建立的模型描述是因变量的期望与自变量之间的线性关系。然而在分析实际问题中，所研究的变量往往不全是区间变量而是顺序变量或属性变量，如二项分布问题。例如，在医疗诊断中，可以通过分析病人的年龄、性别、体质指数、平均血压、疾病指数等指标，判断这个人是否有糖尿病，假设 $y=0$ 表示未患病，$y=1$ 表示患病，这里的因变量就是一个两点（0 或 1）的分布变量，它就不能用前面回归模型中因变量连续的值来预测这种情况下因变量 y 的值（只能取 0 或 1）。

总之，前面介绍的线性回归模型通常是处理因变量是连续变量的问题，如果因变量是定性变量，线性回归模型就不再适用了，需采用逻辑回归模型解决。逻辑回归（Logistic Regression）是用于处理因变量为分类变量的回归问题，常见的是二分类或二项分布问题，也可以处理多分类问题，逻辑回归实际上属于一种分类方法。

二分类问题的概率与自变量之间的关系图形往往是一个 S 形曲线，常采用数学上的 Sigmoid 函数实现，其函数定义如下：

$$f(x) = \frac{1}{1+e^{-x}}$$

对于 0-1 型变量，$y=1$ 的概率分布公式定义如下：

$$P(y=1) = p$$

对应的 $y=0$ 的概率分布公式定义如下：

$$P(y=0) = 1-p$$

如果采用线性模型进行分析，其公式变换如下：

$$p(y=1|x) = \theta_0 + \theta_1 x_1 + \theta_2 x_2 + \cdots + \theta_n x_n$$

实际应用中，概率 p 与因变量往往是非线性的，为了解决该类问题，可以引入 logit 变换，使 logit(p) 与自变量之间存在线性相关的关系，逻辑回归模型定义如下：

$$\text{logit}(p) = \ln[\frac{p}{1-p}] = \theta_0 + \theta_1 x_1 + \theta_2 x_2 + \cdots + \theta_n x_n$$

通过推导，概率 p 变换如下，这与 Sigmoid 函数相符，也体现了概率 p 与因变量之间的非线性关系。以 0.5 为界限，预测 p 大于 0.5 时，判断此时 y 更可能为 1，否则 y 为 0。

$$P = \frac{1}{1 + e^{-(\theta_0 + \theta_1 x_1 + \theta_2 x_2 + \cdots + \theta_n x_n)}}$$

在回归模型建立中，主要需要拟合公式中 n 个参数 θ 即可。

Sigmoid 函数图形如下图所示。

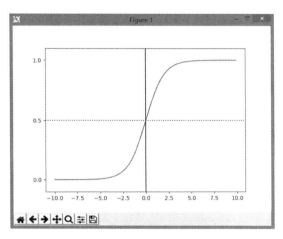

绘制上面的 Sigmoid 函数的代码如下。

```python
import matplotlib.pyplot as plt
import numpy as np


def Sigmoid(x):
    return 1.0 / (1.0 + np.exp(-x))


x= np.arange(-10, 10, 0.1)
h = Sigmoid(x)          #Sigmoid 函数
plt.plot(x, h)
plt.axvline(0.0, color='k')  # 坐标轴上加一条竖直的线（0 位置）
plt.axhspan(0.0, 1.0, facecolor='1.0', alpha=1.0, ls='dotted')
plt.axhline(y=0.5, ls='dotted', color='k')
plt.yticks([0.0, 0.5, 1.0]) #y 轴标度
plt.ylim(-0.1, 1.1)       #y 轴范围
plt.show()
```

代码中定义一个函数 Sigmoid(x)，当输入 x 值时，可以计算出对应的 Sigmoid(x) 的值。

16.3　项目实战

下面首先通过一个基本实战，熟悉一元回归分析和多元回归分析的使用方法，然后通过两个实例加深回归问题的掌握。

16.3.1　身高与体重的回归分析

首先考虑一元回归分析的实例。

【实例 16-1】身高与体重的一元回归分析。

某地区中小学学生身高和体重的抽样训练集数据如下表所示。

表 16-1　学生身高和体重的抽样训练集数据

序号	身高（m）	体重（kg）
1	0.86	12
2	0.96	15
3	1.12	20
4	1.35	35
5	1.55	48
6	1.63	51
7	1.71	59
8	1.78	66

假设身高和体重之间是一元线性回归关系，下面就使用 scikitlearn 中的 LinearRegression 模型来建立回归模型，测试集数据如下表所示。

表 16-2　学生身高和体重的测试集数据

序号	身高（m）	体重（kg）
1	0.75	10
2	1.08	17
3	1.26	27
4	1.51	41
5	1.6	50
6	1.67	64
7	1.85	75

在进行模型分析之前，先把数据在图形上绘制出来，查看身高和体重之间是否存在线性关系，如果存在，再进行相应的分析和模型构建。

```
import numpy
import matplotlib.pyplot as plt
```

```
from matplotlib.font_manager import FontProperties
font = FontProperties(fname=r"C:\Windows\Fonts\msyh.ttc",size=15)
def runplt():
    plt.figure()
    plt.title(' 身高与体重一元关系 ',fontproperties=font)
    plt.xlabel(' 身高（米）',fontproperties=font)
    plt.ylabel(' 体重（千克）',fontproperties=font)
    plt.axis([0,2,0,85],fontproperties=font)
    plt.grid(True)
    return plt
```

输入训练数据，进行显示。

```
X = [[0.86], [0.96], [1.12], [1.35], [1.55], [1.63], [1.71], [1.78]]
y = [[12], [15], [20], [35], [48], [51], [59], [66]]
plt=runplt()
plt.plot(X,y,'k.')
plt.show()
```

其图形如下图所示。

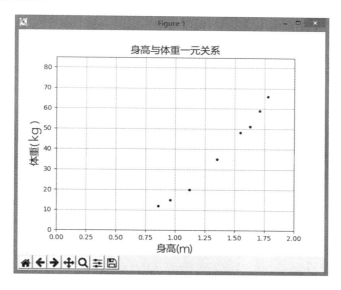

从上图可以大致看出，身高和体重之间大致呈正相关，存在线性关系。因此下面使用 scikitlearn 中的 LinearRegression 模型来建立回归模型，LinearRegression 模型有两个基本方法，即 fit() 和 predict() 方法。其中 fit() 用来分析模型参数，predict() 是通过 fit() 算出的模型参数构成的模型，对自变量进行预测来获得其值。其程序代码如下。

```
from sklearn.linear_model import LinearRegression
```

```
model = LinearRegression()
```

```
model.fit(X,y) # 训练集数据放入模型中
```

首先调入 scikitlearn 库中的 LinearRegression 模型，其次使用 fit() 方法训练模型。

训练完成后，可以来测试一下预测值，其代码如下。

```
print (' 预测身高为 1.67 米的体重是: %.2f 千克 ' % model.predict(numpy.array([1.67]).reshape(-1,1)))
```

预测结果如下图所示。

其次使用测试数据整体对该模型进行预测，其代码如下。

```
X2 = [[0.75],[1.08],[1.26],[1.51], [1.6], [1.85]]
```

```
y2 = model.predict(X2) # 预测数据
```

```
plt.plot(X,y,'k.')
```

```
plt.plot(X2,y2,'g-')
```

```
# 残差预测值
```

```
yr = model.predict(X)
```

```
for idx,x in enumerate(X):
    plt.plot([x,x], [y[idx], yr[idx]],'r-')
```

```
plt.show()
```

再次把这些预测数据与真实数据之间的误差绘制到图形上来对比结果，如下图所示。

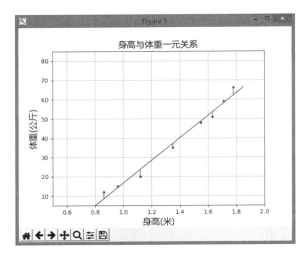

图中红线即是每个测试点的预测值与真实值之间的误差。

模型评估：上面使用 scikitlearn 中的 LinearRegression 模型对训练集进行估计，得出了模型的参数。那么当模型建立之后，如何评价模型在现实中的表现呢？统计上可以使用 R 方（R-squared）进行评估。R 方也称为确定系数（Coefficient of Determination），表示模型对现实数据的拟合程度。R 方一定是 0 ～ 1 的正数。

```
X_test = [[0.75],[1.08],[1.26],[1.51], [1.6], [1.85]]
y_test = [[10],[17],[27],[41], [50], [75]]
r2 = model.score(X_test,y_test)
print ('R^2 = %.2f'%r2)
```

最后计算得到的 R^2 =0.93，可以看出，因为系数值很高，可以说明这个一元线性回归模型很好。

下面介绍二元回归分析的实例，同样使用身高与体重的实例，但是，这次会增加年龄变量。

【实例 16-2】身高与体重的二元回归分析。

训练集数据如下表所示。

表 16-3 学生身高和体重的训练集数据

序号	身高（cm）	年龄（岁）	体重（kg）
1	147	9	34
2	129	7	23
3	141	9	25
4	145	11	47
5	142	11	26
6	151	13	46

测试集数据如下表所示。

表 16-4 学生身高和体重的测试集数据

序号	身高（cm）	年龄（岁）	体重（kg）
1	149	11	41
2	152	12	37
3	140	8	28
4	138	10	27
5	132	7	21
6	147	10	38

上表是某小学从各年级随机挑选的学生，假设以身高和年龄为自变量，以体重为因变量，进行二元回归分析。

由于现在有两个自变量，因此学习算法需要学习 3 个参数的值：两个相关因子和一个截距。

这个二元回归模型的训练方法和一元回归分析的训练方法一样，也是使用 scikitlearn 中的 LinearRegression 模型来建立回归模型。

```
import matplotlib.pyplot as plt
from sklearn.linear_model import LinearRegression
```

首先，输入训练集数据，其代码如下。

```
X = [[147, 9], [129, 7], [141, 9], [145, 11], [142, 11], [151, 13]]
y = [[34], [23], [25], [47], [26], [46]]
model = LinearRegression()
model.fit(X,y)
```

其次，模型训练完成后，输入测试数据，进行测试，其代码如下。

```
X_test = [[149, 11], [152, 12], [140, 8], [138, 10], [132, 7], [147, 10]]
y_test = [[41], [37], [28], [27], [21], [38]]
predictions = model.predict(X_test)
```

最后，可以输出预测值和实际值以对比训练结果，同时使用前面所介绍的 R 方对模型进行评估，其代码如下。

```
print ('R^2 为 %.2f' %model.score(X_test, y_test))
for i, prediction in enumerate(predictions):
    print ('Predicted: %s, Target:%s' % (prediction, y_test[i]))
```

运行结果如下图所示。

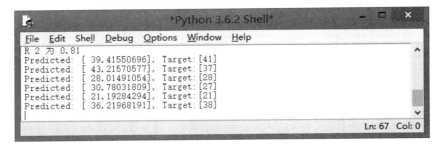

可以看出，预测值接近于真实值，并且 R 方的值为 0.81，说明模型接近实际。

还可以使用图形对比预测值和真实值，以得到直观的对比，代码如下。

```
plt.title(' 多元回归实际值与预测值 ',fontproperties=font)
plt.plot(y_test,label='y_test')
plt.plot(predictions,label='predictions')
plt.legend()
plt.show()
```

结果如下图所示。

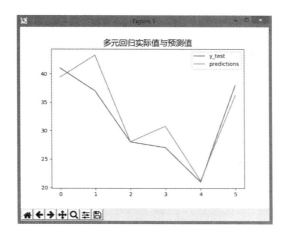

【实例 16-3】身高与体重的多项式回归（二次回归）分析。

　　上面的例子有两个自变量和一个因变量，而且假设自变量和因变量之间是线性关系，然而在实际应用过程中，并不一定总保持线性关系，下面来研究一个特别的多元线性回归的情况，可以用来构建非线性关系模型。假设存在二次回归（Quadratic Regression）关系，即：

$$y = \alpha + \beta_1 X + \beta_2 X^2,$$

　　在上式中，增加了一个自变量，通过第三项（二次项）来实现曲线关系。

　　这个多项式回归模型的训练方法和一元回归分析的训练方法类似，也是使用 scikitlearn 中的 LinearRegression 模型来建立回归模型，使用 PolynomialFeatures 转换器可以解决此问题。

　　首先模型需要多调入一个库，其代码如下。

```
import numpy as np
```
```
import matplotlib.pyplot as plt
```
```
from sklearn.linear_model import  LinearRegression
```
```
from matplotlib.font_manager import FontProperties
```
```
from sklearn.preprocessing import  PolynomialFeatures
```

与前面一元回归分析相比，多了一个 PolynomialFeatures 转换器。

其次输入训练数据和测试数据，其代码如下。

```
X_train = [[0.86], [0.96], [1.12], [1.35], [1.55], [1.63], [1.71], [1.78]]
```
```
y_train = [[12], [15], [20], [35], [48], [51], [59], [66]]
```
```
X_test = [[0.75],[1.08],[1.26],[1.51], [1.6], [1.85]]
```
```
y_test = [[10], [17], [27], [41], [50], [75]]
```

最后需要构建第三项，其代码如下。

```
quadratic_fearurizer = PolynomialFeatures(degree=2)

X_train_quadratic = quadratic_fearurizer.fit_transform(X_train)

X_test_quadratic = quadratic_fearurizer.transform(X_test)

regressor_quadratic = LinearRegression()

regressor_quadratic.fit(X_train_quadratic, y_train)

xx_quadratic = quadratic_fearurizer.transform(xx.reshape(xx.shape[0],1))
```

在训练时，仍然是使用 LinearRegression() 构建模型，但和前面不同的是，训练时使用的数据是经过二次处理的数据，此时数据多了一个二次项。

训练完成后，将结果用图形显示，并给出模型评估数值，如下图所示。

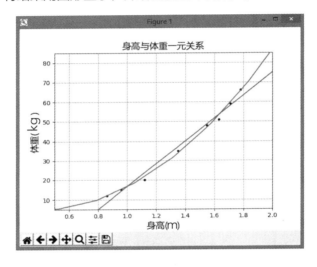

模型的评估值如下。

```
一元线性回归 r^2: 0.93
```
```
二次回归 r^2: 0.99
```

从 r^2 看起来二次回归效果比线性回归好。从上图也可以看出，二次多项式回归的拟合曲线更加接近数据点。

通过上面的对比，有人可能会问：既然二次回归效果比线性回归好。那么三次回归、四次回归效果会不会更好呢？

为了回答此问题，修改上面程序如下。

```
for k in k_range:

    k_featurizer = PolynomialFeatures(degree=k)

    X_train_k = k_featurizer.fit_transform(X_train)

    X_test_k = k_featurizer.transform(X_test)

    regression_k = LinearRegression()
```

```
    regression_k.fit(X_train_k,y_train)
    k_scores.append(regression_k.score(X_test_k,y_test))
```

如上所示，使用循环语句，分别使用不同的高阶回归，结果如下。

1 项式 r^2 是 0.93

2 项式 r^2 是 0.99

3 项式 r^2 是 0.99

4 项式 r^2 是 0.98

5 项式 r^2 是 0.97

6 项式 r^2 是 0.93

7 项式 r^2 是 -3.03

8 项式 r^2 是 -0.80

图形如下图所示。

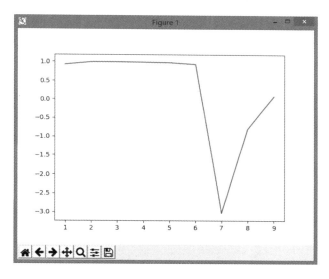

可以发现并不是多项式阶数越多效果越好，在二项式和三项式时拟合效果最高。后面的那些情况较多过度拟合，这种模型并没有从输入和输出中推导出一般的规律，而是记忆训练集的结果，这样在测试集的测试效果就不理想了。当然实际过程中，到底要用多少阶，要取决于问题的复杂程度。

16.3.2 房价预测

近几年楼市可谓是风起云涌，跌宕起伏。为了控制房价，国家相继出台了各种调控政策。我们能否根据各种条件预测房价呢？在这个实例中，可以考虑用一个简单的一元回归分析问题，来预测房价。

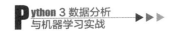

【实例 16-4】房价的一元回归分析。

假设数据集如下表所示。

表 16-5 房价的假设数据集

序号	房子面积（m²）	价格（元）
1	150	6450
2	200	7450
3	250	8450
4	300	9450
5	350	11 450
6	400	15 450
7	600	18 450

通过上面的数据分析，可以看出，房价和房子大小之间是有关系的，下面是用这组数据，来预测任意大小的房子的房价。基本步骤类似前面介绍的身高和体重之间的模型构建。

前面身高和体重的一元回归分析中已经详细介绍了实现方法，主要是使用 scikitlearn 中的 LinearRegression 模型来建立回归模型，并且使用 LinearRegression 模型中的两个基本方法，即 fit() 和 predict() 方法。其中 fit() 用来分析模型参数，predict() 是通过 fit() 算出的模型参数构成的模型，对自变量进行预测来获得其值。

为了使程序更加易于使用和管理，可以把数据存放到一个文件中，并且定义一个预测函数，输入训练集参数和要预测的值，最后得到预测结果。

事先把上面数据存放在一个 house_price.csv 文件中，如下图所示。

	A	B	C
1	No	square_feet	price
2	1	150	6450
3	2	200	7450
4	3	250	9450
5	4	300	9450
6	5	350	11450
7	6	400	15450
8	7	600	18450
9			

首先编写一个函数，输入这个文件，再把房间大小和价格的数据转换成 scikitlearn 中的 LinearRegression 模型可以识别的数据，程序如下。

```
def get_data(file_name):
    data = pd.read_csv(file_name)
    X_parameter = []
    Y_parameter = []
    for single_meter_feet,single_price_value in zip(data['square_meter'],data['price']):
```

```
X_parameter.append([float(single_square_meter)])
```

```
Y_parameter.append(float(single_price_value))
```

```
return X_parameter,Y_parameter
```

这个函数中使用 Pandas 的 read_csv 方法将 .csv 数据读入数据帧，然后把 Pandas 数据帧转换为 X_parameter 和 Y_parameter 数据。

当数据从 csv 文件中被读取后，定义一个函数，并使用训练数据进行训练，然后使用训练好的模型对需要预测的数据进行预测，并返回结果，代码如下。

```
def linear_model_main(X_parameter,Y_parameter,predict_square_meter):
    # 1. 构造回归对象
    regr = LinearRegression()
    regr.fit(X_parameter,Y_parameter)
    # 2. 获取预测值
    predict_outcome = regr.predict(predict_square_meter)
    # 3. 构造返回字典
    predictions = {}
    # 3.1 截距值
    predictions['intercept'] = regr.intercept_
    # 3.2 回归系数（斜率值）
    predictions['coefficient'] = regr.coef_
    # 3.3 预测值
    predictions['predict_value'] = predict_outcome
    return predictions
```

其中使用了 LinearRegression 模型中的两个基本方法： fit() 和 predict() 方法。

最后建立一个简单的图像处理函数，显示运行结果，代码如下。

```
def show_linear_line(X_parameter,Y_parameter):
    # 1. 构造回归对象
    regr = LinearRegression()
    regr.fit(X_parameter,Y_parameter)
    # 2. 绘出已知数据散点图
    plt.scatter(X_parameter,Y_parameter,color = 'blue')
    # 3. 绘出预测直线
    plt.plot(X_parameter,regr.predict(X_parameter),color = 'red',linewidth = 4)
    plt.title('Predict the house price')
    plt.xlabel('square meter')
    plt.ylabel('price')
```

```
plt.show()
```

最终结果如下图所示。

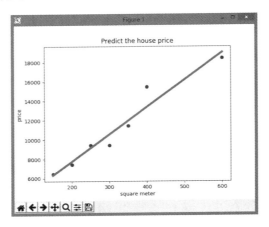

此外，计算的截距和系数，以及预测值如下。

intercept:2085.6382978723395

coefficient:[28.24468085]

predict_value:[21856.91489362]

可以发现，数据基本符合一元回归模型。

16.3.3　产品销量与广告的多元回归分析

下面看一个多元回归分析的实例。

【实例 16-5】电视广告的多元回归分析。

当一个新的产品问世以后，为了扩大宣传，企业往往会在各种渠道上做广告，如电视、报纸、收音机等，假设产品的销量与这 3 种因素之间是线性关系，可以表示为：

$$sales = \beta_0 + \beta_1 \times TV + \beta_2 \times radio + \beta_3 \times newspaper$$

下面就对这个问题进行多元回归分析，数据存放在 Advertising.csv 文件中，如下图所示。

	A	B	C	D	E
1		TV	radio	newspaper	sales
2	1	230.1	37.8	69.2	22.1
3	2	44.5	39.3	45.1	10.4
4	3	17.2	45.9	69.3	9.3
5	4	151.5	41.3	58.5	18.5
6	5	180.8	10.8	58.4	12.9
7	6	8.7	48.9	75	7.2
8	7	57.5	32.8	23.5	11.8
9	8	120.2	19.6	11.6	13.2
10	9	8.6	2.1	1	4.8
11	10	199.8	2.6	21.2	10.6

数据集一共有 200 个观测值，每一组观测值对应一个市场的情况，其中：

（1）TV：对于一个给定市场中单一产品，用于电视上的广告费用（以千为单位）。

（2）radio：在广播媒体上投资的广告费用。

（3）newspaper：用于报纸媒体的广告费用。

（4）sales：对应产品的销量。

步骤 1：首先使用 pandas 库读入数据。

```
import pandas as pd
```

```
data = pd.read_csv('Advertising.csv')
```

步骤 2：由于读入的数据结构是 Pandas 的数据帧（data frame），而 Scikit-learn 要求自变量 X 是一个特征矩阵，因变量 y 是一个 NumPy 向量。因此需要从原先的数据帧中转换数据，代码如下。

```
feature_cols = ['TV', 'radio', 'newspaper']
```

```
X = data[feature_cols]
```

```
y = data['sales']
```

步骤 3：在这个数据集中，由于有 200 个观测值，需要构建训练集与测试集，同样使用 Scikit-learn 中的 model_selection 库对数据进行划分，代码如下。

```
from sklearn.model_selection import train_test_split
```

```
X_train, X_test, y_train, y_test = train_test_split(X, y, test_size=.4, random_state=0)
```

上面代码将原数据集的 60% 划分为训练集，原数据集的 40% 为测试集。

步骤 4：下面就可以使用前面介绍的方法训练多元回归模型了，代码如下。

```
from sklearn.linear_model import LinearRegression
```

```
linreg = LinearRegression()
```

```
model=linreg.fit(X_train, y_train)
```

```
print (model)
```

```
print (linreg.intercept_)
```

```
print (linreg.coef_)
```

步骤 5：模型训练结束后，就可以使用这个模型进行预测，代码如下。

```
y_pred = linreg.predict(X_test)
```

```
print (y_pred)
```

步骤 6：下面使用图形来对比预测数据和实际数据之间的关系，代码如下。

```
import matplotlib.pyplot as plt
```

```
plt.figure()
```

```
plt.plot(range(len(y_pred)),y_pred,'b',label="predict")
```

```
plt.plot(range(len(y_pred)),y_test,'r',label="test")
```

```
plt.legend(loc="upper right") # 显示图中的标签
```

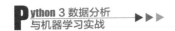
```
plt.xlabel("the number of sales")
```

```
plt.ylabel('value of sales')
```

```
plt.show()
```

结果如下图所示。

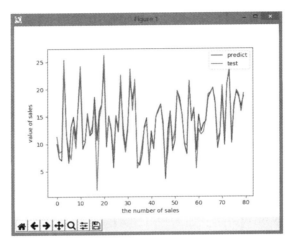

由此可以看出，模型预测值和实际值之间的吻合程度较高，说明这个模型基本符合多元线性关系。

步骤 7：模型验证。

可以使用均方根误差 (Root Mean Squared Error, RMSE) 对结果进行验证，代码如下。

```
from sklearn import metrics
import numpy as np
sum_mean=0
for i in range(len(y_pred)):
    sum_mean+=(y_pred[i]-y_test.values[i])**2

sum_erro=np.sqrt(sum_mean/50)
# calculate RMSE by hand
print ("RMSE by hand:",sum_erro)
```

最后的结果如下。

```
RMSE by hand: 2.17510536155
```

16.3.4 鸢尾花数据的逻辑回归分析

在 Sklearn 机器学习包中，有一个典型的机器学习中常使用的鸢尾花卉（Iris）数据集，该数据集共有 150 个样本，包含 4 个特征变量，1 个类别变量。有 3 个类别，分别是山鸢尾（Iris-setosa）、变色鸢尾（Iris-versicolor）和维吉尼亚鸢尾（Iris-virginica）。

由于该数据集分类标签有 3 类，可以分别定义为 0、1、2，由于这个数据是离散的数据，符合前面定义的逻辑回归模型。下面就使用该模型对鸢尾花数据进行分析。

Sklearn 机器学习包中，LogisticRegression 回归模型在 Sklearn.linear_model 子类下，调用 Sklearn 逻辑回归算法步骤比较简单，与一元回归分析及多元回归分析的使用方法基本一样，也是使用 fit() 和 predict() 方法，大致过程如下。

（1）导入模型。调用逻辑回归 LogisticRegression() 函数。

（2）fit() 训练。调用 fit(x,y) 的方法来训练模型，其中 x 为数据的属性，y 为所属类型。

（3）predict() 预测。利用训练得到的模型对数据集进行预测，返回预测结果。

【实例 16-6】使用 LogisticRegression 回归模型分析鸢尾花数据。

在这个实例中，需要用到以下几个函数库，代码如下。

```
import matplotlib.pyplot as plt
import numpy as np
from sklearn.datasets import load_iris
from sklearn.linear_model import LogisticRegression
```

然后读入数据，代码如下。

```
iris = load_iris()
X = iris.data[:, :2]
Y = iris.target
```

其中 X 是数据的特征，Y 是最终的数据类别。在这个实例中，只使用了两个特征。回归模型的建立如下。

```
lr = LogisticRegression(C=1e5)
lr.fit(X,Y)
```

其中 C=1e5 表示目标函数。模型建立后，可以使用下面的语句进行预测。

```
Z = lr.predict(np.c_[xx.ravel(), yy.ravel()])
```

在上面代码中，ravel() 函数将 xx 和 yy 的两个矩阵转变成一维数组，由于两个矩阵大小相等，因此两个一维数组大小也相等。

最后把结果使用直观的图形显示出来，代码如下。

```
plt.pcolormesh(xx, yy, Z, cmap=plt.cm.Paired)
plt.scatter(X[:50,0], X[:50,1], color='red',marker='o', label='setosa')
plt.scatter(X[50:100,0], X[50:100,1], color='blue', marker='x', label='versicolor')
plt.scatter(X[100:,0], X[100:,1], color='green', marker='s', label='Virginica')
plt.xlabel('Sepal length')
plt.ylabel('Sepal width')
```

```
plt.xlim(xx.min(), xx.max())
plt.ylim(yy.min(), yy.max())
plt.xticks(())
plt.yticks(())
plt.legend(loc=2)
plt.show()
```

上面代码中，先绘制每个数据的散点图，再调用 pcolormesh() 函数将 xx、yy 两个网格矩阵和对应的预测结果 Z 绘制在图片上，可以发现输出为 3 个颜色的区块，分别表示分类的三类区域。绘制的图形如下图所示。

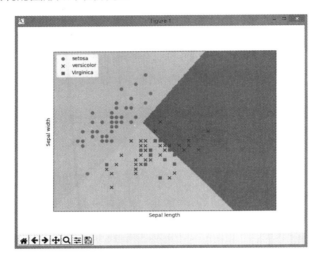

16.4　自测练习

（1）使用表 16-6 所示的数据并用一元回归分析预测披萨的价格。

表 16-6　披萨的价格预测数据表

序号	直径（英寸）	价格（美元）
1	6	7
2	8	9
3	10	13
4	14	17.5
5	18	18

预测的结果和真实的结果如下图所示。

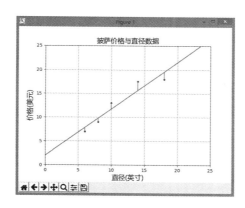

（2）使用下面的数据并用多元回归分析预测披萨的价格。

训练数据如表 16-7 所示。

表 16-7 披萨的价格多元回归分析预测数据表

序号	直径（英寸）	辅料种类	价格（美元）
1	6	2	7
2	8	1	9
3	10	0	13
4	14	2	17.5
5	18	0	18

测试数据如表 16-8 所示。

表 16-8 披萨的价格测试数据表

序号	直径（英寸）	辅料种类	价格（美元）
1	8	2	11
2	9	0	8.5
3	11	2	15
4	16	2	18
5	12	0	11

最后预测值和实际值之间的关系如下图所示。

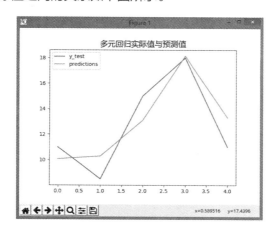

（3）预测哪个电视节目会有更多的观众。

《闪电侠》和《绿箭侠》是两部电视剧。不同观众对这两个电视节目有不同的爱好程度。如果想知道哪个电视节目更受观众欢迎——谁会最终赢得收视率之战。 尝试编写一个程序来预测哪个电视节目会有更多观众。

数据集如下图所示，其中给出每一集的观众，并整理成一个 tv.csv 文件。

	A	B	C	D
1	flash_no	flash_viewer	arrow_no	arrow_viewer
2	1	4.83	1	2.84
3	2	4.27	2	2.32
4	3	3.59	3	2.55
5	4	3.53	4	2.49
6	5	3.46	5	2.73
7	6	3.73	6	2.6
8	7	3.47	7	2.64
9	8	4.34	8	3.92
10	9	4.66	9	3.06
11				

使用多元回归分析，预测哪个电视节目会有更多的观众。

（4）判断糖尿病。

使用 Diabetes 数据集（糖尿病数据集）并用一元回归分析模型来预测病人是否有糖尿病。其中糖尿病数据集包含 442 个患者的 10 个生理特征（年龄、性别、体重、血压）和一年以后的疾病级数指标。

提示

载入数据，同时将 Diabetes 糖尿病数据集分为测试数据和训练数据，其中测试数据为最后 20 行，训练数据为 0~20 行（不包含最后 20 行），结果如下图所示。

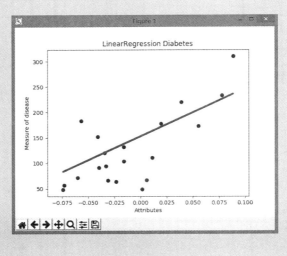